| 软件质量和网络安全系列 |

蔡立志 总主编

龚家瑜 主编

赵毅 沈颖 胡芸 副主编

软件测试与质量评价

基于标准的软件质量实践

SOFTWARE TESTING AND QUALITY EVALUATION

Standards Based Software Quality Practices

上海科学技术出版社

图书在版编目（CIP）数据

软件测试与质量评价 ：基于标准的软件质量实践 / 龚家瑜主编. -- 上海 ：上海科学技术出版社, 2022.9（2024.1重印）
（软件质量和网络安全系列）
ISBN 978-7-5478-5718-2

Ⅰ. ①软… Ⅱ. ①龚… Ⅲ. ①软件－测试－质量评价 Ⅳ. ①TP311.55

中国版本图书馆CIP数据核字(2022)第142483号

软件测试与质量评价——基于标准的软件质量实践
龚家瑜　主编
赵　毅　沈　颖　胡　芸　副主编

上海世纪出版(集团)有限公司
上海科学技术出版社　出版、发行
(上海市闵行区号景路159弄A座9F－10F)
邮政编码 201101　www.sstp.cn
上海新华印刷有限公司印刷
开本 700×1000　1/16　印张 20
字数 350 千字
2022年9月第1版　2024年1月第2次印刷
ISBN 978－7－5478－5718－2/TP・76
定价：98.00元

内容提要

软件质量始终是软件领域的热门话题。当下新一代信息技术层出不穷，软件的复杂程度变得越来越高，对于软件质量的测量和评价也变得越来越困难。

本书围绕软件工程领域的标准展开，以软件质量、软件测试、软件质量评价、软件质量保证等标准应用为主导，逐一对软件质量、软件测试、质量保证、软件规模度量、软件复杂性度量相关的技术要点展开讲解。

本书适合希望学习软件质量、软件测试等标准化知识的研究人员、开发人员和测试人员阅读。

本书编写组

主　　编　龚家瑜

副主编　赵　毅　沈　颖　胡　芸

审　　定　蔡立志

参编人员　王　超　乐琼华　杜春业　杜艳红　宋　巍

序

软件质量一直是软件工程领域的热门话题。近年来,随着新一代信息技术的发展,软件的规模和复杂度呈现指数式的增长,对软件质量的要求自然越来越高。软件质量活动也不再局限于测试阶段,而是覆盖了整个软件生存周期,从功能、性能、安全等这些基础层面向用户体验、数据监测、缺陷预测等层面拓展延伸。软件质量检测、保证和管理技术的专业性越来越强,需要覆盖全生命周期的顶层设计和一致贯穿的有序执行。

上海计算机软件技术开发中心已经出版过两部有关软件质量的著作:1990年出版的《软件质量及其评价技术》结合了当时最先进的软件质量模型研究成果,提出了软件质量的六个特性,与后来的 ISO 模型基本吻合;2007 年,续作《软件质量保证、测试与评价》出版时,国家标准 GB/T 16260—2006 系列标准刚颁布不久,对软件质量标准体系的宣贯有着重要的作用。

本书的编写团队长期参与软件质量和软件测试国际标准、国家标准的编制工作。书中融入了团队在软件质量、软件测试标准化方面的最新研究成果,对最新的软件质量国际标准 ISO/IEC 25000 系列、国家标准 GB/T 25000 系列,以及软件测试标准 GB/T 38634 做了详细的介绍,给出了应用实践方法。除了标准以外,本书在软件工程其他方面也给出了指导,如:结合实际的案例,详细描述了软件功能点度量方法,为软件的成本度量标准提供了实践方法;基于软件测试级别的概念,讲解了微服务架构应用的测试方法和测试工具;介绍了软件复杂性度量方法及其在软件缺陷预测方面的应用;解析了软件质量保证体系,并详述了质量保证方法,等等。

我推荐这本书,有三点理由:

1. 书中涵盖了软件的质量测量、质量评价、质量保证、测试、功能规模和复杂性度量等内容，对软件质量的各个方面进行了详述；

2. 以标准为通用语言，深入解析了软件质量、软件测试等领域的国内外标准，可以帮助读者更好地利用标准落地实践；

3. 在各个知识点上都提供了相应的案例，对于软件质量领域的工程师具有很好的实践指导作用。

这是一本关于软件质量通俗易懂的书，相信本书能够在软件质量和软件测试工程师学习相关新标准，以及企业提升内部质量管理能力时提供帮助。

中国科学院软件研究所　王青　研究员

2022 年 6 月

前 言

近年来，随着人工智能、大数据、云计算、移动互联网、物联网、工业互联网及区块链等新一代信息技术构建的智能化应用和产品的爆发式增长，软件形态已经不仅仅局限于一台计算机设备上所运行的程序，而是存在于无处不在的终端设备中。一个摄像头、一台冰箱甚至一辆车都可以是软件运行的载体。新技术的发展和产业规模的扩大势必会引入新的风险因素，软件的质量问题在新一代信息技术构建的信息系统中越来越突出，对软件的质量模型、质量测量和测试方法提出了更高的挑战。

自从我国第一个软件质量国家标准 GB/T 16260—1996 颁布实施开始，上海计算机软件技术开发中心就一直致力于软件质量标准化工作。本书中所涉及的大部分软件质量与软件测试相关标准，上海计算机软件技术开发中心均参与了编制，主要牵头编制的标准包括：GB/T 25000.10—2016、GB/T 25000.51—2016、GB/T 25000.23—2019、GB/T 38634—2020（4 部分）等。这些标准在本书中均做了详细的解读和使用指导。

本书具有如下特点：

紧扣标准——本书紧扣最新的软件质量和软件测试标准，凝结了软件质量标准化的最新研究成果；以国家标准 GB/T 25000、GB/T 38634 系列为基础，详细解读了标准中的各项要求，为软件质量标准化提供了实践的指导。

覆盖面广——本书覆盖面广、内容系统全面，以软件质量的视角展开讲解，涵盖了软件质量、软件测试、软件质量保证、软件规模度量、软件复杂性度量等主题，并针对标准的技术点给出了全面深入的解读。

实用性强——本书结合软件质量和软件测试等领域的相关概念，提供了多个实践案例,具备了实用性和可操作性,有助于读者理解标准内涵,真正将标准应用于实际项目中,同时也为刚接触软件质量和软件测试的读者提供了参考和指导。

第1章概述了软件质量的概念和定义,以及软件质量模型。

第2章从软件质量与测试角度介绍了国内外的标准化组织及目前的标准化情况。

第3章主要讲述了软件规模度量的方法,用于软件开发工作量及成本的预估。

第4章对软件复杂性度量进行了介绍,详述了软件的内聚性、耦合性及面向对象软件的复杂性度量指标,并以此为依据讲解了复杂性在软件缺陷预测上的应用。

第5章讲述了软件的质量保证过程及方法,提供了保证软件质量的技术及方法。

第6章以软件测试相关标准为依据,对软件测试的过程、级别、类型和技术进行了介绍,涵盖了软件质量各个特性的测试要点、微服务架构软件各测试级别的测试内容,并详述了常见的软件测试用例设计。

本书第7章和第8章分别以软件质量测量和软件产品评价的标准为依据,详细讲述了测量软件质量及评价软件产品的方法,为软件产品的利益相关方对软件的报价、开发、测试、部署、运维等提供了质量维度的依据。

本书由蔡立志总策划,各章编者如下:第1、3、4章由龚家瑜编写,第2、7、8章由赵毅编写,第5章由沈颖编写,第6章由龚家瑜、赵毅、胡芸编写。全书由蔡立志、龚家瑜汇总和审阅。

限于作者的学识和水平,书中难免有疏漏和不足的地方,恳请读者批评指正。作者联系方式:gjy@sscenter.sh.cn。

龚家瑜

目 录

第 6 章 软件测试方法

第 7 章 软件质量测量

第 8 章 软件产品评价

附录：Function Point Modeler 使用指南

第 1 章　系统与软件质量概述

1.1　质量

什么是质量？世界著名的美国质量管理专家朱兰(Joseph M. Juran)，从用户的使用角度出发，把质量概括为产品的“适用性”(fitness for use)；美国的另一位质量管理专家克劳斯比(Philip Crosby)，从生产者的角度出发，把质量概括为产品符合规定要求的程度。从质量概念被提出，到现在有专门标准来定义，凝聚了众多专家、学者的研究成果，现代质量管理方法建立在质量大师的主要思想和理论上。如现代质量管理奠基者、统计质量控制(SQC)之父沃特·阿曼德·休哈特的《产品生产的质量经济控制》(*Economic Control of Quality of Manufactured Product*)，被认为是质量基本原理的起源；世界著名的质量管理专家戴明博士提出的戴明质量学说至今仍对国际质量管理理论和方法有着非常重要的影响。

国家标准 GB/T 19000—2016《质量管理体系　基础和术语》中 3.6.2 把质量定义为“客体的一组固有特性满足要求的程度”。这里的客体是指可以单独描述和研究的事物，可以是活动或过程、产品、组织、体系、人或它们的任何组合。对于软件的质量，“客体”指的就是软件产品，但软件的质量不仅仅是“满足要求”。国家标准 GB/T 8566—2007《信息技术　软件生存周期过程》中将软件产品定义为“一组计算机程序、规程以及可能的相关文档和数据”，GB/T 25000.1—2021《系统与软件工程　系统与软件质量要求和评价(SQuaRE)　第 1 部分：SQuaRE 指南》中 3.42 给出了软件质量的定义：“在规定条件下使用时，软件产品满足明确和隐含要求的能力”,相较于其他事物的质量,软件质量有个前提:“在规定条件下使用时”,其次还需要同时满足“明确和隐含的要求”,是一种更为具象化的质量。

在《系统与软件工程　系统与软件质量要求和评价(SQuaRE)》系列标准中,还给出了其他软件相关的质量模型。比如,GB/T 25000.12—2017《系统与软件工程　系统与软件质量要求和评价(SQuaRE)第10部分:系统与软件质量模型》给出了软件产品质量和使用质量两个模型;GB/T 25000.12—2017《系统与软件工程　系统与软件质量要求和评价(SQuaRE)第12部分:数据质量模型》给出了数据质量模型;国际标准ISO/IEC TS 25011:2017《信息技术系统与软件质量要求和评价(SQuaRE)服务质量模型》则给出了软件服务质量模型。

1.2 软件质量

1.2.1 软件

标准GB/T 11457—2006《信息技术　软件工程术语》中将软件定义为“与计算机系统的操作有关的计算机程序、规程和可能相关的文档”。软件除了程序、规程以外,还包含了相关的文档,其在信息系统中的位置如图1-1所示。

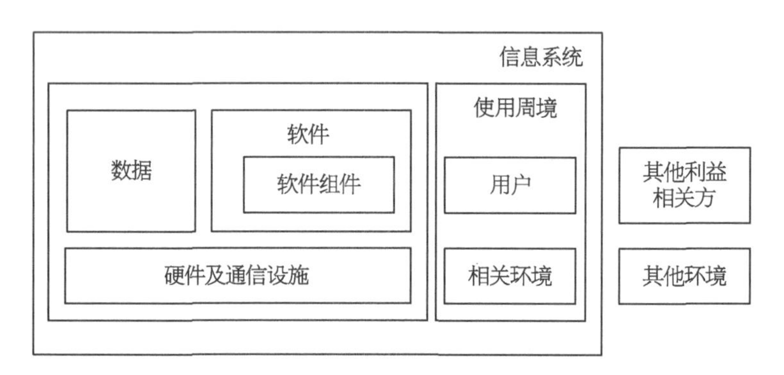

图1-1　软件在信息系统中的位置

软件主要有如下特点。

(1) 抽象性:软件是无形的,仅存在于介质之中。

(2) 可复制性:软件复制的成本较低,与开发成本相比可以忽略。

(3) 无损性:软件的使用不存在有形的消耗。

随着软件工程的发展，软件概念上的范围也不仅仅包含程序、数据和文档，其模块设计、接口实现、体系结构等也成为了软件重要的组成部分。软件的范围也逐渐扩展至系统与软件，其不仅是 Windows、Linux 这类操作系统软件或者 Office、WPS 这类应用软件，如百度搜索引擎、阿里云平台、微信小程序或者某项接口服务等都属于软件的范畴。除了上文中所述的特点之外，软件也越来越强调其可组合、可扩展及可维护的能力，逐渐变为一个个功能单一的模块。通过标准化的接口和其他的软件进行组装，可以构建出满足不同需求的软件，软件由此变成了可工业化批量生产的产品，其开发及维护的成本大大减少了。

国家标准 GB/T 25000.1—2021《系统与软件工程　系统与软件质量要求和评价（SQuaRE）　第 1 部分：SQuaRE 指南》对软件质量的定义“在规定条件下使用时，软件产品满足明确和隐含要求的能力”有如下含义：

（1）“在规定条件下使用时”，说明了软件质量与应用场景密切相关；

（2）“满足明确和隐含要求”，说明了软件具有隐含的需求，其可能是一些惯例的需求，或者是用户体验方面的需求，比如手机收到来电时，其他占用扬声器的应用应释放扬声器资源；

（3）软件的质量是一种“能力”。

软件的质量和软件目标用户、软件的类型及用户明确和隐含的要求有着密切的关联。只有定义要求之后，才能测量或评价软件的质量。例如，军工嵌入式系统对指令的快速响应实时性具有极高的要求；大规模电商平台则需要应对瞬时高并发的场景，因此系统的容量是主要关注的指标；手机的 App 则会侧重于启动的速度及电量的消耗；游戏软件则更关注操作的便捷性及 AI 的“聪明”程度。本书 1.3 节会讲述软件质量模型的发展，这些模型大多会归纳出一套与软件质量相关的因素，但实际上并不存在一个适用所有软件的质量模型，往往需要根据软件的实际情况，对软件质量模型进行剪裁、扩展等“量身定制”，从而达到对软件实际质量准确描述的目的。

1.2.2　软件质量事故

软件的开发是由人来完成的，自然无法在开发过程中完全杜绝缺陷。软件缺陷的存在会导致软件质量下降，从而使得软件维护成本和使用成本增加。在一些关键领域，如果软件质量存在问题，可能会造成灾难性的后果。

1996 年阿丽亚娜 5 型运载火箭的首航发射失败，是一个由于软件质量造成重大经济损失的典型例子。该火箭原计划运送4颗太阳风观察卫星到预定轨道,但因软件引发的问题导致火箭在发射39 s后偏轨,激活了火箭的自我摧毁装置,阿丽亚娜5型火箭和其运载的卫星瞬间灰飞烟灭。后来查明事故原因是由于阿丽亚娜5型的发射系统代码直接重用了阿丽亚娜4型的相应代码,而4型的飞行条件和5型的飞行条件截然不同。此次事故损失3.7亿美元。

1999年NASA发射的火星气候轨道探测器从距离火星表面130 ft(1 ft = 0.304 8 m)的高度垂直坠毁,事后发现其原因是NASA的工程小组使用了是英制单位,而不是预定的公制单位。此项工程成本耗费3.27亿美元。

除了经济损失,软件质量事故也会导致人身事故,酿成惨剧。2011年7月23日,我国铁路甬温线温州段发生两列动车组列车追尾事故,造成了40人死亡、172人受伤的严重后果。公布的原因显示温州南站的信号设备在设计上存在严重缺陷,遭雷击发生故障后,本应显示为红灯的区间信号机错误显示为绿灯。

近年来随着云计算技术的发展,很多云系统都针对底层的系统软硬件故障做了系统、应用层面的容错设计,虚拟机层面的容错机制也在不断进步,然而软件质量事故依然层出不穷。

2019年3月3日,阿里云出现宕机故障,导致华北不少互联网公司App、网站纷纷瘫痪,整个宕机时间持续了3个小时。事后,阿里云官方进行排查,发现主要是由于服务器磁盘读写过慢,使得大量读写线程/进程挂起,最终导致服务器宕机,出现了IO HANG错误。

而具有分布式、去中心化的区块链技术具备了多种技术来保障其可靠性,但在其基础上的智能合约应用依然无法躲过由于软件漏洞而导致的巨大损失。

2016年6月发生的The DAO事件,以太坊的智能合约出现重入漏洞(Re-Entrance)导致了价值约6千万美元的以太币被盗,并直接促使了当年7月以太坊的硬分叉。2017年7月Parity多签名钱包两次安全漏洞,分别导致3 000万美元、1.52亿美元的损失。2018年4月BEC代币被盗事件,由于一行代码的安全漏洞引发其9亿美元市值几乎归零。

通过上述例子,可见软件质量问题会造成不小的影响,甚至会导致十分严重的后果。一些软件工程的方法,如软件测试、软件质量保证等可以有效地对软件的质量进行把控,尽可能减少软件中存在的缺陷,从而降低软件质量造成的风险。

1.2.3　软件危机与软件工程

在 20 世纪 60 年代以前，计算机技术刚开始发展，计算机软件规模小，往往采用机器语言和汇编语言实现，不需系统化开发，仅依靠个人来设计实现就能满足软件开发的需求。

随着计算机技术的发展，计算机的应用范围也迅速扩大，高级语言、操作系统开始出现。计算机软件的规模也越来越大、复杂度越来越高。原本个人设计实现小作坊式的软件开发模式已经无法满足软件产业发展的需求，第一次软件危机开始爆发。为了解决问题，业界于 1968 和 1969 年连续召开两次著名的北大西洋公约组织（NATO）软件工程会议，同时提出软件工程的概念，研究软件生产的客观规律性，建立与系统化软件生产有关的概念、原则、方法、技术和工具，指导和支持软件系统的生产活动，以达到降低软件生产成本、改进软件产品质量、提高软件生产率水平的目标。

自 20 世纪 80 年代开始，随着软件规模的继续增大，一个软件开始拥有上百万行代码，参与软件开发的人也越来越多，往往可以达到数千人。以 Linux 操作系统的内核为例，1991 年 Linux 刚发布的时候，内核代码仅 1 万行，仅靠发明者 Linus 一人就可维护；而到 2020 年，Linux 的内核代码超过了 2 700 万行（图 1－2），由全球大量的内核开发者贡献。然而，大量的人力不仅导致软件开发的成本急剧上升，软件的质量也愈发不好控制，不少软件直至交付的时候依然存在着大量的缺陷，这就是第二次软件危机。

21 世纪以来，由于单机单核的硬件处理能力开始达到瓶颈，多核、并行计算、分布式系统、集群的概念开始出现，软件的并行化运行带来了很多新的技术难题，并行程序的设计也给开发人员提出了更高的技术要求，这就是第三次软件危机。日趋复杂的软件规模从图 1－3 中也可见一斑。随着此次软件危机的开始，软件也越来越追求可扩展性、可组合性，大量新的技术和思想也应运而生，比如云和虚拟化技术、容器集群技术、分布式技术、SOA 和微服务架构等，都对缓解此次软件危机提供了解决方案。

随着 5G 技术的发展，万物互联的时代即将到来，大数据、云计算、移动互联网等技术在发展的同时，新一轮的软件危机也会随之出现，例如：物联网会导致通信设备的无限增加，大数据会导致数据的无限增长，人工智能会导致软件运行的结果存在不确定性。这类无限多量及不确定性将会使软件面临新的深层次危机。

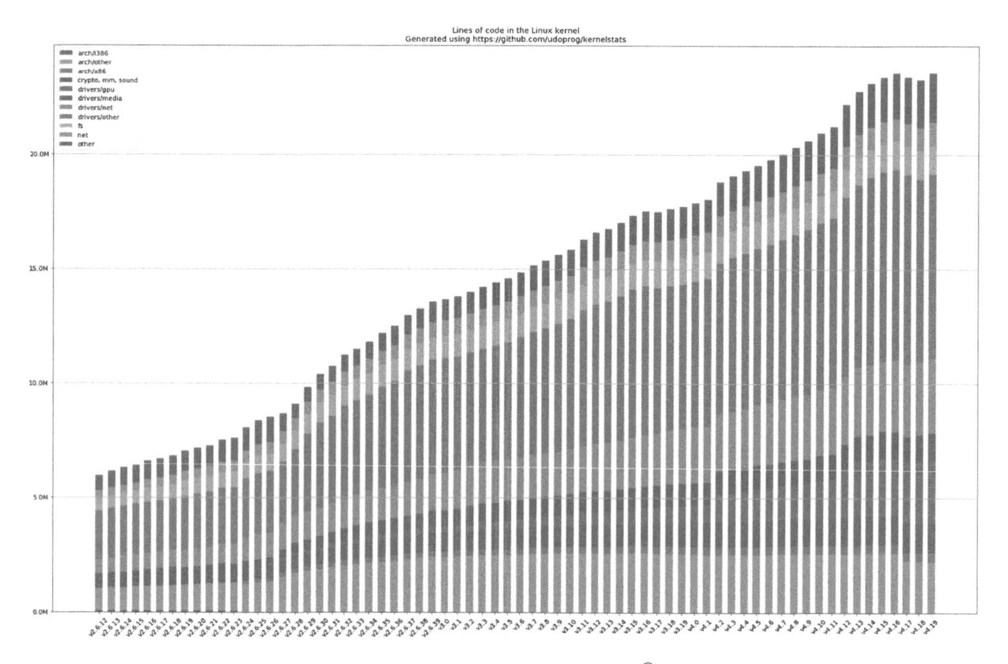

图 1－2 Linux 源码数量增长曲线①

从软件的发展历史来看，软件的需求总会变得越来越多，越来越复杂，随之而来的开发成本增长及软件质量控制难度的增加也是不可避免的。从本质上来说，软件危机是由于落后的软件生产方式无法满足迅速增长的计算机软件需求，从而导致软件开发与维护过程中出现一系列严重问题的现象。

软件的发展跟不上硬件的发展，而软件工程方法的发展也跟不上软件的发展，因此软件危机是一个持久的过程（图 1－4）。每个阶段软件危机都有新的定义，都具有其阶段性与进步性。好在软件工程的发展也并非停滞不前，新的软件工程方法、设计方法、创新方法和思想也在不断涌现，比如，从高级语言、面向对象编程、图形化编程、程序验证、构件技术、瀑布模型、Zachman 模型、螺旋模型、开放组体系结构框架（TOGAF），到现在流行的敏捷开发、领域驱动设计（DDD）、微服务和 FO 开发等，每一次软件危机的出现及解决都对软件工程的发展起到了促进作用，软件危机正是软件工程发展的契机。

① 图片来源：https://www.reddit.com/r/linux/comments/quxwli/lines of code in the linux kernel/。

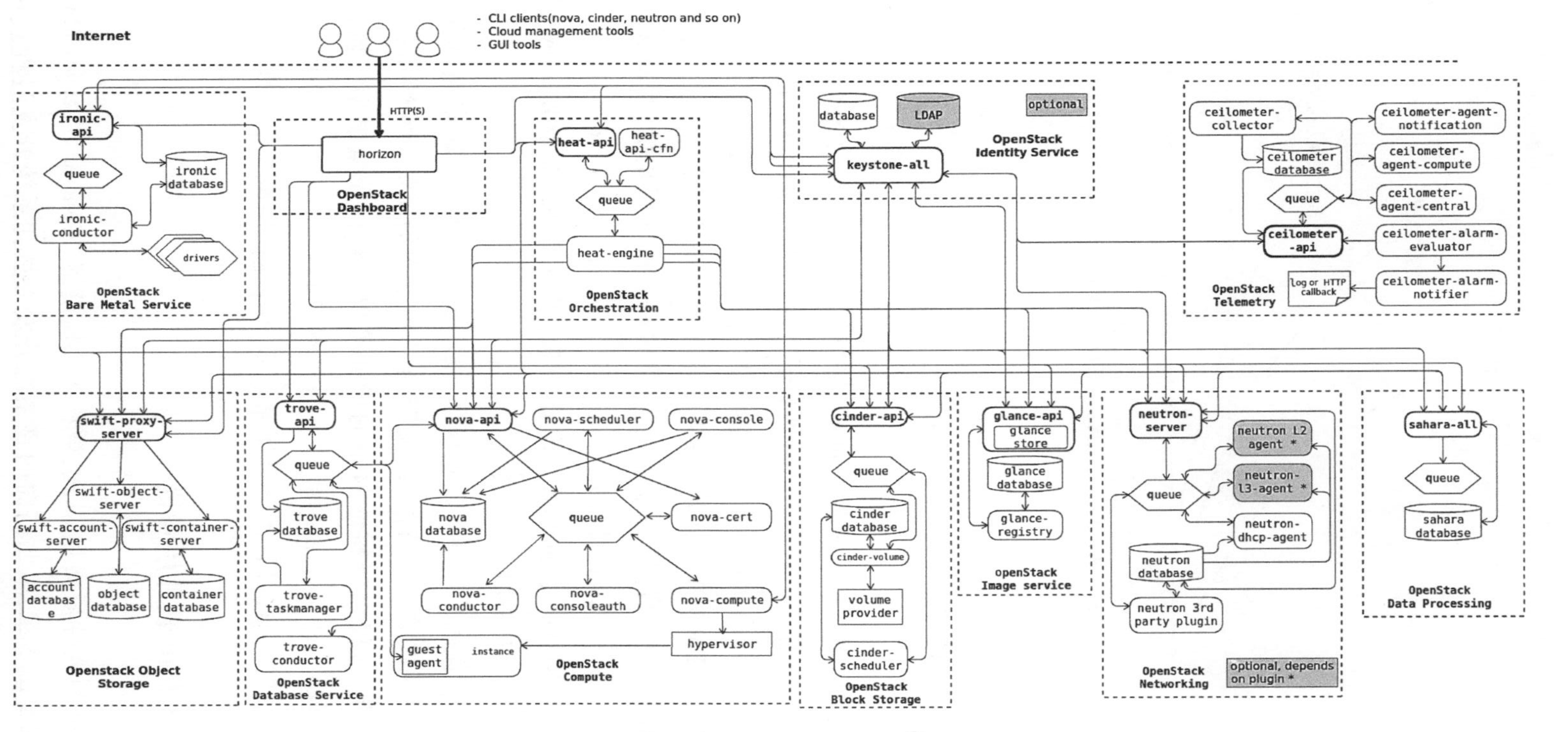

图 1－3　OpenStack 逻辑架构图①

---

① 图片来源：https://docs.openstack.org/install-guide/get-started-logical-architecture.html。

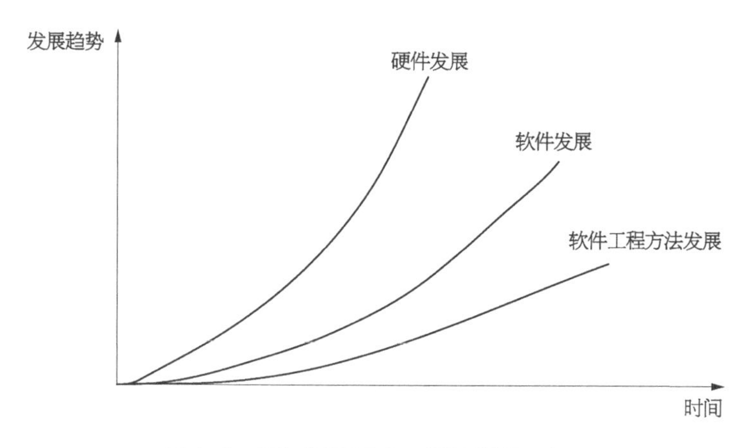

图 1-4 硬件、软件及软件工程发展趋势示意图

1.3 软件质量模型

软件质量模型用于反映软件质量的优劣程度，其通常包含数个高层次的特性，每个特性下又含有若干低层次的特性或子特性，由此勾勒出软件质量的形象。

1977 年 Jim McCall 提出的软件质量模型，包含了 3 个方面和 11 个特性；在此基础上，1978 年 Barry W. Boehm 等人提出了包含 3 个高层特性、7 个中层特性和若干指标组成的软件质量模型；随后 Robert Grady 提出的 FURPS 质量模型，包含了功能、易用、可靠、性能及可支持 5 个特性，Rational Softwarc 在此基础上将其扩展至 FURPS+，增加了部分次要因素；1995 年 R. Geoff Dromey 提出了由 3 个主要元素组成的软件质量模型。

1991 年，ISO 借鉴了 Boehm 质量模型，推出了 ISO/IEC 9126 软件质量模型，其包含了 6 个高层次的质量特性，以及 21 个中间层次的质量子特性和若干度量指标。在该标准中，仅以资料性附录的形式给出了软件质量模型。该模型在 2001 年进行了修订，作为正式的软件质量模型，随后又升级成为 ISO 25000 系统与软件质量系列标准，将软件产品质量从 6 个特性扩展至 8 个特性。

1.3.1 Jim McCall 软件质量模型

Jim McCall 的软件质量模型，也被称为 GE 模型（General Electrics Model）。其最初起源于美国空军，主要面向的是系统开发人员和系统开发过程。McCall

试图通过一系列的软件质量特性来弥补开发人员与最终用户之间的沟壑。

McCall 的软件质量模型面向产品修正、产品转移和产品运行 3 个方面，具有 11 个特性，如图 1－5 所示。

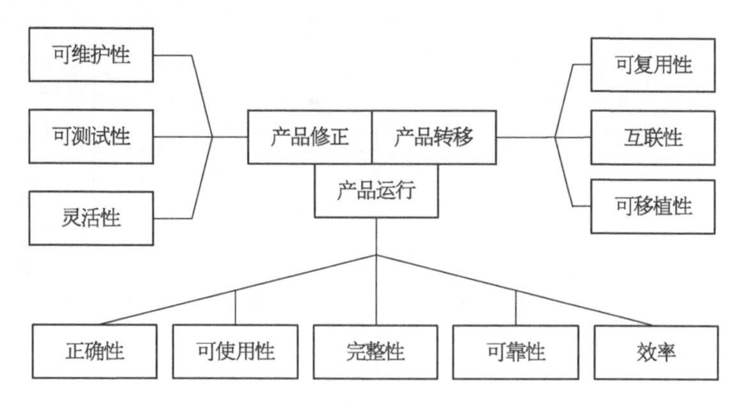

图 1－5　McCall 软件质量模型

相较于其他软件质量模型，McCall 质量模型更注重产品修正、产品转移和产品运行三方面的相互关联关系。

1.3.2　Barry W. Boehm 软件质量模型

Barry W. Boehm 软件质量模型（简称“Boehm 模型”）是由 Boehm 等人在 1978 年提出来的，在表达质量特征的层次性上它与 McCall 模型是非常类似的。Boehm 提出的质量模型包含了硬件性能的特征，这在 McCall 模型中是没有的。类似于 McCall 的质量模型，Boehm 模型也采用层级的质量模型结构，包括高层特性、中层特性和指标，如图 1－6 所示。

高层特性主要关注 3 个问题：软件可用性、软件维护性、软件可移植性。

中层特性包含 7 个质量特性：可移植性、可靠性、效率、人机界面、可测试性、可理解性、可修改性。其下又包含了 15 个指标。

可以看出，Boehm 模型和 McCall 模型有些相似，区别在于 McCall 模型主要关注于高层特性的精确度量，而 Boehm 模型则基于更广泛的特性，并且对可维护性做了更多的关注。

Boehm 软件质量模型可看作为 ISO 质量模型的前身，其层次结构及所关注的特性已具备了后来 ISO 质量模型的雏形。

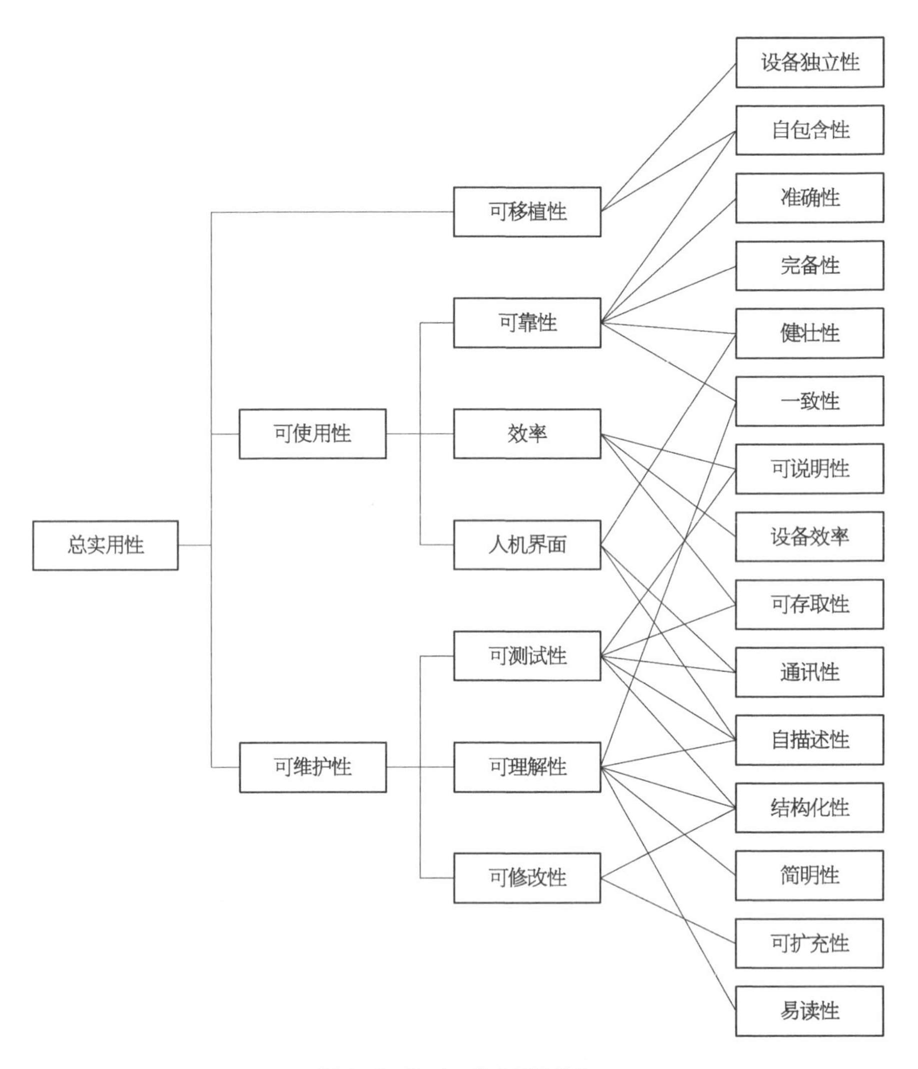

图 1-6 Boehm 软件质量模型

1.3.3 FURPS/FURPS+软件质量模型

“FURPS”是功能性(function)、易用性(usability)、可靠性(reliability)、性能(performance)及可支持性(supportability)5个词的英文首字母缩写,最初由Robert Grady提出,后来由RationalSoftware进行扩展至FURPS+,其5个主要因素定义了如下评估方式:

(1) 功能性:通过软件产品的能力、可重用性和安全性来评估。

(2) 易用性:通过人为因素、审美、一致性和文档来评估。

（3）可靠性：通过测量错误的频率和严重程度、输出结果的准确度、平均失效间隔时间、从失效恢复的能力、程序的可预测性等来评估。

（4）性能：通过测量处理速度、响应时间、资源消耗、吞吐量和效率来评估。

（5）可支持性：包括扩展程序的能力（可扩展性）、可适应性和服务性，以及可测试性、兼容度、可配置性、一个系统可以被安装的容易程度、问题可以被局部化的容易程度。

“FURPS+”中的“+”是指一些辅助性的和次要的因素，包括以下 5 点。

（1）实现（Implementation）：资源限制、语言和工具、硬件等。

（2）接口（Interface）：强加于外部系统接口之上的约束。

（3）操作（Operation）：对其操作设置的系统管理。

（4）包装（Packaging）：例如物理的包装盒。

（5）授权（Legal）：许可证或其他方式。

FURPS/FURPS+软件质量模型如图 1－7 所示。

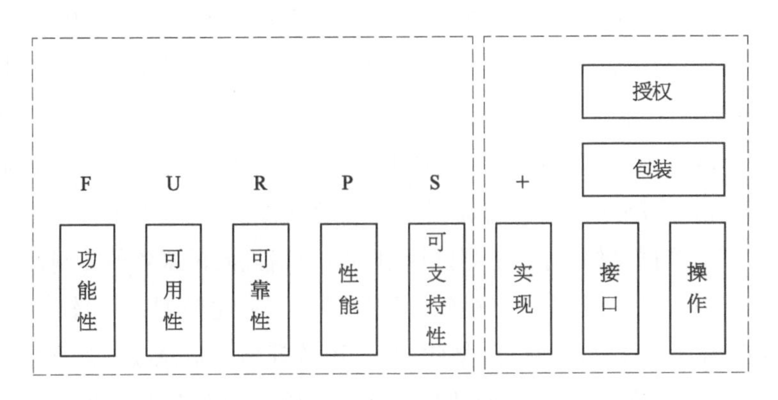

图 1－7　FURPS/FURPS+软件质量模型

相较于其他质量模型，FURPS+可包含其他辅助性因素，增强了软件质量模型的灵活性。

1.3.4　R. Geoff Dromey 软件质量模型

Dromey 模型是 R. Geoff Dromey 在 1995 年和 1996 年两年内发表的两篇文章中提出的一种通用的质量模型及系统开发质量模型的过程。

Dromey 软件质量模型由 3 个主要元素组成：① 影响质量的产品属性；② 高层质量特性；③ 连接产品性能与质量属性的方法。

构建该质量模型包括以下5个步骤：① 选择一组评价所需的高层质量特性；② 列出系统组件/模块；③ 识别出组件/模块上的质量属性（从上面的列表选出最影响产品质量的4个）；④ 确定质量属性的影响；⑤ 评估模型和识别缺点。

1.3.5 ISO/IEC软件质量模型

1991年，ISO推出了软件质量模型ISO/IEC 9126，高层为质量特性（共6个），中间层为质量子特性（共21个），第三层为度量。这个标准经过了几次修正，在2001年至2004年之间推出了新版的ISO/IEC 9126系列标准，共包括4个部分（质量模型、外部度量、内部度量、使用质量度量）。该模型保留了与以前版本相同的6个质量特性，增加了子特性，并引入了使用质量（Quality in Use）的概念，规定了内部度量、外部度量和使用质量度量。

随着ISO/IEC 25010：2011标准的发布，软件质量模型得到进一步完善和细化。在ISO/IEC 25010中软件质量模型正式对ISO/IEC 9126系列标准中的软件质量模型进行了更新，从6个质量特性增加至8个质量特性。同样的ISO/IEC 12119：1994随即被ISO/IEC 25051：2006替代。ISO/IEC 25051：2006将标准使用范围明确为商业现货软件（COTS），标准中增加了商业现货软件产品要求和基于质量模型的质量要求，针对测试文档，特别是测试计划、测试规程、测试报告的编制做了要求。

由于软件在发展过程中已经由软件的提供向服务化转型，新的软件不再是一个个软件产品，而是结合云计算、物联网、区块链等新型信息技术的发展，构建出提供服务的平台。在此潮流下，商业现货软件的质量标准无法适应产业的发展需求。因此，由ISO/IEC JTC1 SC7注册专家、上海计算机软件技术开发中心软件质量团队向国际标准化组织提交了建议，将评价对象由商业现货软件（COTS）变更为了就绪可用软件（RUSP），后续更新的ISO/IEC 25051：2014中正式采纳了该意见。

上述ISO标准均已有采标的国家标准和其对应，关于ISO制定的软件质量模型在本书第2章有详细描述。

1.4 软件质量相关标准关系

在软件发布前对软件质量进行建模、测量及评价，可对软件质量做出比较准确的判断，降低由于软件缺陷而造成的损失，提高用户满意度。此外，软件质量测量也可应用在软件开发中，通过软件质量测量可以改进软件开发过程，开发出高质量的软件产品。

本书以软件质量标准体系为基准，对软件质量标准化提供了实践的指导（图 1-8）。

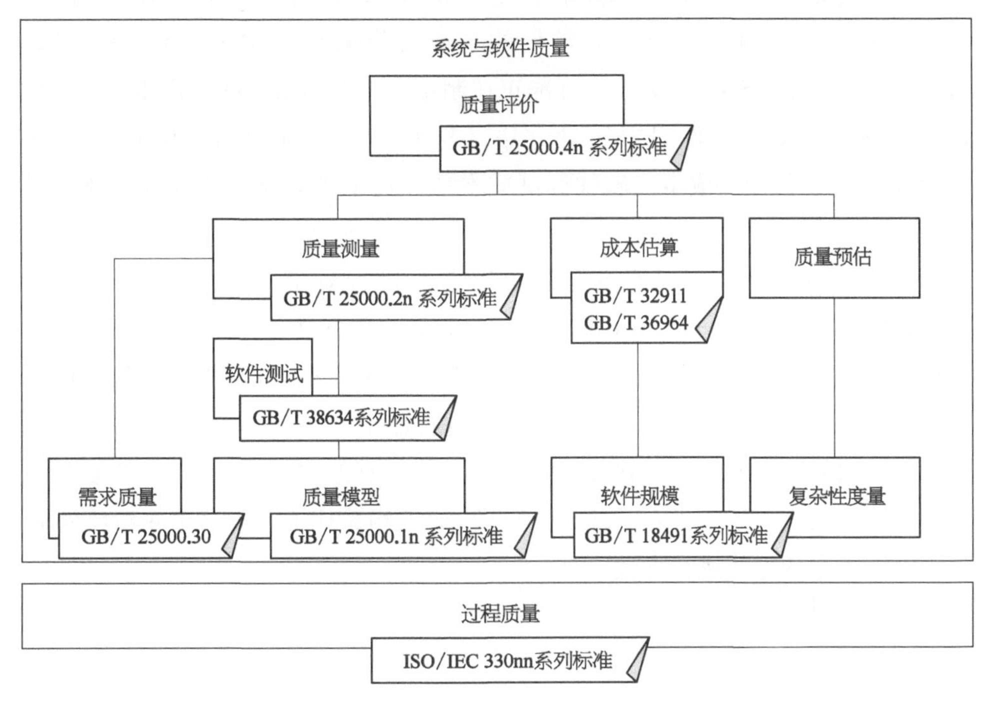

图 1-8　软件质量及其相关标准

国家标准 GB/T 25000.1n（对应国际标准 ISO/IEC 2501n）系列提供了软件产品质量、使用质量（GB/T 25000.10—2016）、数据质量（GB/T 25000.12—2017）和服务质量（ISO/IEC TS 25011：2017，至本书定稿时尚未发布相应的国家标准）的模型。国家标准 GB/T 25000.2n 系列标准则对应地提供了产品质量（GB/T 25000.23—2019）、使用质量（GB/T 25000.22—2019）、数据质量（GB/T 25000.24—2017）和服务质量（ISO/IEC TS 25025：2021）的测量准则，为质量模型提供了量化的方法。国家标准 GB/T 25000.30—2021（质量需求框架）则给出了软件质量需求的定义及其使用、管理的规范，为质量模型的质量需求进行分类，并为质量测量提供了依据。国家标准 GB/T 25000.4n 系列则提供了质量评价的方法及要求，本书第 8 章对其进行了详述。

软件测试作为获取软件质量量化值的重要手段，对软件质量有着极其重要的意义。国家标准 GB/T 38634 软件测试系列标准则从概念和定义、测试过程、测试文档和测试技术四个方面给出了软件测试各方面的要求。本书第 6 章对软件测试的标准、方法、技术做了详细的阐述。

软件规模测量可用于估算软件开发、测试、运维的工作量，对于软件规模的准确估算也是软件质量得以保障的前提。GB/T 18491 系列标准提出了功能规模测量的定义、过程和要求，而常见的功能规模测量方法 IFPUG、COSMIC、NESMA、MkII 和 FiSMA 相关国家标准正在制定中。本书第 3 章对软件规模测量进行了详述。基于软件规模测量方法，GB/T 36964—2018 和 GB/T 32911—2016 分别对软件开发成本和软件测试成本估算提出了具体的估算方法及估算过程。

软件过程质量目前有不少方法可以对其进行质量保证，最为常见的如 CMMI、6 - sigma、ISO 9001、SPICE 等。在过程质量的标准化方面，除了 ISO 9001 之外，SPICE 组织也发表了国际标准 ISO/IEC 33000 系列标准，用于过程质量的评定。本书第 5 章将对软件质量保证方面进行详述。

软件的复杂性度量是对软件质量进行预估的有效方法，目前在软件复杂性度量方法方面主要还是处在学术研究阶段，尚无相关标准。本书第 4 章将对软件复杂性度量的方法进行详述。

第 2 章　软件质量与测试标准体系

2.1　软件质量与测试相关标准化

GB/T 20000.1—2014 中指出：标准化是为了在既定范围内获得最佳秩序，促进共同效益，对现实问题或潜在问题确立共同使用和重复使用的条款及编制、发布和应用文件的活动。标准化活动确立的条款可以形成标准化文件，包括标准和其他标准化文件。凡具有多次重复使用和需要制定标准的具体产品，以及各种定额、规划、要求、方法、概念都可以作为标准化的对象。

软件工程是一项复杂的工程，它在软件成本、工程进度、软件质量等方面的控制有一定的难度，为了更好地适应软件行业市场的需要，提高软件产品的质量及生产效率、建立健全的软件和系统工程标准化管理体系非常重要。通过对软件工程实施标准化，可以规定软件工程领域的通用框架和基本要求，从而可以保证软件工程活动有效性，提高软件的可靠性、软件的质量及管理的可控制性。

ISO/IEC JTC1/SC7 开展的软件与系统工程标准化工作如图 2－1 所示，其中软件质量的国际标准经过 30 多年发展，从 ISO 9126、14598 系列标准发展到 ISO/IEC 25000 系列标准。目前软件质量的标准化，主要以 ISO/IEC 25000《系统与软件工程　系统与软件质量要求和评价》系列标准（又称“SQuaRE”系列标准）为核心对软件质量进行规范，包括质量模型、质量测量、质量要求、质量评价等方面，具体软件质量国际标准体系的介绍可参见本书的 2.3.1 章节。软件测试标准化主要以 ISO/IEC/IEEE 29119 系列标准为主，该系列标准由 ISO/IEC

JTC1/SC7 WG26 工作组制定，主要包括第 1 部分概念和定义、第 2 部分测试过程、第 3 部分测试文档、第 4 部分测试技术、第 5 部分关键字驱动测试、第 6 部分敏捷测试、第 11 部分人工智能测试等。此外，WG26 组在研的标准还包括基于模型的测试、游戏测试、性能测试等。ISO/IEC 还制定了测试过程评估模型（ISO/IEC 33063：2015）、软件测试工具能力（ISO/IEC 30130：2016）等相关标准。

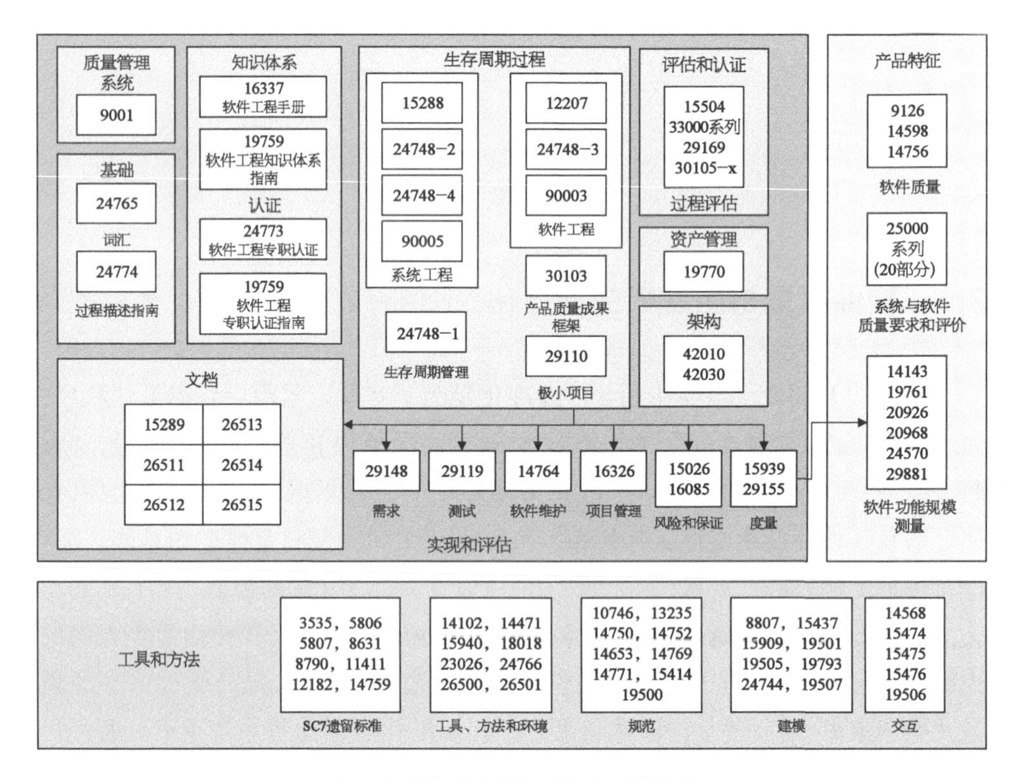

图 2-1 ISO/IEC JTC1/SC7 标准化概况

我国软件质量的标准化则是参考国际相关标准，根据国内软件质量的实际需求开展标准化工作，目前软件质量标准体系以 GB/T 25000 系统与软件质量要求和评价（SQuaRE）系列标准为主。2013 年由上海计算机软件技术开发中心针对实践过程中度量指标获取方法不明确、部分数据无法获取等问题，牵头制定了 GB/T 29831—29836 系统与软件功能性、可靠性、可移植性、维护性、效率、易用性等 6 个特性的软件质量标准，分别给出了软件质量 6 个特性的指标体系、度量方法和测试方法，提高了质量度量的可操作性。在军工领域，我国发布了 GJB 5236—2004《军工软件质量度量》标准，该标准规定了军用软件产品的质量模型和基本度量，包括功能性、可靠性、易用性、效率、维护性和可移植性。在 GJB 5236—2004 的基础上，按照最新 ISO/IEC 25010 的质量特性制定了“军工软件质量度量标准群”，增加了兼容性和信息安全性特性，针对每个质量特性进行指标体系、度量方法和测试方法的标准制定工作，并给出了航天、武器、情报等军工软件系统使用质量度量标准的规范性指南。

我国软件测试领域的标准体系划分为测试过程和管理、测试技术、测试工具、测试文档四个方面，并重点针对这四个方面展开标准制定。同时为适应软件测试技术的发展，我国也积极规划并制定测试方法的标准，包括性能测试方法、组合测试方法等。目前我国现有的软件测试领域标准包括：

（1）GB/T 25000.51—2016《系统与软件工程　系统与软件质量要求和评价（SQuaRE）第 51 部分：就绪可用软件产品（RUSP）的质量要求和测试细则》。

（2）GB/T 38634—2020《系统与软件工程　软件测试》。

（3）GB/T 38639—2020《系统与软件工程　软件组合测试方法》。

（4）GB/T 39788—2021《系统软件工程　性能测试方法》。

（5）GB/T 15532—2008《计算机软件测试规范》。

（6）GB/T 9386—2008《计算机软件测试文档编制规范》。

（7）GB/T 30264.1—2013《软件工程　自动化测试能力　第 1 部分：测试机构能力等级模型》。

（8）GB/T 30264.2—2013《软件工程　自动化测试能力　第 2 部分：从业人员能力等级模型》。

（9）GJB/Z 141—2004《军用软件测试指南》。

（10）GJB 438B—2009《军用软件开发文档通用要求》。

（11）GJB 6922—2009《军用软件定型测评报告编制要求》。

（12）SJ 30010—2018《军工软件测试验证　总体要求》。

（13）SJ 30011—2018《军工软件测试验证　测试过程和管理》。

（14）SJ 30012—2018《军工软件测试验证　测试技术》。

（15）SJ 30013—2018《军工软件测试验证　测试工具要求》。

（16）SJ 30014—2018《军工软件测试验证　测试文档》。

（17）SJ 30015—2018《军工软件测试验证　基于状态转移的软件测试覆盖准则》。

（18）SJ 30008—2018《军工软件质量度量　组合测试方法》。

（19）SJ 20807—2001《指挥自动化系统应用软件测试要求》。

2.2 软件质量与测试相关的标准化组织

2.2.1 ISO/IEC JTC1/SC7

ISO/IEC JTC1 信息技术委员会是国际标准化组织(ISO)和国际电工委员会(IEC)的第 1 个联合技术委员会。1987 年 ISO/TC97 与 IEC 的相关技术委员会合并后而成为 ISO/IEC JTC1。ISO/IEC JTC1 目前有 22 个分技术委员会,其中,软件工程是第 7 分技术委员会,编号为 ISO/IEC JTC1/SC7。

ISO/IEC JTC1/SC7 于 2000 年更名为“软件与系统工程分技术委员会”,主要负责软件产品和系统的工程化、支持工具和支持技术的标准化。ISO/IEC JTC1/SC7 分委员会先后成立了若干个工作组,目前下设 5 个咨询组、13 个工作组,如图 2-2 所示。

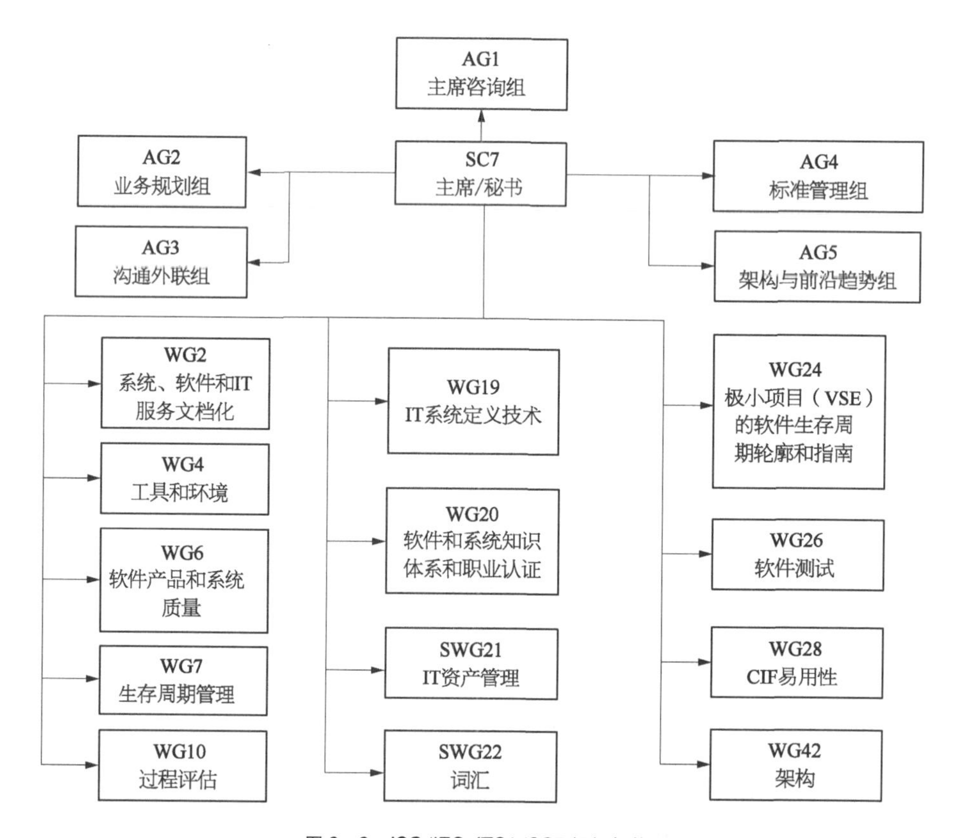

图 2-2 ISO/IEC JTC1/SC7 组织架构

WG6 组(软件产品和系统质量)主要负责制定系统与软件产品质量的标准与编写技术报告,核心标准为 ISO/IEC 25000 系列标准(SQuaRE 系列标准),此外 WG6 工作组也考虑 SQuaRE 与新科技的融合,例如敏捷测试、DevOps、人工智能等。

WG26 组(软件测试)主要负责软件测试的标准与技术报告,工作组制定了 ISO/IEC/IEEE 29119 系列标准,近年来也围绕热点领域开展标准制定,例如 AI 测试。

2.2.2 IEEE

IEEE 设有 IEEE 标准协会 IEEE - SA(IEEE Standard Association),负责标准化工作。IEEE - SA 下设标准局,标准局下又设置两个分委员会,即新标准制定委员会(New Standards Committees)和标准审查委员会(Standards Review Committees)。IEEE 的标准制定内容涵盖信息技术、通信、电力和能源等多个领域,并已日益成为新兴技术领域标准的核心来源。目前,IEEE 标准协会已经和多个国际标准组织建立了战略合作关系,其中包括国际电工委员会(IEC)、国际标准化组织(ISO)及国际电信联盟(ITU)等。其中 ISO/IEC JTC1/SC7 联合 IEEE 修订了多项系统与软件工程的标准,包括软件生存周期过程、生存周期管理、软件测试、模型语言、软件工程知识体系指南等,以下是部分联合标准:

(1) ISO/IEC/IEEE 24765: 2017 Systems and Software Engineering — Vocabulary 系统与软件工程——词汇。

(2) ISO/IEC/IEEE 12207: 2017 Systems and Software Engineering — Software Life Cycle Processes 系统与软件工程——软件生存周期过程。

(3) ISO/IEC/IEEE 24748 - 4: 2016 Systems and Software Engineering — Life Cycle Management — Part 4: Systems Engineering Planning 系统与软件工程——生存周期管理——4 部分: 系统工程计划。

(4) ISO/IEC/IEEE 24748 - 5: 2017 Systems and Software Engineering — Life Cycle Management — Part 5: Software Development Planning 系统与软件工程——生存周期管理——5 部分: 软件开发计划。

(5) ISO/IEC/IEEE 29119 - 1: 2013 Software and Systems Engineering — Software Testing — Part 1: Concepts and Definitions 软件与系统工程——软件测

试——第1部分：概念和术语。

（6）ISO/IEC/IEEE 29119 - 2：2013 Software and Systems Engineering — Software Testing — Part 2：Test Processes 软件与系统工程——软件测试——第2部分：测试过程。

（7）ISO/IEC/IEEE 29119 - 3：2013 Software and Systems Engineering — Software Testing — Part 3：Test Documentation 软件与系统工程——软件测试——第3部分：测试文档。

（8）ISO/IEC/IEEE 29119 - 4：2015 Software and Systems Engineering — Software Testing — Part 4：Test Techniques 软件与系统工程——软件测试——第4部分：测试技术。

（9）ISO/IEC/IEEE 29119 - 5：2016 Software and Systems Engineering — Software Testing — Part 5：Keyword-driven Testing 软件与系统工程——软件测试——第5部分：关键字驱动测试。

（10）ISO/IEC/IEEE 15939：2017 Systems and Software Engineering — Measurement Process 系统与软件工程——管理过程。

（11）ISO/IEC/IEEE FDIS 26513 Systems and Software Engineering — Requirements for Testers and Reviewers of User Documentation 系统与软件工程——测试者和审核员用户文档需求。

（12）ISO/IEC/IEEE 16326：2009 Systems and Software Engineering — Life Cycle Processes — Project Management 系统与软件工程——生存周期过程——项目管理。

（13）ISO/IEC TR 19759：2015 Software Engineering — Guide to the Software Engineering Body of Knowledge（SWEBOK）软件工程——软件工程知识体系指南（SWEBOK）。

2.2.3 SAC/TC28

全国信息技术标准化技术委员会（简称“信标委”，原全国计算机与信息技术处理标准化技术委员会）成立于1983年，是在国家标准化委员会和工业和信息化部的共同领导下，从事全国信息技术领域标准化工作的技术组织，对口ISO/IEC JTC1（除ISO/IEC JTC1/SC 27）。信标委的工作范围是信息技术领域的标准化，涉及信息采集、表示、处理、传输、交换、描述、管理、组织、存储、检索及其技术,系统与产品的设计、研制、管理、测试及相关工具的开发等标准化工作。截至 2020 年 8 月,信标委成为下设 19 个分技术委员会和 15 个直属工作组的国内最大的标准化技术委员会之一,涵盖了数据通信、卡及安全设备身份识别、计算机图形图像处理和环境数据表示、信息技术设备互联、用户界面、生物特征识别、信息技术与可持续发展、信息技术服务、物联网、人工智能,以及云计算、大数据、智慧城市、少数民族信息技术、工业互联网 App、政务信息共享等分技术委员会和标准工作组。全国信息技术标准化技术委员会软件工程分技术委员会是我国承担软件质量与测试标准的核心组织,对口 ISO/IEC JTC1/SC7,秘书处挂靠在中国电子技术标准化研究院。

2.2.4 其他标准化组织

2.2.4.1 ANSI

ANSI(American National Standards Institute,美国国家标准学会),该学会成立于 1918 年,是负责制定美国国家标准的非营利组织。美国国家标准学会本身制定少部分的标准,多数标准是由相应的技术团体或专业团体、行业协会及其他自愿将标准送交 ANSI 批准的机构制定,标准通过 ANSI 审核批准后成为美国国家标准,例如 ANSI/IEEE 730—2002《软件质量保证方案》是 ANSI 采用的电气电子工程师学会的标准。

2.2.4.2 BSI

BSI(British Standards Institution,英国标准协会)成立于 1901 年,是世界上最早的全国性标准化机构。BSI 与英国政府签署了谅解备忘录,确立了 BSI 作为公认的英国国家标准机构的地位。BSI 在标准化、系统评估、产品认证、培训和咨询服务领域提供全球服务。IST/15 是 BSI 信息技术行业协会小组下的软件和系统工程委员会,它根据国际软件与系统工程标准化以及国内标准化情况,采用了大量 ISO/IEC 软件与系统工程标准来逐步替代、撤销之前制定的国家标准,形成一套软件与系统工程标准。

2.2.4.3 JISC

JISC(Japanese Industrial Standards Committee,日本工业标准委员会),负责日本国家标准的制定工作,该组织成立于 1949 年,由总会、标准会议、部会、专门委员组成,标准会议下设 29 个部会,部会负责审查专门委员会会议上通过的 JIS 标准草案,专门委员会负责审查日本标准的实质内容。其中软件工程相关标准由JISC指定的情报处理协会IPSJ、信息技术标准委员会ITSCJ负责制定。日本国家标准在软件工程领域的标准，包括JIS X 0133《软件工程产品评价系列标准》、JIS X 0135《软件工程 功能规模测量系列标准》、JIS X 25000《系统与软件工程 系统与软件质量要求和评价系列标准》等。

2.2.4.4 SQuBOK

日本科学技术联盟SQiP委员会与日本质量管理学会软件专业学会，联合制定了用于确保软件质量的软件工程知识体系“SQuBOK(Software Quality Body of Knowledge)”，并向公众公开其内容。SQuBOK将软件质量相关的约26个领域、200项要点进行系统性说明。SQuBOK是以日本的软件质量专家构成的SQuBOK制定专业学会为主制定的。2005年5月，日本IBM、日本电气通信大学、索尼公司、日本东洋大学作为发起人，策划了SQuBOK的构想。2005年9月，在日本科学技术联盟中，以约10名成员的规模正式设立了SQuBOK制定专业学会。之后，质量管理学会软件专业学会也加入进来，用了整整2年的时间完成了SQuBOK的制定工作。另外，SQuBOK制定专业学会还是由日本科学技术联盟SQiP委员会及日本质量管理学会软件专业学会组成的联合组织。

2.3 软件质量与测试标准体系的发展

2.3.1 软件质量标准体系发展

2.3.1.1 国际质量标准体系

从软件质量国际标准的发展来看，1991年12月ISO和IEC组织发布了国际标准ISO/IEC 9126：1991《软件产品评价 软件质量特性及其使用指南》，该标准定义了软件产品质量的六种质量特性，并描述了软件产品评价的过程模型。随着人们对质量的关注度逐渐提高，ISO和IEC组织将该标准用划分为两个相关、多个部分的标准所代替(图2-3)，即ISO/IEC 9126《软件工程产品质量》及ISO/IEC 14598《信息技术产品评价》，其中ISO/IEC 9126标准中分为四个部分，包括质量模型、外部度量、内部度量、使用质量的度量；ISO/IEC 14598标准分为五个部分，包括概述、策划和管理、开发者用的过程、需方用的过程、评价者用的过程。随着软件技术的不断发展，软件也逐渐向系统扩展,传统的软件工程也过渡到系统与软件工程。同时国际标准化组织ISO 和 IEC 的联合技术委员会软件工程分技术委员会 ISO/IEC JTC1 SC7 注意到软件质量和软件需求、软件评价之间具有强相关的关系,而目前的标准之间较分散且存在不一致、不协调的问题,因而提出了《系统与软件工程领域　系统与软件质量要求和评价(SQuaRE)》(Systems and software Quality Requirements and Evaluation)系列标准,基于此系列标准号的考虑,该系列标准也称为 25000 系列标准。

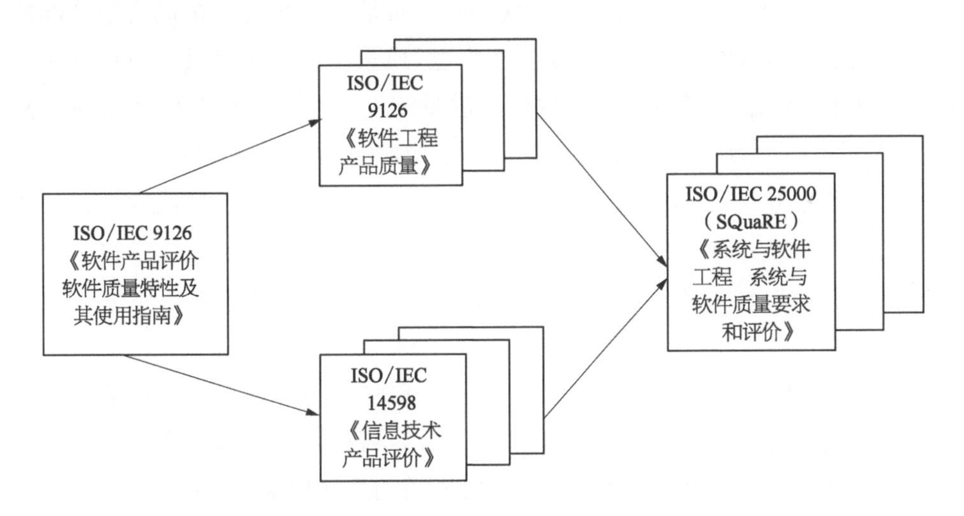

图 2-3　质量模型国际标准体系发展历程

ISO/IEC 25000 系列标准的组织结构如图 2-4 所示。

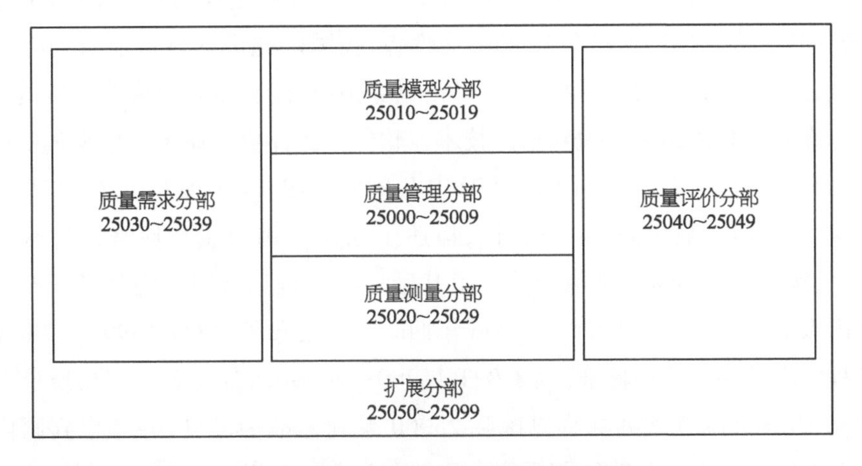

图 2-4　ISO/IEC 25000 系列标准组织结构

ISO/IEC 25000 系列标准由下列分部组成。

（1）ISO/IEC 25000~ISO/IEC 25009——质量管理分部。构成这个分部的标准定义了由 SQuaRE 系列标准中的所有其他标准引用的全部公共模型、术语和定义。这一分部还提供了用于计划和管理一个项目的需求和指南。

（2）ISO/IEC 25010~ISO/IEC 25019——质量模型分部。构成这个分部的标准为系统或软件产品、使用质量、数据质量及 IT 服务质量提供了质量模型，同时还提供了使用该质量模型的实用指南。

（3）ISO/IEC 25020~ISO/IEC 25029——质量测量分部。构成这个分部的标准包括系统与软件产品质量测量参考模型、质量测度的定义及其应用的实用指南。这个分部给出了系统与软件产品质量测度、使用质量测度、数据质量测度及 IT 服务质量测度的示例，定义并给出了构成测量基础的质量测度元素。

（4）ISO/IEC 25030~ISO/IEC 25039——质量需求分部。构成这个分部的标准帮助用户规定质量需求。这些质量需求可用在要开发的系统或软件产品的质量需求抽取过程中（设计一个达到必要质量的过程）或用作评价过程的输入。

（5）ISO/IEC 25040~ISO/IEC 25049——质量评价分部。构成这个分部的标准给出了无论由评价方、需求方还是开发方执行的系统或软件产品评价的要求、建议和指南，还给出了作为评价模块的质量测量文档编制支持。

（6）ISO/IEC 25050~ISO/IEC 25099——这是 ISO/IEC 25000 系列标准的扩展分部，目前包括了就绪可用软件的质量要求和易用性测试报告行业通用格式。

2.3.1.2　国内质量标准体系

我国很早就关注软件质量，跟踪并参与到软件质量国际标准的制定过程中，考虑到国内软件行业的发展现状及趋势，我国以先进的软件质量国际标准为基础，制定了软件质量国家标准。1996 年我国发布了第一个软件产品质量层面的标准 GB/T 16260—1996《信息技术　软件产品评价　质量特性及其使用指南》，该标准等同采用了国际标准 ISO/IEC 9126：1991。GB/T 16260—1996 标准定义了软件产品的六个质量特性，描述了如何使用质量特性来评价软件质量，为后续软件质量标准的制定奠定了基础。我国也积极跟踪国际最新技术并开展国家标准的制定，于 2002—2006 年期间先后发布了 GB/T 18905—2002《软件工程　产品评价系列标准》及 GB/T 16260—2006《软件工程　产品质量系列标准》。我国 25000 系列标准以国际 25000 系列标准为基础，并考虑到国内软件行业发展的特点，以修改采用国际标准的方式制定了 GB/T 25000《系统与软

件工程　系统与软件质量要求和评价(SQuaRE)》系列标准,完善了我国软件质量的标准体系,对推进标准行业化应用和指导国内软件行业的发展具有重要意义。

图 2－5 给出了 GB/T 16260、GB/T 18905 与 GB/T 25000 系列标准的对应关系。

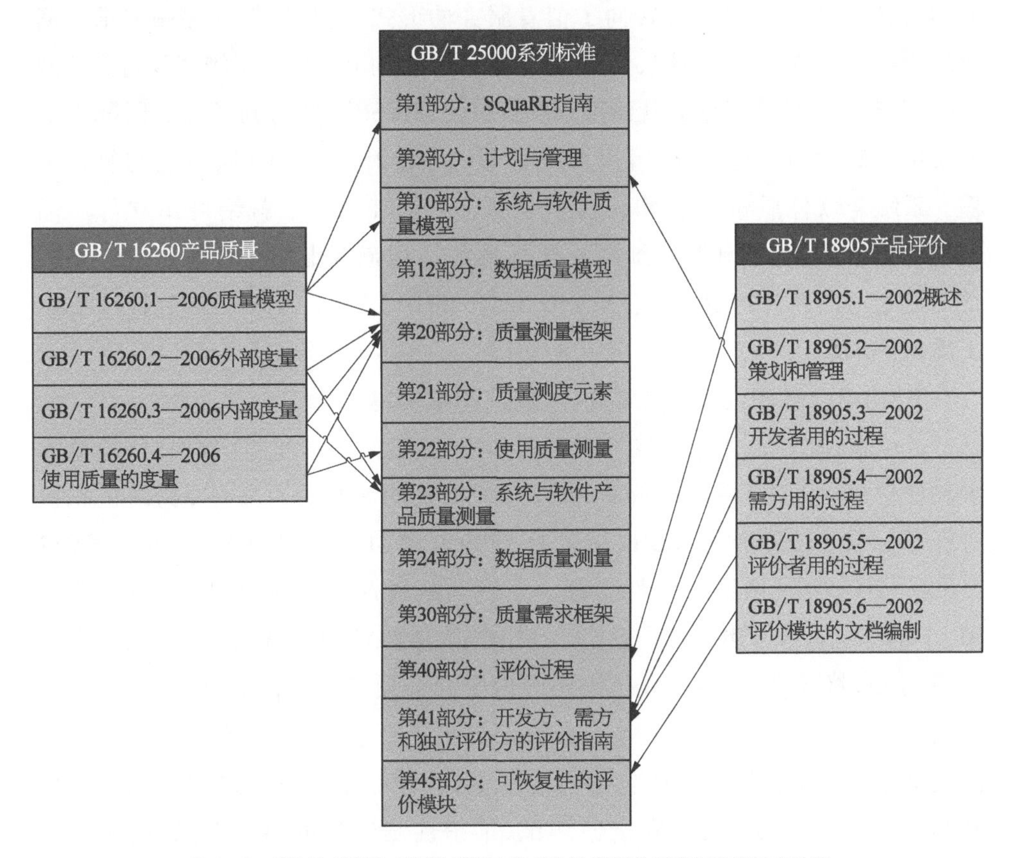

图 2－5　GB/T 16260、GB/T 18905 及 GB/T 25000 系列标准的对应关系

2.3.2　软件测试标准体系发展

2.3.2.1　基于质量模型的软件测试国际标准

本小节讨论的软件测试标准体系发展以 ISO/IEC 25051 为主。1994 年,ISO 国际组织发布了 ISO/IEC 12119：1994《信息技术　软件包　质量要求和测试》。该标准针对文本处理器、电子表格、数据库程序、图形软件包、技术或科学函数计算程序以及实用程序的软件包,规定了质量要求及软件包的测试细则。我国从 20 世纪 90 年代开始就积极跟踪国际标准,并于 1998 年发布了 GB/T

17544《信息技术　软件包　质量要求和测试》,该标准等同采用了 ISO/IEC 12119：1994。随着软件质量模型的发展，ISO/IEC 25051：2006 替代了 ISO/IEC 12119：1994,将标准的使用范围由软件包调整至商业现货(COTS)软件产品,并对现货软件产品的质量要求和测试细则进行要求。随着云计算及 Web 服务的发展与应用,大量软件转向了信息服务的形式,这些软件的评测需求与商业现货软件产品有很大不同,为此,本书作者单位向 ISO 国际组织建议将商业现货软件产品(COTS)调整为就绪可用软件产品(RUSP),并得到了 ISO 国际组织的认可。2014 年,ISO 国际组织发布了 ISO/IEC 25051：2014《系统与软件工程　系统与软件质量要求和评价(SQuaRE)第 51 部分：就绪可用软件产品(RUSP)的质量要求和测试细则》,该标准的适用范围由商业现货软件产品调整为就绪可用软件产品,并根据 ISO/IEC 25010：2011 的八个质量特性规定了质量要求。

2.3.2.2　基于质量模型的软件测试国家标准

近年来,随着软件工程技术的发展和应用,国际标准化组织对软件质量要求和评价(SQuaRE)系列国际标准进行了重大的调整修订工作,我国也积极对标国际标准,开展 SQuaRE 系列标准的制修订,于 2016 年发布了 GB/T 25000.51—2016《系统与软件工程　系统与软件质量要求和评价(SQuaRE)第 51 部分：就绪可用软件产品(RUSP)的质量要求和测试细则》。该标准修改采用 ISO/IEC 25051：2014,按照国内实际增加了依从性的要求,并从产品说明、用户文档集、软件质量等三个方面提出了要求,详见 2.5 节。该标准中涉及的软件质量特性的测试包括功能测试、性能效率测试、兼容性测试、易用性测试、可靠性测试、信息安全性测试、维护性测试和可移植性测试,具体见 6.4 节。

2.4　软件质量标准

2.4.1　软件质量模型

软件质量模型包括系统与软件产品质量模型、使用质量模型、数据质量模型、服务质量模型,目前国内软件质量模型以 GB/T 25000 系列标准为主(表 2－1)。

表 2-1　软件质量模型对应标准

软件质量模型	国 内 标 准	对应国际标准
产品质量	GB/T 25000.10—2016	ISO/IEC 25010：2011
使用质量	GB/T 25000.10—2016	ISO/IEC 25010：2011
数据质量	GB/T 25000.12—2017	ISO/IEC 25012：2008
服务质量	—	ISO/IEC TS 25011：2017

产品质量模型将系统/软件产品质量属性划分为 8 个特性：功能性、性能效率、兼容性、易用性、可靠性、信息安全性、维护性和可移植性。该模型可以应用于软件产品或包含软件的计算机系统，详见第 7 章 7.1.1。

使用质量描述了产品（系统或软件产品）对利益相关方造成的影响。它是由软件、硬件和运行环境的质量，以及用户、任务和社会环境的特性所决定的。使用质量模型将使用质量属性划分为 5 个特性：有效性、效率、满意度、抗风险和周境覆盖，详见第 7 章 7.1.2。

数据质量包括固有质量和系统依赖的质量。固有质量基于数据本身，例如数据文件、数据库。系统依赖的质量主要是计算机系统组件（例如硬件设备、计算机系统的软件和其他软件）的数据的质量，例如数据处理系统、数据管理系统。从固有和系统依赖的角度，将数据质量划分为 15 个特性，详见第 7 章 7.1.3。

ISO/IEC TS 25011：2017 规定了 IT 服务质量模型，由中国电子技术标准化研究院研制，是我国在 ISO 国际标准化组织的软件工程领域中主导研制的首个标准。IT 服务质量模型由与 IT 服务相关的 8 个质量特性和 26 个子特性组成（图 2-6）。其中，质量特性包括适宜性、易用性、安全性、可靠性、有形性、响应性、适应性及维护性。服务质量模型更加注重服务的内在特征，适用于服务的设计、转换、交付和持续改进。

此外，ISO/IEC TS 25011：2017 还将使用质量模型应用到服务质量中，并将其划分为有效性、效率、满意度、抗风险、周境覆盖 5 个特性和 11 个子特性（图 2-7）。相比于系统与软件的使用质量模型，服务使用质量模型删除了舒适性，增加了服务级别协议 SLA 覆盖率子特性。

对于已定义的 IT 服务质量、服务使用质量的模型，ISO/IEC JTC1 SC7/WG6 工作组制定了对应模型的测量标准 ISO/IEC TS 25025：2021，由中国电子技术

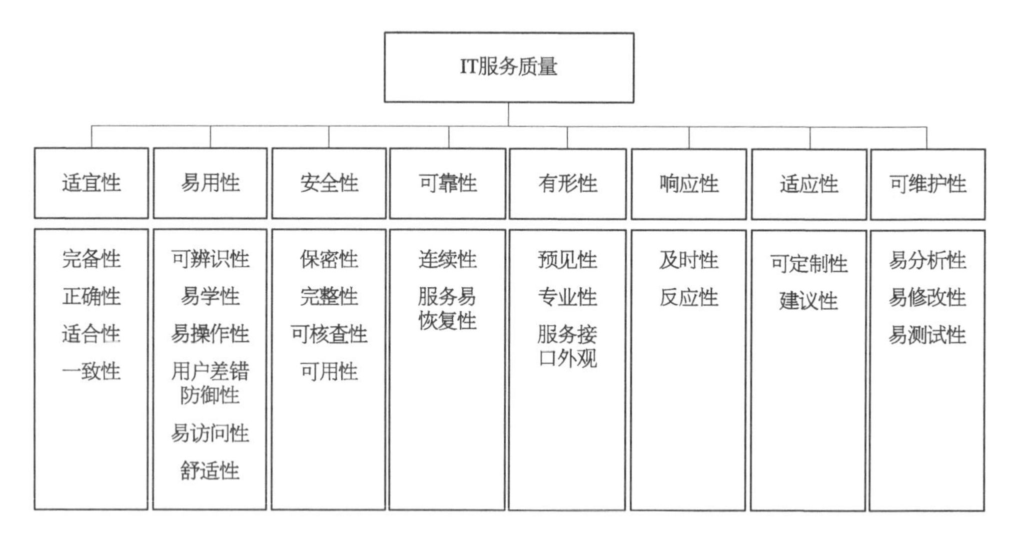

图 2-6 服务质量模型

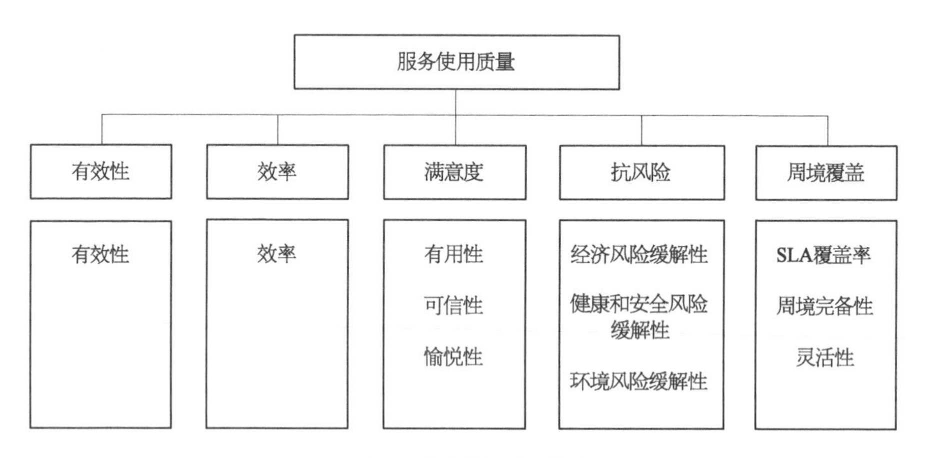

图 2-7 服务使用质量模型

研究院主导研制。该标准根据 ISO/IEC TS 25011 中定义的特性和子特性，定义了一组基本质量测度。

2.4.2 软件质量测量

软件产品的质量测量参考模型在 2007 年发布的国际标准 ISO/IEC 25020《软件工程　软件产品质量要求和评价(SQuaRE)　测量参考模型及指南》中进行了定义，该模型描述了软件产品质量模型、质量特性、子特性，与软件质量测度、测量函数及质量测度元素之间的关系。考虑到系统与软件技术的发展、SQuaRE 系列标准之间的一致性和协调性等问题，该标准的修订工作已于 2016

年正式启动，由上海计算机软件技术开发中心提出并牵头研制，目前新修订的标准已于 2019 年 7 月正式发布，即 ISO/IEC 25020：2019《系统与软件工程　系统与软件质量要求和评价（SQuaRE）　质量测量框架》。新修订的标准规定了质量测量框架，扩大了质量测量的适用范围，将软件延伸至系统与软件层面，涵盖了产品质量、使用质量、数据质量和 IT 服务质量。质量测量框架为 ISO/IEC 25022 使用质量测量、ISO/IEC 25023 系统与软件产品质量测量、ISO/IEC 25024 数据质量测量及 ISO/IEC 25025 IT 服务质量测量提供了纲领性质的测量模型（图 2－8）。此外，ISO/IEC 25020：2019 对应于国家标准 GB/T 25000.20—2021《系统与软件工程　系统与软件质量要求和评价（SQuaRE）第 20 部分：质量测量框架》。软件质量测量的详细内容见第 7 章。

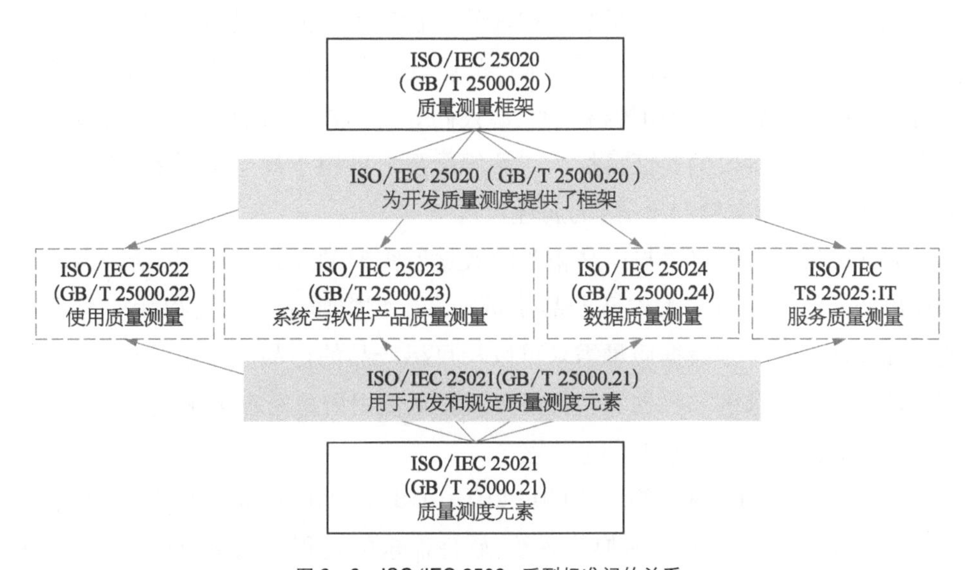

图 2－8　ISO/IEC 2502n 系列标准间的关系

2.4.3　软件质量需求

2.4.3.1　质量需求的概念

质量需求描述了满足规定和隐含需求的能力，不仅包括系统/软件需求，还包括数据、服务、过程质量的需求。系统/软件质量需求是对目标系统或软件的质量的规定，它包括使用质量和产品质量需求，数据质量需求主要集中于对目标数据的要求。

需求的整个过程可分为需求定义、需求确认、需求评审、需求跟踪、需求实现和验证这几个阶段。在软件需求确认阶段后,需要进行软件需求评审。评审的内容应针对软件需求说明、数据要求说明、软件质量保证计划和软件配置管理计划进行分析。

2.4.3.2 质量需求的分类

ISO/IEC 25030：2019(GB/T 25000.30—2021)标准分别从使用质量、产品质量、数据质量的角度规定了所需要的质量等级。使用质量需求从利益相关方的角度规定所需要的质量等级。这些需求来源于不同的利益相关方的要求。使用质量需求与产品在特定使用周境中使用时的结果有关,且可以用作产品确认的目标。

产品质量需求从信息通信技术(ICT)产品的角度规定了所需的质量等级,其中大部分来自包括使用质量需求在内的利益相关方的质量需求,并可用作目标ICT产品验证和确认的目标。技术产品质量需求是为满足其他产品质量需求而对技术确定的属性(例如规格说明、源代码等)。技术产品质量需求可以用作各个开发和维护阶段的验证目标。产品质量需求可用于规定交付的、不可执行的软件产品(例如文档和手册)的属性。

数据质量需求规定了与产品相关的数据所需要的质量等级,包括来自输入和输出产品的使用质量需求及产品质量需求。数据质量需求可以用于数据方的验证和确认。许多数据质量需求可以从目标产品的产品质量需求中导出,而某些数据质量需求例如数据完整性可以直接从使用质量需求中派生。

2.4.3.3 确定质量需求的过程

图2-9给出了ISO/IEC 25030：2019(GB/T 25000.30—2021)标准中定义的将利益相关方的要求转换为系统/软件需求的过程。根据ISO/IEC 15288定义的需求相关的过程,质量需求的确定过程包括抽取、定义、分析和维护。利益相关方的要求和需求定义过程涉及全生命周期及其要求的利益相关方或利益相关方类别,通过分析并将这些要求转换成一系列通用的利益相关方的需求。目标系统的质量要求作为利益相关方要求的一部分,利用使用质量模型及测度,其质量要求会被抽取并转换为利益相关方需求的使用质量的质量需求。系统需求定义过程创建了一组可测量的系统需求,从供方的角度来看,给出了系统需要具备的特性、属性及功能和性能需求,以满足利益相关方的需求。作为系统需求的一部分的产品质量需求及数据质量需求,通过采用产品和数据质量模型及测度进行定义和分析进行确定,以满足利益相关方的需求。

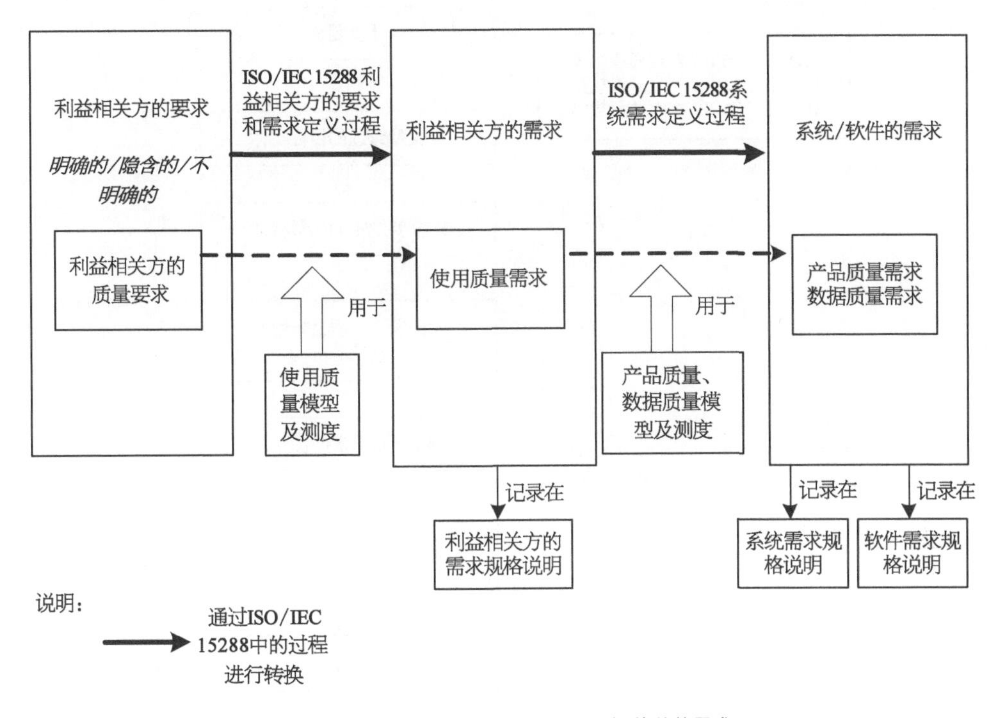

图 2-9　利益相关方的要求转化为系统/软件的需求

2.4.3.4　质量需求抽取

ISO/IEC 25030：2019(GB/T 25000.30—2021)标准规定的质量要求的抽取过程分为识别利益相关方及定义利益相关方要求两个步骤。识别利益相关方的相关活动可参考 ISO/IEC 15288 中关于利益相关方要求及需求定义,具体来说包括如下过程：

(1) 识别在整个生存周期中与系统有合法利益的利益相关方。

(2) 确定利益相关方的要求及需求定义策略。

(3) 确定并策划必要的系统和服务,以支持利益相关方的要求和需求定义。

(4) 获得或获取可用的系统或服务。

定义相关方的要求可按照 ISO/IEC 15288 中的内容进行确定,具体包括定义使用周境、识别利益相关方的要求、按优先级进行要求的排序、定义利益相关方的要求和理由。

2.4.3.5　质量需求定义

ISO/IEC 25030：2019(GB/T 25000.30—2021)标准中给出了质量需求定义的步骤,如图 2-10 所示。

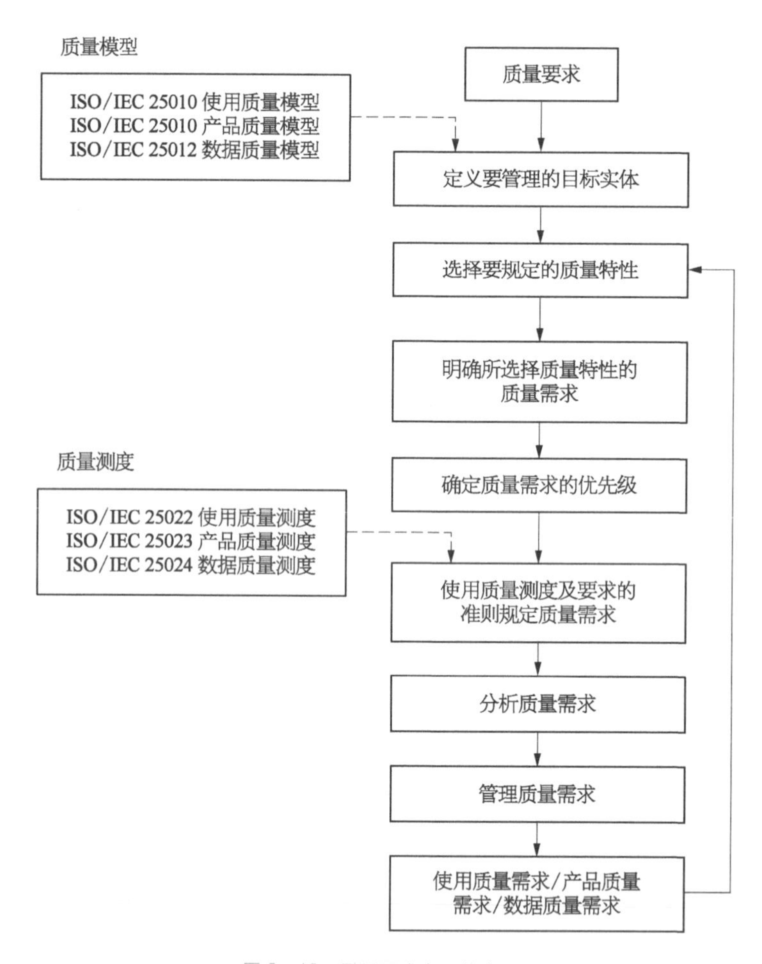

图 2-10　质量需求定义的步骤

首先需要定义要管理的目标实体，例如 ICT 产品可以作为产品质量需求的目标实体，可以是软件、数据、硬件和通信的任意组合。ICT 产品包括多个 ICT 产品的系统、客户端/服务器类型的系统、用户 PC 终端、移动终端、软件包、数据库管理系统等。ICT 产品有关的数据可以是数据质量需求的目标实体，可作为使用质量需求目标实体的信息系统包括产品质量需求的目标 ICT 产品、ICT 产品的用户及相关环境。

对于利益相关方的每个质量需求，需要利用相关质量模型（例如产品质量模型、使用质量模型、数据质量模型）确定其所属质量特性或子特性。对于选定的质量特性进行明确质量需求时，应从目标实体、重要的质量特性和子特性、用户和任务（适用于使用质量需求）、有条件的质量目标进行考虑。表 2-2 给出了明确产品质量需求的示例。

表 2-2　明确产品质量需求的示例

目 标 实 体	重要的质量特性(子特性)	有条件的质量目标
状态显示功能 (从各个方面显示存储在数据库中的货车的信息)	易学性	如果操作员经过常规培训后,则该功能的操作和显示内容应易于理解
	时间效率	所有显示器应该在任何输入后 3 s 内进行更新
数据库组件	可用性	运行速度应足够大,以保证一年 365 d,每天 24 h 不间断运行

根据对利益相关方的重要性(例如对社会、商业、人类生活、环境的重要性)及影响(例如影响开发和维护过程),确定质量需求的优先级。

ISO/IEC 25022：2016(GB/T 25000.22—2019)、ISO/IEC25023：2016(GB/T 25000.23—2019)、ISO/IEC25024：2015(GB/T 25000.24—2017)分别规定了使用质量、产品质量及数据质量的质量测度,在规定质量需求时,需要使用这些质量测度,并将每个质量描述转换为包含以下信息的质量需求：① 目标实体,② 所选择的特性,③ 用户及任务(仅用于使用质量需求),④ 有条件的质量目标,⑤ 质量测度,⑥ 目标值,⑦ 可接受的取值范围。

以下给出了质量需求的示例。

(1) 目标实体：XX 软件。

(2) 所选择的特性：成熟性。

(3) 有条件的质量目标：控制剩余缺陷的数量。

(4) 质量测度：剩余缺陷密度。

(5) 目标值：0.01 个缺陷/千行。

(6) 可接受的取值范围：0.008~0.02 个缺陷/千行。

通过以上步骤初步确定了质量需求后,还应从以下几个方面分析质量需求以进行确认：

(1) 是否满足原始的要求及需求。

(2) 是否符合其他质量需求和约束条件。

(3) 这些需求是否可验证并且是可行的。

针对需求确认过程中发现的问题,进行记录,与利益相关方进行充分沟通进行解决。如果发现各质量需求之间存在冲突和矛盾的地方,应考虑质量需求的优先顺序及风险分析进行确定。

确定质量需求后,应由所有的利益相关方进行批准,并建立质量需求、质量要求的双向可追溯关系，例如构建质量需求与质量要求的可追踪矩阵。当质量需求改变时，需要重复以上所有步骤进行执行。

2.5 软件测试标准

随着软件测试标准体系的不断发展，目前我国已经形成了相对独立的测试标准，主要集中在软件测试的基本原则、测试过程和方法等方面，包括 GB/T 15532—2008《计算机软件测试规范》、GB/T 9386—2008《计算机软件测试文档编制规范》、GB/T 38634—2020《系统与软件工程 软件测试》、GB/T 38639—2020《系统与软件工程 软件组合测试方法》、GB/T 39788—2021《系统与软件工程 性能测试方法》等。这些标准可为我国软件测试提供系统性、规范性的指导，对提高软件测试效率，提高软件质量有重要意义。本节重点对 GB/T 25000.51—2016 及 GB/T 38634—2020 给出介绍。

（1）GB/T 25000.51—2016《系统与软件工程　系统与软件质量要求和评价（SQuaRE）第 51 部分：就绪可用软件产品（RUSP）的质量要求和测试细则》。

GB/T 25000.51—2016 按照 GB/T 25000.10—2016 的质量模型规定了就绪可用软件产品（RUSP）的质量要求的说明和测试细则，并从产品说明、用户文档集及软件质量三个方面提出要求。该标准适用于软件产品的供方、需方、最终用户和第三方测评认证机构。

在制定 RUSP 需求规格说明时，可采用该标准第 5 章的“质量要求”作为输入，以便详细化 RUSP 的规格说明；当要求测试软件作为 RUSP 的组成部分时，可根据该标准第 6 章“测试文档集要求”中定义的要求编写测试文档；对于要证实 RUSP 的质量时，即证实与本部分的符合性时，可依据该标准第 7 章进行符合性评价。最后基于符合性评价报告作出认证或供方声明。

GB/T 25000.51—2016 规定了测试的要求，没有对测试过程、测试技术、测试方法提出要求。在具体测试中，可结合测试过程、测试技术、测试方法相关标准（例如 GB/T 38634—2020 系列标准）使用。

（2）GB/T 38634—2020《系统与软件工程　软件测试》系列标准。

软件测试是保证软件质量、提高软件可靠性的重要途径和必备手段。从现有标准情况看，我国已经发布了大量有关软件测试的标准，例如 GB/T 15532—2008《计算机软件测试规范》系列标准，这些标准主要集中在软件测试的基本原则、测试过程和方法等方面，多是顶层要求，并且有些标准已经过修订，但这些标准的理论性较强，缺乏工程实践的指导性，而从工程化角度对软件测试的过程规范尚属空白，GB/T 38634—2020《系统与软件工程　软件测试》正是在此背景下发布的。该标准在保持与现有标准协调一致的基础上，以工程实践的角度对软件测试过程进行进一步细化，注重实施层面的要求，从满足产业发展对于软件测试规范的需求、进一步提高软件测试效率，对于减少软件测试成本、增强软件测试的充分性及可实施性具有指导意义。

图 2－11 给出了 GB/T 38634—2020《系统与软件工程　软件测试》的结构图，该标准包括 4 部分，分别是第 1 部分，概念和定义；第 2 部分，测试过程；第 3 部分，测试文档；第 4 部分，测试技术。该标准以测试过程为主线，开展软件测试，涉及的测试设计技术在第 4 部分中给出，针对各个测试过程的测试文档在第 3 部分中给出。

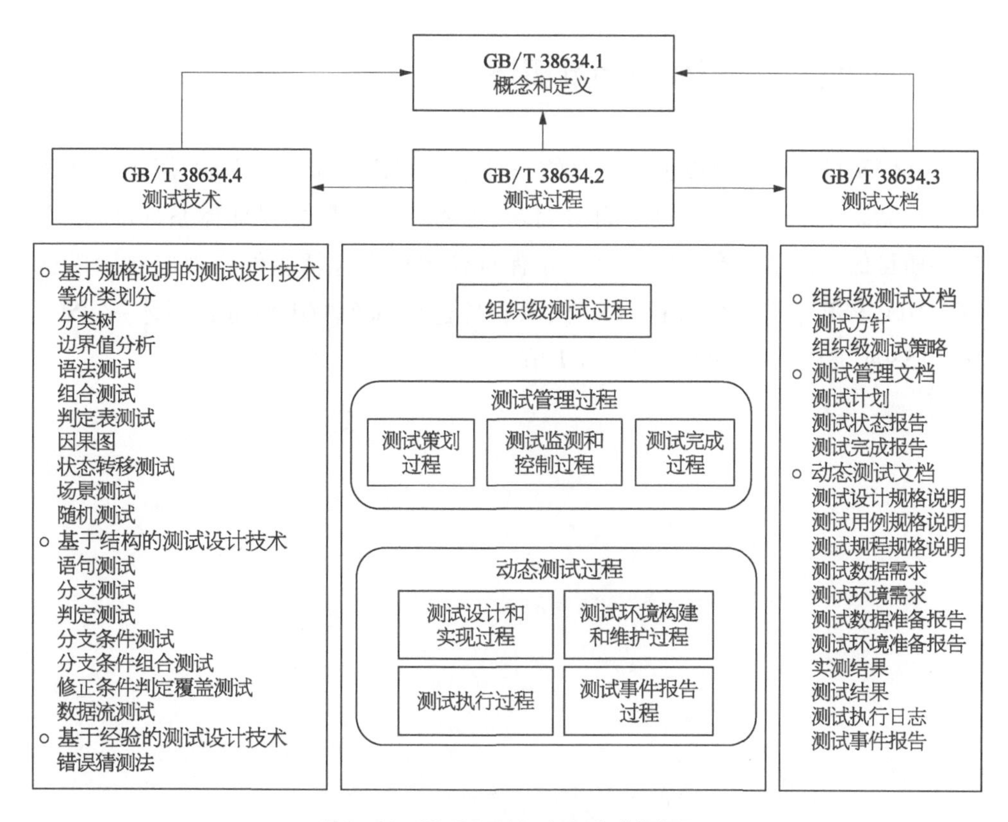

图 2－11　GB/T 38634—2020 标准框架图

第 1 部分：规定了软件测试的概念，描述了软件测试在组织和项目背景中的角色，解释其通用的软件生命周期，介绍软件测试过程和子过程可以为特定的测试项目或与特定的测试目标确立方法。同时也描述了软件测试如何适应不同的生命周期模型，阐明了测试计划中使用不同的实践做法及如何使用自动化来支持测试。

第 2 部分：规定了用于治理、管理和实施任何组织、项目或较小规模测试活动的软件测试的测试过程，包括组织级测试过程、测试管理过程、动态测试过程，并给出了三个测试过程的描述及信息图表。

第 3 部分：针对第 2 部分测试过程的输出文档，规定了文档的模板，并给出了文档样例。

第 4 部分：在第 2 部分测试过程的基础上，以动态测试过程中测试设计的各项活动为指导，提供了基于规格说明的测试、基于结构的测试和基于经验的测试中若干技术说明。

2.6 软件质量保证体系标准概述

软件质量保证是软件企业内部的一种系统的技术和管理手段，用于提高和保证产品质量。企业可以结合自身需求，参考相关的质量保证体系标准，建立软件质量保证体系。常见的软件质量保证体系标准包括软件能力成熟度模型（CMMI）、PSP 个人软件过程、TSP 团队软件过程、ISO9001 质量管理体系、ISO/IEC 15504、ISO/IEC 33000，详见 5.1 节。

第 3 章　软件规模度量

软件规模估算方法通常用于估算软件有“多大”，可用于估算软件开发的工作量、成本等，表 3－1 给出了软件规模估算的应用场景。软件规模估算的不准确，会导致软件开发成本增加及进度延后，降低用户对软件的满意度。

表 3－1　软件规模估算应用场景

场　景	描　　述
预　算	依据软件项目的功能需求和质量需求，对软件项目规模、成本进行估算，以此为依据编制软件项目的预算
招投标	在软件项目招标时，明确业务需求，估算软件规模、工期及成本，以此为依据设定拦标价；在软件项目投标时，根据投标法对业务需求的理解，估算软件规模、工作量及成本，以此为依据给出竞标价
项目计划	在软件项目获得委托方正式委托后，估算待开发软件的规模、工期和成本，以此为依据制定项目计划
变更管理	在软件项目发生变更时，依据变更范围对变更规模、工作量和成本进行估算
后评估	根据软件项目验收要求对软件规模进行重新度量，需考虑软件质量等各方面因素，对各方面指标进行多维度分析，并根据分析结果对相关过程持续改进

常见的软件规模估算方法可通过统计特征、功能点、代码行或对象的数目并赋予适当的权重值，得到一个较为具体的数字来代表软件的规模。根据软件规模、与生产率相关的数据及历史项目的经验，可以把规模转化为工作量。软件规模的估算，是进一步估算所需工作量、项目进度和项目成本的基础，是整个估算过程中至关重要的一环。

目前常用的规模估算模型有代码行法、用例点法、对象点法、故事点法和功能点法等,具体如下。

1）代码行法

代码行(Line of Code, LOC)指所有可执行的源代码行数,包括可交付的工作控制语言语句、数据定义、数据类型声明、等价声明、输入输出格式说明等。一代码行(1LOC)的价值和人月均代码行数可以体现一个软件组织的生产能力。组织可以对历史数据进行统计,核算组织的代码价值。代码行常用的单位有源代码行数(Source Line of Code, SLOC)、逻辑代码行数(Logical Line of Code, LLOC)、物理代码行数(Physical Line of Code, PLOC)等。

用代码行法来估算软件的规模是非常精确的,却是不够恰当的。早期开发的软件往往功能比较单一,规模较小,此时用代码行法来估算软件规模是比较恰当的。但是随着软件规模不断扩大,估算出来的代码行数与实际的代码行数相差比较大,导致估算结果失去了意义,特别是随着多种编程语言和工具的出现,不同的编程语言和工具实现同一个软件所产生的代码行数也大相径庭。因此,用代码行法估计软件规模已经达不到现代软件生产的要求。

有时所完成的许多代码是自动生成的。有些程序耗费了很少的劳动力,产生了大量的代码行,而有些高生产力开发的程序却生成很少的代码行。代码行的主要缺陷是在项目的初期难以实现,但是通过对估算方法进行修正,代码行方法几乎对所有编程类型都适用。

2）用例点法

用例点(Use Case Point, UCP)法,是由Gustav Karner在1993年针对功能点分析(Function Point Access, FPA)法而提出的一种改进方法,是在面向对象开发方法中基于用例估算软件项目规模及工作量的一种方法。UCP的基本思想是利用已经识别出的用例和执行者,根据他们的复杂度分类计算用例点。

3）对象点法

对象点(Object Point)法基于加权的概念将不同的对象赋予对应的对象点数值并求和,以获得软件规模,它包括三个基本对象类型:界面、报表和组件。三类对象分为简单、一般、复杂三类,其复杂度根据界面、报表中数据源(表与视图)的数量及来源来评估。

4）故事点法

在敏捷开发中常采用故事点法来进行工作量大小的估算。故事点是用来表示一个用户故事、一项功能或者一件工作大小的度量单位。使用故事点进行估算时，往往采用的是相对规模来表示的，比如一个大小为 2 的用户故事，其工作量是大小为 1 的用户故事的两倍。

使用故事点进行估算的团队会用计划扑克的形式来统一团队的估算值。团队从待办事项 backlog 中抽取一个工作项，简单地讨论之后，请每个成员在脑海里构思一个估算。然后每个人拿一张卡片，写下自己的估算值，由敏捷教练 Scrum Master 收齐卡片后展示每位的估算值。如果估算一致，那么讨论结束，如果存在不同的估算值，就花点时间了解为什么成员给出了不同的估算。记住，估算讨论应该抓大放小、提纲挈领，如果团队过于纠缠细节，则暂停讨论，提升讨论的水平和高度之后再继续。

5）功能点法

功能点法是目前最常用的软件规模度量方法。这类度量方法基于系统的逻辑设计，从用户视角出发，通过量化系统功能来度量软件的规模。

国际标准 ISO/IEC 14143《Information technology — Software measurement — Functional Size Measurement》给出了功能规模度量（Functional Size Measurement，FSM）的重要概念，描述了应用 FSM 方法的一般原则。对应国家标准 GB/T 18491《信息技术　软件测量　功能规模度量》，这个标准包括如下六个部分

第 1 部分：概念和定义。GB/T 18491.1 是一项概念标准，主要包括 FSM 方法的特性、FSM 方法的要求、应用 FSM 方法的过程及 FSM 方法标识设置的约定。

第 2 部分：软件规模测量方法与 GB/T 18491.1—2001 的符合性评价。GB/T 18491.2 定义了检查一个候选的 FSM 方法是否符合 GB/T 18491.1 的过程，包括评价者的特性，以及符合性评价的输入、规程的任务和步骤、输出、结果等。

第 3 部分：功能规模测量方法的验证。GB/T 18491.3 包含验证团队的能力和职责、验证输入、验证规程、验证输出。

第 4 部分：基准模型。GB/T 18491.4 是一项支持标准，验证一个功能规模测量（FSM）方法时使用的基准模型包括一个可以用 FSM 方法来估计规模的基准用户需求（Reference User Requirements，RUR）的分类框架，以及选择基准 FSM 方法的指导说明。

第 5 部分：功能规模测量的功能域确定。GB/T 18491.5 通过描述功能域特性以及能将 FUR 特性用于确定功能域的规程，提供一种确定功能域的手段。

第 6 部分：GB/T 18491 系列标准和相关标准的使用指南。GB/T 18491.6 提供了功能规模测量（FSM）相关标准的概括说明以及相关标准之间的关系。各部分之间关系如图 3－1 所示。

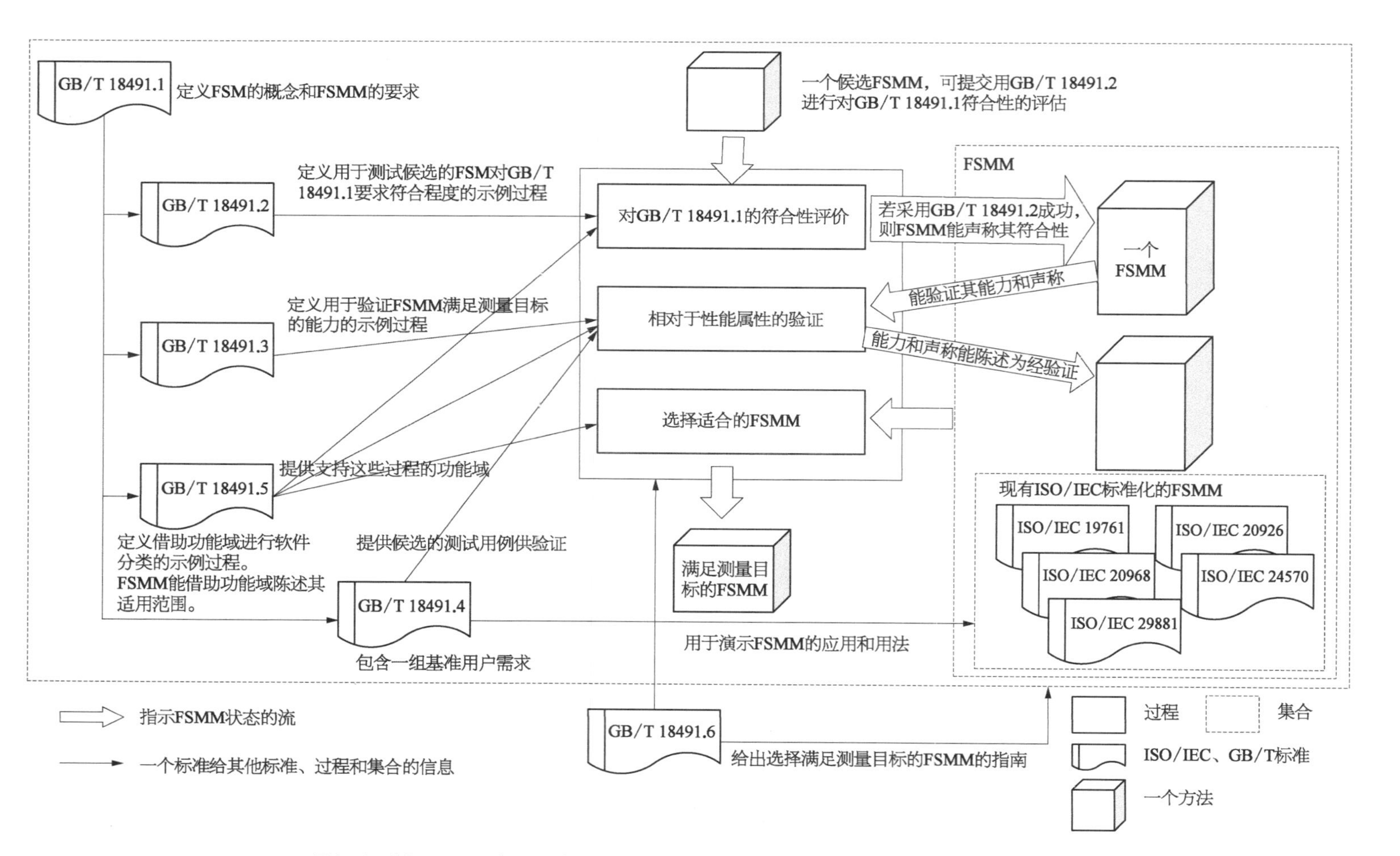

图3-1 GB/T 18491 中 FSM 方法相关标准间的关系（图片改编自 GB/T 18491.6—2010 图1）

但是该标准并未规定一种用户功能需求(Functional User Requirement, FUR)的量化方法,因此业界存在多种功能规模度量方法。

ISO/IEC 提供了 5 种标准化的 FSM 方法的实例: ① ISO/IEC 19761(COSMIC-FFP 方法);② ISO/IEC 20926(IFPUG 方法);③ ISO/IEC 20968(Mark Ⅱ 方法);④ ISO/IEC 24750(NESMA 方法);⑤ ISO/IEC 29881(FiSMA 方法)。

这五种方法使用不同的基本功能组件,适用于不同的应用领域,均符合 ISO/IEC 14143 的要求。本章 3.1 节对 IFPUG 方法进行了详细介绍,其他四种方法在 3.2 节中进行了简单介绍。

功能点法规模度量具有与技术平台无关、与实现的人员无关、具有可比性和客观性等优点,但其度量的方法较为复杂,通常使用的人员需要经过专门训练,且最终的度量结果也不够直观。

3.1 IFPUG 方法

IFPUG 由 IBM 的 Allan Albrecht 于 1979 年提出,其又于 1984 年对此方法进行了优化。从 1984 年 International Function Point User Group(IFPUG)组织成立,到现在 IFPUG 已经成为了世界上最大的软件测试联盟,陆续有功能点计数的实践手册出版。IFPUG 功能点分析方法的估算过程如图 3-2 所示。

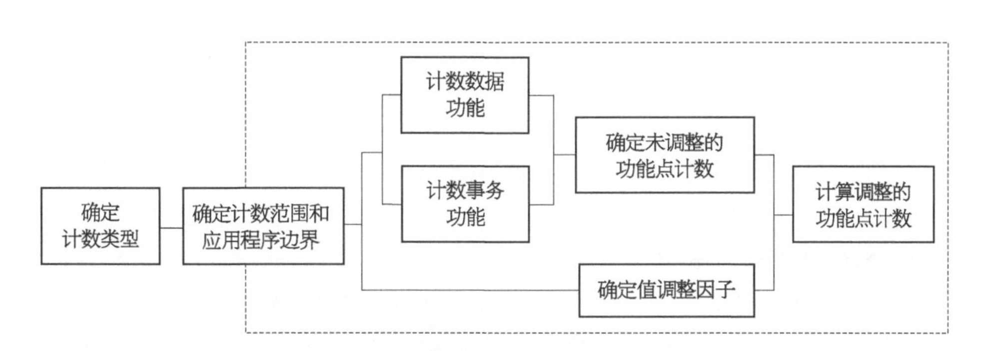

图 3-2　IFPUG 估算过程

ISO/IEC 20926 是未调整的 IFPUG 4.1 功能规模测量方法的变换。这种 FSM 方法假定软件由外部输入类型、外部输出类型、外部查询类型、内部逻辑文件类型(ILF)和外部接口文件类型(EIF)的基本功能组件(BFC)类型所组成。这五类元素是用于功能规模测量的 BFC。这种 FSM 方法声称适用于所有类型的软件。

IFPUG功能点方法独立于技术。一个系统的功能点数目不会因开发语言、开发方法或者硬件平台而改变,唯一会引起改变的是需要交付的功能数量。所以功能点方法可以用来决定一个工具、一个环境或者一门语言是否比他者有效。这是功能点方法的关键点和价值所在。

3.1.1 功能规模的计算

功能点分析是把应用系统按组件进行分解,并对每类组件以IFPUG定义的功能点为度量单位进行计算,从而得到反映整个应用系统规模的功能点数。功能点分析从用户对应用系统功能性需求出发,对应用系统两类功能性需求进行分析:一类是数据功能性需求,另一类为事务功能性需求,如图3-3所示。

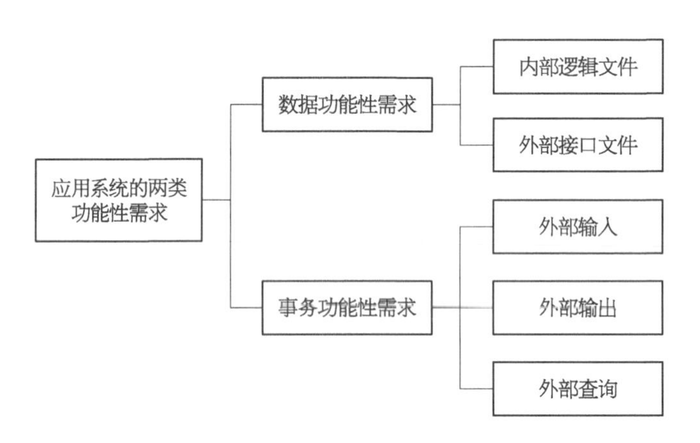

图3-3 应用系统功能性需求

1) 数据功能性需求

数据功能性需求可以看作为逻辑上用户可识别的实体,比如人员信息类业务上的数据,也可以是系统为了维护业务规则而存储的数据,比如人员的授权管理信息等,其同样也是用户可识别,也可以由用户进行维护。同时,用于计数的实体必须是独立的,比如与人员信息相关的银行卡信息,在人员信息被删除之后,其关联的银行卡信息会被同时删除,那么银行卡信息就不能用于计数,如图3-4所示。

数据功能性需求可通过内部逻辑文件(Internal Logic File, ILF)和外部接口

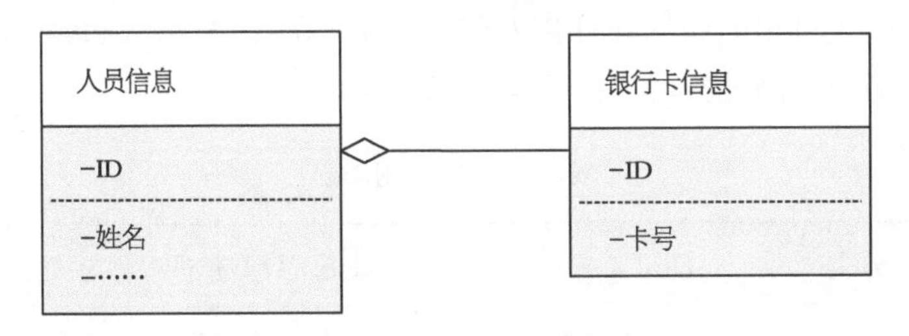

图 3-4　关联实体示例

文件(External Interface File, EIF)来描述。这里的文件并不是物理文件,而是一组逻辑相关的数据。

ILF 是一组可由用户识别确认的、在应用系统边界内维护的、逻辑上相关的数据或控制信息。ILF 的主要意图是通过被测应用程序的一个或多个基本处理来保存维护数据。

EIF 是一组可由用户识别确认的、由被测应用系统引用,但是在其他应用系统边界内维护的、逻辑上相关的数据或控制信息。EIF 的主要意图是存放被测应用程序中的一个或多个基本处理所引用的数据。

一个应用程序的 EIF 必定是另一个应用程序的 ILF。例如在一个微服务系统中,订单管理服务中的用户信息需要由用户管理服务来维护。那么用户信息对于订单管理服务来说就是 EIF,对于用户管理服务来说就是 ILF。

数据功能性组件的复杂度决定于两个因素: 一是 ILF 或 EIF 所包含的数据元素类型(Data Element Types, DET),另一个则是 ILF 和 EIF 中用户可以识别的记录元素类型(Record Element Types, RET)。基于 ILF 和 EIF 相关的 DET 和 RET 的数量,赋予每个识别的 ILF 和 EIF 功能复杂度。

DET 必须是在数据功能中维护,且是用户可识别的,非重复的字段。如图 3-5 所示,在用户注册过程中,需要填写用户名、密码、密码确认等信息,用户名和密码是由用户提供的,在数据功能中维护,可计数为 DET,但密码确认只是用户前端校验,不在数据功能中维护,因此不计数为 DET。

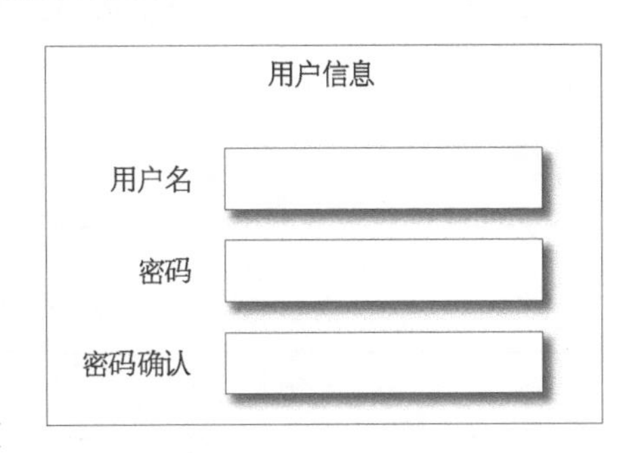

图 3-5　用户注册示例

以某订购系统为例: 首先,录入一个订单时,需要保存订单号码、订单日期、金额和收货地址,那么对于 ILF 订单信息来说它的 DET 就是 4 个;同时在订购系统中录入一个订单时会保存订货人的用户名、姓名、性别，那么对于 EIF 订购人信息中的 DET 的个数为 3 个，见表 3－2。

表 3－2　DET 识别示例

数据功能	分类	DET	DET 计数依据	RET
订单信息	ILF	订单号码、订单日期、金额、收货地址	由订单系统维护，所有 DET 均是在数据功能中维护，且用户可识别无重复的属性	订单信息
订购人信息	EIF	用户名、姓名、性别	由订单系统引用账户系统的订购人信息，其数据来源于账户系统，由账户系统维护	订购人信息

然后，参照表 3－3 来决定功能的复杂度。

表 3－3　复杂度矩阵来评估功能复杂度

	1 至 19 个 DET	20 至 50 个 DET	大于 50 个 DET
1 个 RET	低	低	中
2 至 5 个 RET	低	中	高
大于 5 个 RET	中	高	高

最后，参照表 3－4 和表 3－5，使用适当的 ILF 或 EIF 转换表将 ILF 和 EIF 转换成未调整的功能点。

表 3－4　ILF 转换表

功能复杂度等级	未调整的功能点
低	7
中	10
高	15

表 3－5　EIF 转换表

功能复杂度等级	未调整的功能点
低	5
中	7
高	10

2）事务功能性需求

事务功能性需求可通过外部输入（External Input，EI）、外部输出（External Output，EO）和外部查询（External inQuiry，EQ）来描述。

EI：指系统对本应用程序边界以外的数据或控制信息的处理。EI 的主要意图是维护一个或多个 ILF，以及（或者）通过其处理逻辑来改变应用程序的行为。即用户通过增、删、改来维护内部逻辑文件，例如：用于维护某 ILF 的事务数据（一份销售数据、一笔交易或一份保险单）、提供控制信息的输入、来自其他应用程序、需要被处理的消息、维护某个 ILF 的输入、用于初始化控制或者输入数据的用户功能等。

EO：应用程序向其边界之外提供数据或控制信息的基本处理。EO 的主要意图是向用户提供经过处理逻辑加工的、除了检索数据或控制信息之外的信息或附加信息，例如：需要使用算法或计算公式的报表（月度账户结算说明或每周销售报告）、需要经过计算的图示（柱状图、饼图）、针对某种保险政策的花费计算值等。

EQ：应用程序向其边界之外提供数据或控制信息查询的基本处理。EQ 的主要意图是向用户展示未经处理、直接查询的一些数据或控制信息，处理过程中外部查询既不维护 ILF，也不改变系统的行为，例如：用户功能（视图、查找、显示、浏览和打印）、应用程序中出现的间接查询、邮箱中检索邮件等。

事务功能性组件的复杂度同样取决于两个因素：事务功能处理时所引用的所有内部文件或外部文件的个数（File Type Referenced，FTR），以及事务功能处理过程中输入或输出文件中涉及的动态 DET 个数。

DET 通常是可被用户唯一识别的、不可重复的字段或属性，这些属性将穿过应用程序的边界。FTR 或简称为引用文件，是指被事务读取或者维护的 ILF 总数以及读取的 EIF 总数。访问 ILF/EIF 的目的可以是为了增加数据、修改数据、删除数据，或者仅仅是读/验证。一个 ILF/EIF 只能被算作一个 FTR，与其在外部输入时被访问的次数和方式无关。表 3－6 给出了事务功能的 DET 及 FTR 识别示例。

表 3－6　DET 及 FTR 识别示例

事务功能	分类	DET	FTR
订单提交	EI	订单号、金额、收货地址、商品名、商品数量	订单信息，商品库存信息
账单统计	EO	用户名、时间、订单号、金额、支付渠道	账单信息
订单查看	EQ	订单号、金额、收货地址、商品名、商品数量	订单信息

对于事务功能的功能点计数，可分别参照下面的表格，对EI、EO和EQ分别计算复杂度。使用EI的复杂度定义和规则来识别和对FTR和DET进行计数，并使用表3－7的复杂度矩阵来度量EI的复杂度。

表3－7　EI复杂度计算矩阵

FTR数量	1至4个DET	5至15个DET	15个以上DET
0~1	低	低	中
2	低	中	高
≥3	中	高	高

使用EO或EQ的复杂度定义和规则来识别和计算FTR和DET的数量，并使用表3－8的复杂度矩阵来度量EO或EQ的复杂度。

表3－8　EO和EQ复杂度计算矩阵

FTR数量	1至5个DET	6至19个DET	19个以上DET
0~1	低	低	中
2	低	中	高
≥3	中	高	高

最后，使用表3－9和表3－10将EI、EQ和EO的复杂度换算成未调整的功能点计数。

表3－9　EI和EQ功能复杂度与功能点对应关系

功能复杂度等级	未调整的功能点
低	3
中	4
高	6

表3－10　EO功能复杂度与功能点对应关系

功能复杂度等级	未调整的功能点
低	4
中	5
高	7

3.1.2　功能点的计数

通用系统特性是一组由 14 个问题组成的系统特性指标，用来衡量被分析应用的整体复杂度。这 14 个通用系统特征是指：数据通信、分布式数据处理、性能、使用强度高的配置、交易频率、在线数据输入、最终用户效率、在线升级、复杂处理、可重用性、易安装性、易操作性、多点运行、易变更。

值调整因子(Value Adjustment Factor, VAF)是在 14 个通用系统特征的基础上来评价应用的整体复杂度。每个特征都有相关的描述，以帮助确定该特征的影响度(DI)。每个特征的影响度的取值范围为 0~5，表示影响从无到强。

这 14 个通用系统特征被汇总到值调整因子。在使用时，值调整因子将未调整的功能点计数以+/-35%的幅度调整，产生调整的功能点计数。需注意的是，在功能点计数规程中，VAF 的确定是一个可选步骤。该步骤可以被省略，并且未调整的功能点可以用于测量应用程序或项目的规模。

基于已声明的用户需求，每个通用系统特征的影响度必须在 0~5 的取值范围内被评价，见表 3-11。

表 3-11　DI 取值表

DI	特　　征
0	不存在或无影响
1	偶然的影响
2	一般的影响
3	平均的影响
4	显著的影响
5	全程强影响

以下是三种类型的功能点计数，为① 开发型项目；② 增强型项目；③ 应用程序，其比较见表 3-12。

表 3－12 功能点计数类型的比较

功能点计数类型	组成部分	三种类型进行比较分析
开发型项目	● 应用程序未调整功能点计算，包括 EI、EO、EQ、ILF 和 EIF ● 通过软件将以前的数据转换到新 ILF 中的转换功能 ● 应用程序的值调整因子	—
增强型项目	● 应用程序未调整功能点计算 ● 通过软件将以前的数据转换到新 ILF 中的转换功能 ● 两个应用程序的值调整因子	● 应用程序未调整功能点计算，包括 EI、EO、EQ、ILF 和 EIF： ➢ 由升级型项目新增的（以前不存在的功能） ➢ 由升级型项目修改的（以前就有的功能，但现在有新字段、FTR 或需要不同的处理） ➢ 由升级型项目删除的（从应用程序中删除的功能） ● 两个应用程序的值调整因子（VAF 可以作为项目的一部分修改；在此情况下，可能存在一个旧 VAF 和一个新 VAF）
应用程序	● 应用程序未调整功能点计算 ● 应用程序的值调整因子	● 转换工作的功能并未包含到应用系统功能点计算中，原因是它属于开发工作的一部分而不是已建立起来的应用系统 ● 有两种情况应该进行应用系统功能点计算： ➢ 当首次发布应用程序时 ➢ 当升级型项目已经改变应用程序的功能值时

其中开发型项目，可用此公式来计算开发型项目的功能点计数：

$$DFP=(UFP+CFP)\times VAF$$

其中，DFP——开发型项目的功能点计数

UFP——未调整的功能点计数

CFP——被转换的功能点计数

VAF——功能点的调整因子的计算公式

增强型项目使用以下公式计算功能点计数，该计数中包含了数据转换需求：

$$EFP=[(ADD+CHGA+CFP)\times VAFA]+(DEL\times VAFB)$$

其中，EFP——增强型项目的功能点计数

ADD——被添加的功能点计数

CHGA——功能增强后更改的功能所贡献的未调整的功能点计数

CFP——被转换的功能点计数

VAFA——功能增强后的功能点调整因子

DEL——被删除的功能点计数

VAFB——功能增强前的功能点调整因子

应用程序(创建初始计数的公式)建立功能点基线,使用下面的公式创建应用程序的初始功能点计数,最初,用户接收新功能,对原有功能未进行更改,或者删除废弃或不需要的功能,应用程序功能点计数不包括转换需求:

$$AFP = ADD \times VAF$$

其中,AFP——应用程序的功能点计数

ADD——被添加的功能点计数

VAF——功能点调整因子的计算公式

应用程序升级后,使用以下公式计算应用程序的功能点计数:

$$AFP = [(UFPB + ADD + CHGA) - (CHGB + DEL)] \times VAFA$$

其中,AFP——应用程序的功能点计数

UFPB——应用升级前的未经调整功能点

ADD——被添加的功能点计数

CHGA——升级后的修改功能的功能点计数

CHGB——升级前的修改功能的功能点计数

DEL——被删除的功能点计数

VAFA——升级后的调整系数

3.2　其他功能点度量方法

3.2.1　Mark Ⅱ

1987 年,Charles Symons 针对 IFPUG 方法的一些缺点,正式提出了 Mark Ⅱ功能点分析方法,并在 1991 年出版的《软件的规模和评估: Mark Ⅱ FPA》中首次清晰地定义了 Mark Ⅱ功能点分析方法。之后,国际标准化组织正式发布了 ISO/IEC 20968: 2002,该标准定义了 Mark Ⅱ的功能规模测量术语和活动过程。

Mark Ⅱ功能点分析方法是一种用于对信息处理应用软件进行量化分析和规模测量的方法。它测量由用户提出的信息处理需求,并提供一个数值来表达实现这些需求的软件规模。这个规模可以用于与软件开发活动相关联工作的绩效衡量和估算活动。这里的"信息处理需求"是指使用软件的用户所需要的一组功能集合，注意不包括任何技术上和质量上的需求，“软件开发活动”包括软件的开发、增强或维护工作。

Mark Ⅱ功能点分析方法是用来协助衡量过程绩效和管理软件开发、增强和维护活动的成本的方法，它测量软件产品的规模，独立于软件的技术特征，只与用户需求相关，有如下特点：

（1）在软件开发过程早期开始应用。

（2）在软件生存周期中可以持续应用。

（3）通过业务来解释，并可以被使用软件的用户所理解。

Mark Ⅱ功能点分析方法将整个应用软件描述成一系列逻辑事务的集合，其与 IFPUG 方法相比最大的差异是减少了逻辑文件识别的主观性，其技术步骤如图 3－6 所示。

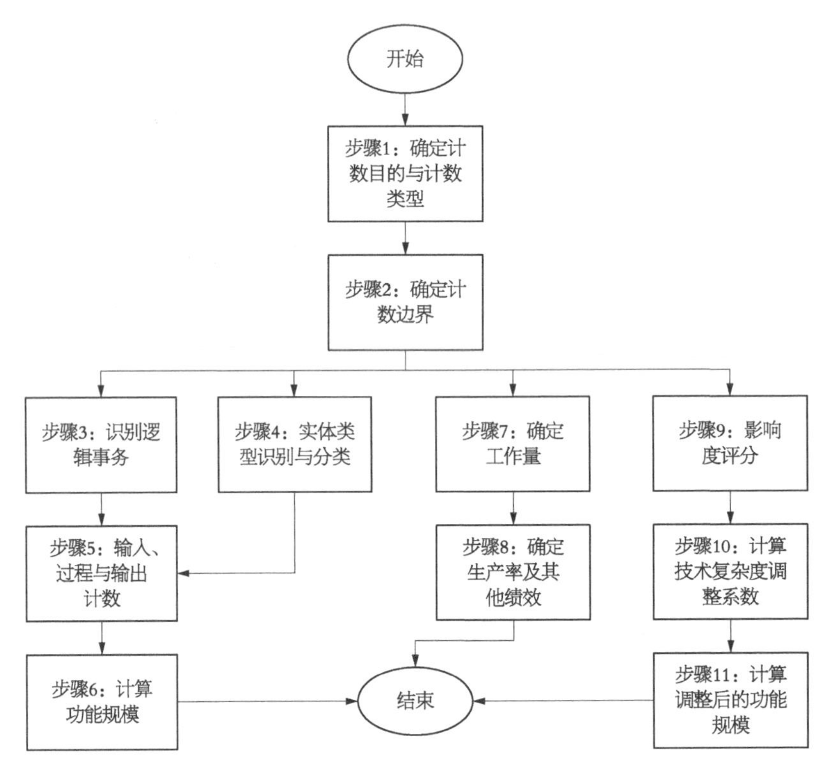

图 3－6 Mark Ⅱ功能点度量步骤

3.2.2 COSMIC

COSMIC 方法来自 1997 年提出的全功能点测量方法（简称“FFP 方法”），

随后 FFP 组织和通用软件测量国际协会(Common Software Measurement International Consortium, COSMIC)对于该方法进行了很多改进,并在 2001 年 5 月作为 COSMIC－FFP 功能规模测量方法(简称"COSMIC－FFP 方法")的 2.1 版本进行了发布。其目的是用于业务应用软件、实时软件和系统软件的开发。

COSMIC 的测量单位由 CFP(COSMIC 功能点)来表示。COSMIC 方法关注每个功能过程所引起的数据移动,数据移动是移动单个数据组的基本功能部件,数据组是一组唯一、非空、无序、无冗余的数据属性,各个数据属性互相补充,分别描述了同一个关注对象一个方面的特征。这些数据移动计为功能点,软件的整体规模由这些功能点累加而成。数据移动的分类包括:进(入)、退(出)、读(取)、写(入)。进(入)是功能用户穿越被度量系统的边界传输数据到系统内部,功能用户既包括人员也包括其他系统;退(出)是一个数据组从一个功能处理通过边界移动到需要它的功能用户;读(取)是从持久性的存储设备读取数据;写(入)是存储数据到持久性的存储设备。

COSMIC 方法的度量过程共分为以下几个步骤:① FSM 目的和范围的确定;② 用户功能需求 FUR 的识别;③ 软件层的识别;④ 功能性用户的识别;⑤ 软件边界的识别;⑥ 功能过程的识别;⑦ 数据组的识别;⑧ 数据移动的识别;⑨ 数据移动的分类;⑩ 功能规模的计算;⑪ FUR 变更的规模计算。

在 COSMIC 功能点方法中,每一个有效的数据移动被看成为一个 CFP。在为每一个功能过程都找到其应有的所有数据移动之后,将它们累加在一起便是这个功能过程的规模。

3.2.3 FiSMA

FiSMA 方法是由芬兰软件测量协会(Finnish Software Measurement Association, FiSMA)组织研究推广的方法,最新版本是 2010 年颁布的 1.1 版本。与其他的功能点标准相比较,FiSMA 功能点标准突出了"服务"概念,不再强调"功能"概念。FiSMA 1.1 方法对 7 个不同的 BFC 类进行了标识:① 交互式终端用户导航和查询服务(q);② 交互式终端用户输入服务(i);③ 非交互式终端用户输出服务(o);④ 为其他应用提供的接口服务(t);⑤ 来自其他应用的接口服务(f);⑥ 数据存储服务(d);⑦ 算法和操作服务(a)。

FiSMA 1.1 方法中每一个 BFC 类可以再进一步分解为多个 BFC 类型,共计有28种类型。

FiSMA 1.1方法的测量过程由如下步骤组成：

（1）收集文档和软件开发产品来描述待开发或已开发完软件的功能性用户需求；

（2）确定FSM的范围；

（3）通过确定范围来决定使用FiSMA 1.1方法测量的用户功能需求（FUR），只包括描述软件的任务和服务方面的用户需求；

（4）从上述两点的功能性用户需求中标识基本功能部件，主要分两部分，即测量终端用户界面服务、测量间接服务，两部分中如果有一种在该软件中不存在，那么仅测量存在的服务；

（5）将BFC划分到合适的BFC类型；

（6）利用计算规则对每个BFC类型分配适当的数值；

（7）计算功能规模；

（8）利用电子表格或其他软件工具可以清晰地标识FiSMA 1.1实例的计数详情，并记录到文档中。

在可操作性方面，FiSMA服务类型划分较为细致，更能反映出软件的特性，但也因其繁多的分类数量，降低了本方法的操作性。

3.2.4 NESMA

NESMA方法是荷兰软件度量协会（Netherlands Software Metrics Association，NESMA）于1989年提出，最新版本是2018年发布的2.3版。

NESMA方法与IFPUG方法在发展过程中相互借鉴，与IFPUG方法完全兼容，需要识别的功能类型及复杂度的确定与IFPUG方法相似，其估算步骤分为以下六步：① 收集现有文档，② 确定软件用户，③ 确定估算类型，④ 识别功能类型并确定其复杂度，⑤ 与用户验证估算结果并进行结果校正，⑥ 与功能点分析专家验证估算结果。

针对IFPUG方法分析过程比较复杂，计算工作量大且不适合项目早期规模估算的缺陷，NESMA方法提供了3种类型的功能点计算方法：指示功能点计数、估算功能点计数、详细功能点计数。

指示功能点技术是指在度量时，只识别出软件需求的数据功能数量，根据经验公式得出软件规模。步骤为：

（1）先确定数据功能的数量（ILF，EIF）。

（2）用公式 UFP = 35×ILF+15×EIF 直接计算未调整功能点的数量。

估算功能点计数是指在确定每个功能部件（数据功能部件或事务功能部件）的复杂度时使用标准值：数据功能全部采用“低”级复杂度，事务功能全部采用“中”级复杂度计量，步骤为：

① 确定每个功能的功能类型（ILF，EIF，EI，EO，EQ）；

② 用公式 UFP = 7×ILF+5×EIL+4×EI+5×EO+4×EQ 计算整体未调整功能点。

该方法与详细估算方法唯一区别是，不用为每个功能都识别分配复杂度，而是采用“默认值”。

两种简化的快速功能点方法的估算结果与详细功能点方法的估算结果有很强的相关性和一致性。在软件项目早期，指示功能点计数是较好的选择。

3.2.5　功能点法的比较

根据相关国际标准中的方法适用范围声明：① IFPUG 方法适用于所有类型软件的功能规模度量，② COSMIC 方法适用于商业应用软件和实时系统，③ Mark Ⅱ方法适用于逻辑事务能被确定的任何软件类型，④ NESMA 方法与 IFPUG 方法非常类似，但 NESMA 对功能点计数进行了分级，以便在估算的不同时期选择不同精度的方法进行估算，⑤ FiSMA 方法适用于所有类型软件的功能规模度量。

五大功能点方法比较见表 3－13。

表 3－13　五大功能点度量方法比较

度量方法	应 用 领 域	度量角度	基本组件
COSMIC	商业应用软件和实时系统	终端用户、开发者	功能过程
Mark Ⅱ	逻辑事务能被确定的任何软件	终端用户	逻辑事务
NESMA	早期估算软件	终端用户	五大系统组件
FiSMA	所有类型软件	开发者	七种基础功能模块
IFPUG	所有类型组件	终端用户	五大系统组件

3.3 功能点度量案例

IFPUG 是使用最为广泛的一种,本节针对 IFPUG 提供一个简单的完整案例,方便读者理解功能点度量法的具体操作。

3.3.1 系统需求

本案例提供了一个在线购物系统与商品管理系统的需求,其包含两个角色:系统管理员和普通用户。系统管理员维护商品信息和库存信息。普通用户进入该网站后,可以浏览商品,查看商品的信息,但是需要注册为会员才能购买商品,提交订单给管理员,并同时通过第三方支付系统付款。系统管理员在收到货款后,对商品进行出库,发货给购物者,并同时更新订单状态。

依据需求,在线购物系统的用例如图 3-7 所示。

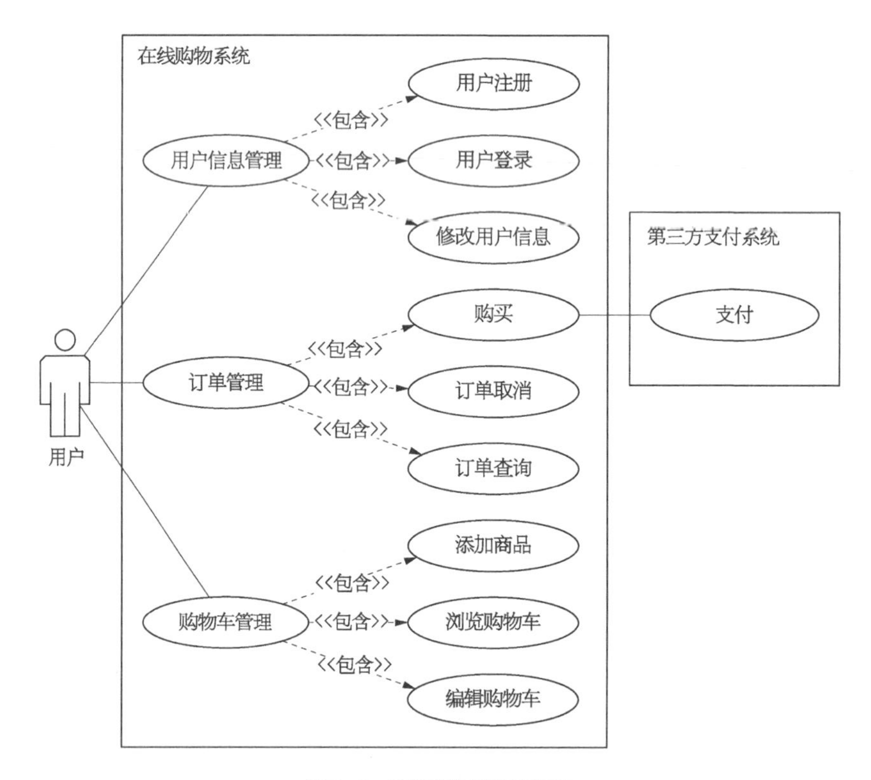

图 3-7 在线购物系统用例图

商品管理系统的用例如图 3－8 所示。

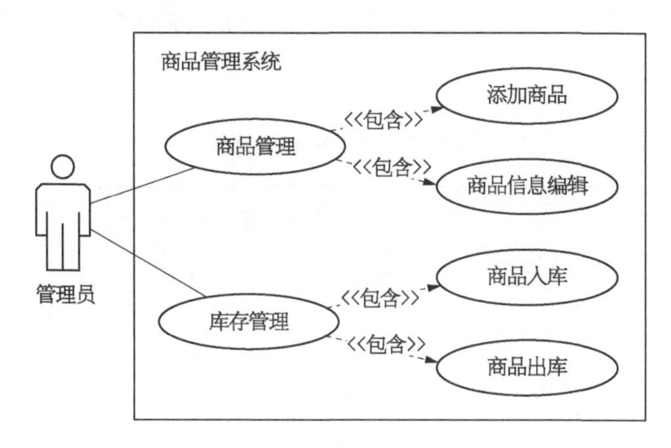

图 3－8　商品管理系统用例图

依据用例图描述，整个系统可以分为用户信息管理、订单管理、购物车管理、商品管理和库存管理五个子系统，其内容描述见表 3－14。

表 3－14　系统各模块功能描述

子系统名称	活　动	功　能　描　述
用户信息管理	用户注册	用户信息管理可以提供用户注册、用户登录验证等功能，便于用户自行管理其个人信息
	用户登录	
	修改用户信息	
订单管理	购买	用户可通过订单管理进行下单、支付、取消及查询
	订单取消	
	订单查询	
购物车管理	添加商品	用户浏览商品，并可对感兴趣的商品加入购物车，以便后续结账
	浏览商品	
	浏览购物车	
	编辑购物车	
商品管理	添加商品	商品管理由系统管理员操作，用来添加和编辑商品信息
	商品信息编辑	
库存管理	商品入库	库存管理由系统管理操作，可进行商品的入库和出库
	商品出库	

依据系统模块,对系统包含的信息项进行统计,可得到本系统各模块的信息项:用户信息、订单信息、购物车信息、商品信息、商品库存信息和支付数据,具体内容见表3-15。

表3-15 系统各模块信息项

名 称	信息项内容			
用户信息	用户名	密码	电话	邮箱
	收货人姓名	收货人地址		
订单信息	订单号	下单日期	商品编号	商品数量
	商品单价	总金额	收货人姓名	收货人地址
	支付返回消息			
购物车信息	商品编号	商品数量	商品单价	购物车金额
商品信息	商品编号	商品名	商品描述	单价
商品库存信息	商品编号	库存数量	所在仓库	
支付数据	用户名	订单号	支付方式	金额
	支付流水号			

3.3.2 数据功能度量

数据功能度量包含了内部逻辑文件ILF和外部接口文件EIF,其功能点依赖于DET和RET,具体功能点见表3-16和表3-17。

表3-16 内部逻辑文件功能点统计

ILF	RET	DET	复杂度	功能点
用户信息	1	6	低	7
订单信息	1	9	低	7
购物车信息	1	4	低	7
商品信息	1	4	低	7
库存信息	1	3	低	7

表 3－17　外部接口文件功能点统计

EIF	RET	DET	复杂度	功能点
支付数据	1	5	低	5

3.3.3　事务功能度量

事务功能包含了 EI、EO 和 EQ 三种类型。系统的 EI、EO 和 EQ，及其复杂度、功能点见表 3－18、表 3－19 和表 3－20。

表 3－18　外部输入功能点统计

EI	FRT	DET	复杂度	功能点
用户注册	1	6	低	3
用户登录	1	2	低	3
用户信息编辑	1	5	低	3
添加购物车商品	1	3	低	3
编辑购物车	1	4	低	3
购买	1	9	低	3
添加商品	1	4	低	3
商品信息编辑	1	4	低	3
商品入库	1	3	低	3
商品出库	1	3	低	3

表 3－19　外部输出功能点统计

EO	FRT	DET	复杂度	功能点
订单支付请求	2	5	低	4

表 3－20　外部查询功能点统计

EQ	FRT	DET	复杂度	功能点
浏览商品	1	4	低	3
查询订单	1	9	低	3

3.3.4 结果计算

由于该系统软件均为展示和统计使用,没有复杂的输入功能,但功能模块较多,因此根据每个功能模块分别计算出功能点。最终汇总功能点计算结果见表3-21。

表3-21 功能点统计

组件类型	复杂度			数量
	低	中	高	
外部输入	30	0	0	30
外部输出	4	0	0	4
外部查询	6	0	0	6
内部逻辑文件	35	0	0	35
外部接口文件	5	0	0	5
合计				80

软件功能点的估算可借助功能点估算工具来实现,有利于更为快捷、准确地给出软件规模的度量,避免了由于个人经验造成主观性太强,使得估算的结果存在偏差。目前,基于功能点方法的估算工具有:Function Point Modeler、SPR(Software Productivity Research)推出的KnowledgePlan、Telmaco组织推出的Telmaco系列产品、STTF(Software Technology Transfer Finland)组织推出的ExperiencePo等。

Function Point Modeler是一个基于Eclipse图形框架(GMF)项目开发的开源技术的功能点建模工具,该工具应用了IFPUG计数实践手册(CPM),可以满足各种项目的功能点测量要求。该工具可通过定义事务功能和数据功能对软件进行建模,对各模块间进行连接、绑定数据,并生成功能点度量的报告。其内部也包含了多个软件规模估算、报表等工具。本书附录给出了该软件的使用示例。

3.4 软件功能规模的应用——成本度量

软件成本度量是软件功能规模度量最为常用的应用领域。目前在软件开发成本度量方面已发布了国家标准 GB/T 36964—2018《软件工程　软件开发成本度量规范》,在软件测试成本度量方面已发布了国家标准 GB/T 32911—2016《软件测试成本度量规范》。软件的开发和测试成本不同于制造业的成本估算,其最主要的难点在于对所需开发或者测试的软件规模进行估算,功能点估算法恰好是最为准确的软件规模估算方法之一,也是软件开发成本和测试成本度量规范两项标准所推荐的估算方法。

1）GB/T 36964—2018《软件工程　软件开发成本度量规范》

软件开发成本估算从软件功能规模估算开始,进一步进行工作量估算,最后对软件开发成本进行估算。对于软件规模的估算,标准中推荐采用功能点度量法来实施。软件规模的度量首先需要确定软件的边界,确定哪些是系统内部的元素,哪些是系统外部的,并界定系统的对外输入与输出。再应用功能点度量法对软件规模进行估算。

除了软件本身的规模,软件的类型、应用领域及非功能性需求也会影响到软件开发的工作量。标准中通过对基准数据的细分,确定了特定类型软件的因素调整因子,进而估算软件开发项目所需的工作量和成本。

该标准对于软件开发成本的估算可针对预算、招投标、项目计划、变更管理及结算、决算、后评价等不同的场景。

2）GB/T 32911—2016《软件测试成本度量规范》

度量软件测试的成本一直是软件工程领域的普遍性问题。在预算、招投标等活动中因为缺失软件测试成本度量标准,从而导致了一系列问题,严重影响产业发展。从测试机构或者组织而言,成本的要素构成不清晰,造成测试预算无法得到用户的认可;从用户单位而言,造成巨大的资金浪费。在软件测试招投标过程中,因为缺乏度量依据,市场发生恶意竞标,导致测试的价值被严重低估。

科学度量的软件测试成本既是有效进行软件测试管理的重要依据,也是当前软件产业发展的迫切需要。GB/T 32911—2016《软件测试成本度量规范》正是在这背景下推出的。该标准是我国自主研制的标准,借鉴国内在该领域的实际研究成果,结合国内产业实际,规定了软件测试成本度量,以满足软件产业发展对测试成本度量的需求。该标准规定了软件测试成本的构成、软件测试成本度量的过程、软件测试成本度量的应用。适用于软件测试项目的成本预算、项目决算及测试相关合同的编制。

该标准将软件测试成本分为了直接成本和间接成本。其中直接成本是为了完成测试项目而支出的各类人力资源和工具资源的综合，直接成本的开支仅限于测试生存周期内，包括测试人工成本、测试环境成本和测试工具成本等。间接成本则是服务于软件测试项目的管理组织成本。间接成本的开支可能会超出测试生存周期，包括办公成本和管理成本等。

软件规模的估算也是直接成本中测试人工成本的主要估算方法。在该标准中，同样推荐了功能点度量法作为软件规模估算的主要方法。除此之外，该标准在基础成本上，设置了不同场景下的调整因子，包括了复杂度、完整性级别、质量特性选项、测试风险度、回归测试、加急测试、现场测试、评测机构资质等。

该标准同样适用于招投标、内部预算变更和核算及后评价等不同的场景。

第 4 章　软件复杂性度量

软件复杂性反映了软件分析、设计、编码、测试、维护和修改的复杂程度。软件复杂性可以包含以下几方面：(1) 程序理解的难度；(2) 程序纠正、维护的难度；(3) 程序修改的难度；(4) 程序实现的难度；(5) 程序执行所消耗的资源。

软件复杂性与软件可靠性密切相关，随着软件复杂性的增大，软件出现缺陷和错误的概率会大大增加，同时也不利于软件的理解、修改和维护，从而降低软件的可靠性。而软件复杂性的度量，一方面可以用于估算软件研发的周期、开发的费用等，另一方面也可用于预测软件潜在的缺陷情况，同时也对软件是否易理解提供了依据。

早期对于软件复杂性的度量侧重于控制流、功能、软件规模及语义程序可理解性等方面。常见的度量包括 McCabe 的圈复杂度(CC)(表示通过程序的独立控制流数量的度量)、Halstead 的度量(使用程序长度和词汇来计算程序数量或难度等度量)、Mohanty 的熵度量、Berns 方法(通过为不同的句法源代码元素分配权重来量化程序难度)。所有这些方法都需要系统的完整源代码，并且在某种程度上仅适用于以程序风格编写的软件。

20 世纪 90 年代以来，面向对象的方法逐渐成了软件开发的主流方法。面向对象的程序设计方法基本思想是使用类、对象、继承、封装、消息等进行程序设计，将对象作为程序设计的基本单元，把数据和程序进行封装，提高软件的重用性、可扩展性和灵活性，有利于程序的理解、修改和维护。

类是面向对象程序设计中实现封装性和继承性的重要组件，关系到软件的维护性和可靠性。通常用内聚性、耦合性作为重要的度量指标，高内聚性、低耦合性是比较理想的程序统计，具有较好的易理解性和维护性，因而在一定程度上反映了软件系统的质量。

在面向对象方法开始流行后，软件复杂度的度量出现了新的指标体系。最具影响力的指标体系来自 Li 和 Henry（LH 指标）及 Chidamber 和 Kemerer（CK 指标），尽管 LH 指标和 CK 指标部分是面向对象空间对现有指标的适应[例如，每类加权方法（WMC）是某个类中所有方法的复杂性总和]，但它们也为单个类引入了新指标，如继承树深度（DIT，到根元素的最长继承路径的长度）、对象间耦合（CBO，通过方法或属性使用引起的与其他类的耦合数量）、子类数量（NOC，直接继承类的数量）、类方法响应数（RFC，响应传入方法调用要执行的最大方法数）或方法内聚缺乏度（LCOM，没有公共参数的成对方法的数量）。这些指标在学术和产业界均受到了很多关注，并已被广泛应用于软件复杂度评价。

近年来，随着微服务架构软件的兴起，面向服务的计算在模块、类和方法之上增加了一个抽象级别。与传统面向对象系统相比，微服务架构提高了软件的可重用性，使其具有更低的耦合和更好的可组合性，从而具备了更高的维护性。从单个服务的角度来看，软件的复杂性略有增加，但从系统的整体来看则能有效降低软件的复杂性。

对于软件复杂性的度量可以从程序结构复杂度、内聚性、耦合性、封装性、抽象性及文档质量等方面来度量，而 GB/T 25000.10—2016 中软件维护性划分为 5 个子特性，即模块化、可重用性、易分析性、易修改性和易测试性，从这方面来看，软件的复杂性度量与软件维护性密切相关：低复杂度表示高易分析性和易修改性；低耦合提高了易分析性和可重用性；高内聚增加了模块化和易修改性；高抽象增强了可重用性；高封装意味着高模块化；高质量的文档有助于提高软件的易分析性、易修改性。本章将介绍各项软件复杂性度量的指标，并从软件缺陷预测的方法介绍软件复杂性度量的应用。

4.1　内聚性与耦合性

在计算机发展初期，软件的功能简单，规模较小，往往一个模块就能包含了软件所需要实现的所有功能。随着软件规模的增大，软件也开始划分为不同的模块，用以实现不同的功能，而模块间则采用接口调用的方式进行通讯。此时，模块的独立划分对于软件复杂度的降低就显得非常重要。

例如，在微服务架构下，每个服务的职责越单一越好。如图 4－1 所示，如果服务 1 除了自身的职责外又去做了一部分服务 2 和服务 3 的工作，那服务之间就会产生依赖，不仅降低了效率，也使得维护团队除了维护自身设计的服务之外，还需要关注其他服务的实现。

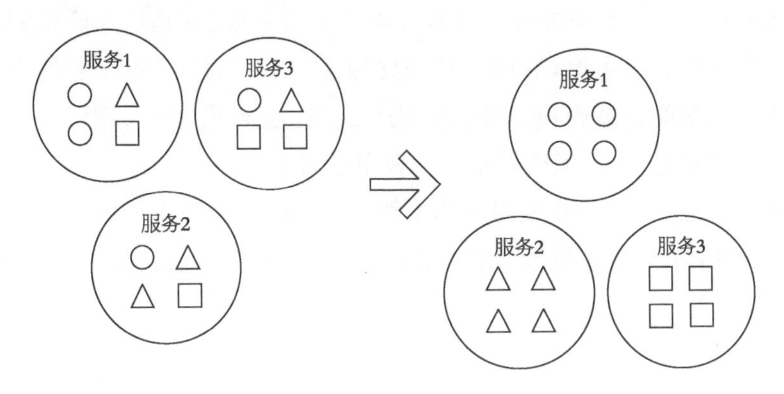

图 4－1　越单一越好的各个服务内部职责

反过来，服务之间则应尽量采用松耦合的方式来实现，越独立越好。如图 4－2(a) 所示，如果多个服务都访问同一数据库，那么势必形成服务之间的强耦合关系。一方面对任何数据模式的修改，都需要在多个服务间进行协调；另一方面，如果对单个服务进行扩展，也需要对该数据库进行扩展，进而影响到其他服务。因此如果希望降低服务间的耦合，则需要每个服务都具有其独立的数据库，如图 4－2(b)。如果服务 1 希望访问服务 2 数据库中的数据，则需要通过服务 2 来进行操作。这样各个服务就可以独立维护、独立部署。

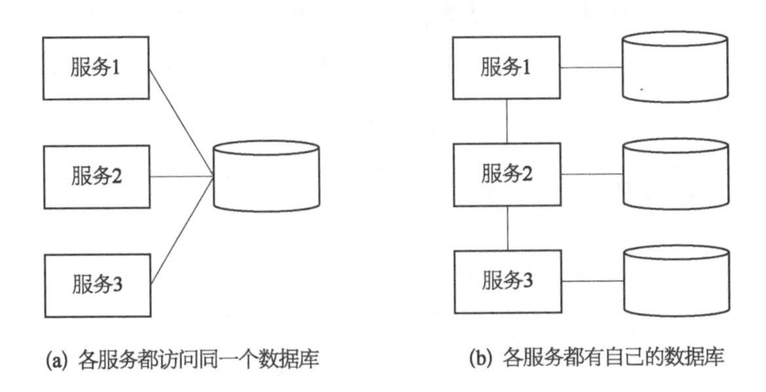

(a) 各服务都访问同一个数据库　　(b) 各服务都有自己的数据库

图 4－2　服务访问数据库

模块的独立程度可以由两个定性标准度量，分别是内聚性和耦合性。内聚性用于衡量一个模块内部各个元素关联的紧密程度；耦合性用于衡量各个模块间互相联系的紧密程度。本节介绍了内聚和耦合的主要形式及相关的度量指标。

4.1.1 内聚的形式

内聚衡量了一个模块内各个元素关联的紧密程度,它是信息隐藏和局部化概念的自然扩展。简单地说,内聚性高的模块只做一件事,其内部各个功能逻辑上是不可分割的。高内聚是理想的程序设计,也可采用中等程度的内聚,其效果和高内聚相差不多,但应尽量避免采用低内聚。

内聚的形式按其高低程度可分为七级,包括偶然内聚、逻辑内聚、时间内聚、过程内聚、通信内聚、顺序内聚、功能内聚。内聚性越高越好,如图 4-3 所示。

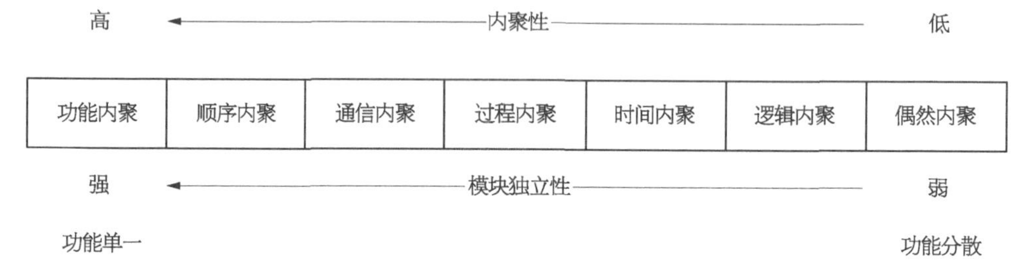

图 4-3 内聚性等级

(1) 偶然内聚。

偶然内聚的内聚程度最低,模块内的各个元素之间没有任何联系,这种模块也称为巧合内聚。例如测试模块 M 有三条语句,分别测试对数据的插入、修改和删除三个功能(图 4-4)。从表面上看不出这三条语句之间有什么联系,相互之间也没有关联,只是为了节省空间才把它们作为一个模块放在一起,这完全是偶然性的。

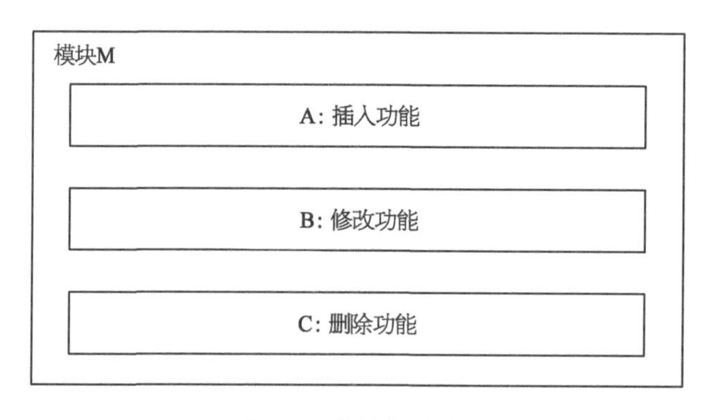

图 4-4 偶然内聚示例

(2) 逻辑内聚。

模块完成的各项任务逻辑上相关,该模块把几种相关的功能组合在一起,每次被调用时,根据传递的模块参数确定该模块执行的功能。例如: 一个子程序将依据输入参数来判定是执行功能 A、功能 B 还是功能 C,如图 4-5 所示。

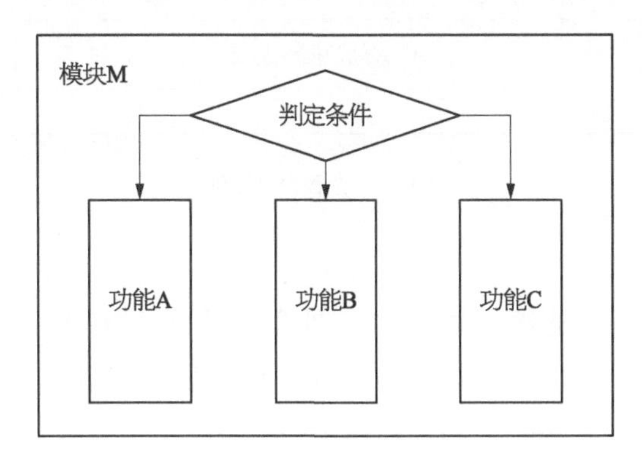

图 4-5　逻辑内聚示例

(3) 时间内聚。

指把在相近时间点执行的程序,放在同一模块中执行。例如: 将多个变量的初始化放在同一个模块中实现,或将需要同时使用的多个库文件的打开操作放在同一个模块中,都会产生时间内聚的模块,如图 4-6 所示。

图 4-6　时间内聚示例

(4) 过程内聚。

指模块内成分彼此相关,必须按特性的次序执行,但两者之间没有数据传递。例如: 在一个模块中需要进行数据库操作,那数据库连接打开必须在数据库连接关闭之前,但两者没有进行数据传递,仅仅是做了一个连接数据库的操作,如图 4-7 所示。

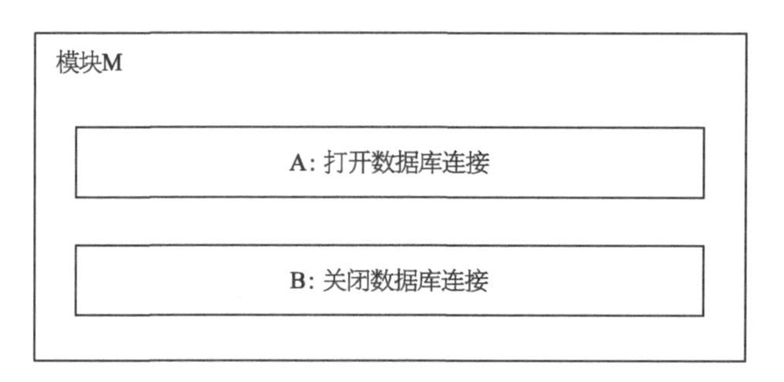

图 4-7 过程内聚示例

(5) 通信内聚。

也称为信息内聚，是指模块内所有处理元素的操作都在同一个数据结构上，或者各处理使用相同的输入数据或者产生相同的输出数据。例如：两个子程序操作同一个局部变量 V，如图 4-8 所示。

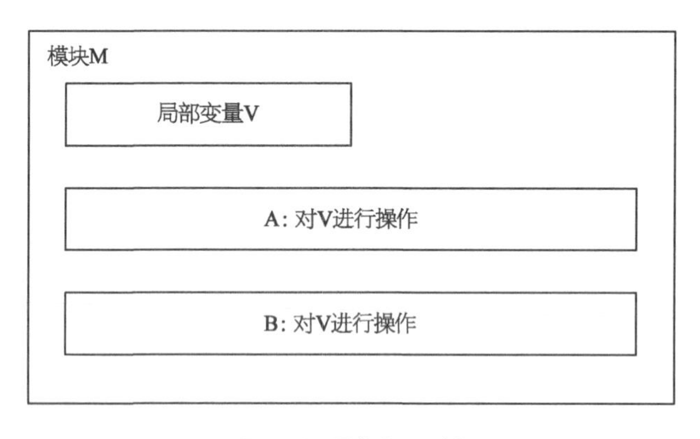

图 4-8 通信内聚示例

(6) 顺序内聚。

一个模块中各个处理元素与同一功能紧密相关，并顺序执行，前一功能元素的输出是下一功能元素的输入。例如：假设有一个从数据库中获取用户数据，并通过 JSON 传递至前端的功能模块，其子程序 A 是从数据库中取出用户数据，子程序 B 是将用户数据转换成 JSON 字符串。A 的结果是 B 的输入，则该模块具有顺序内聚性，如图 4-9 所示。

(7) 功能内聚。

功能内聚是紧密程度最高的内聚，它是指模块内所有元素共同完成一个功能，缺一不可。例如：模块仅执行一个单一功能，A、B 和 C 三个子程序的目的均为了实现新用户注册，各自负责不同的任务，如图 4-10 所示。

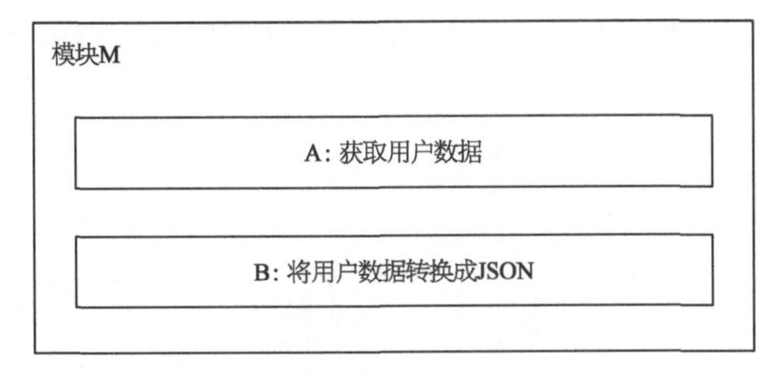

图 4－9　顺序内聚示例

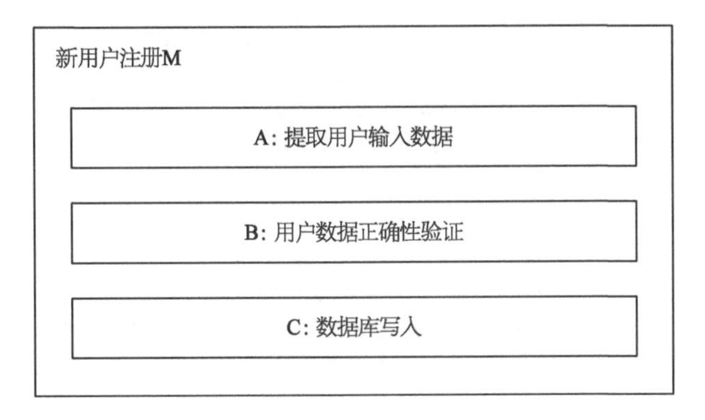

图 4－10　功能内聚示例

4.1.2　内聚性度量

内聚的形式定性描述了模块的内聚性,在实际软件复杂性度量中,还需要结合多种定量的度量指标来确定模块的内聚性情况。以面向对象的方法为例,以下介绍 4 个最为常见的类内聚性度量指标。

(1) 方法内聚缺乏度(Lack of Cohesion of Methods, LCOM)。

类 C_1 包含 n 个方法 $M_1 \cdots\cdots M_n$,令 $\{I_i\}$ 为方法 M_i 使用的实例变量集合。可构造出 n 个集合 $\{I_1\} \cdots\cdots \{I_n\}$,令 $P = \{(I_i, I_j) \mid I_i \cap I_j = \varnothing\}$ 且 $Q = \{(I_i, I_j) \mid I_i \cap I_j \neq \varnothing\}$。如果所有 n 个集合 $\{I_1\} \cdots\cdots \{I_n\}$ 都为 $\varnothing$,那么令 $P = \varnothing$。

$$LCOM = \begin{cases} |P| - |Q| & \text{当} |P| > |Q| \\ 0 & \text{其他情况} \end{cases}$$

LCOM 为类内聚性的反向度量,值越大,表明类内聚性越低;值越小,表明类内聚性越高。从上式可以看出,LCOM 的最小值为 0,当类 C_1 中的所有方法都互不

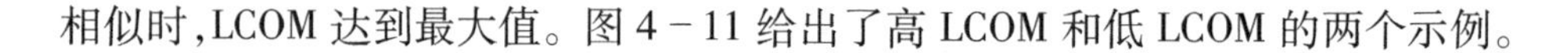

相似时,LCOM 达到最大值。图 4-11 给出了高 LCOM 和低 LCOM 的两个示例。

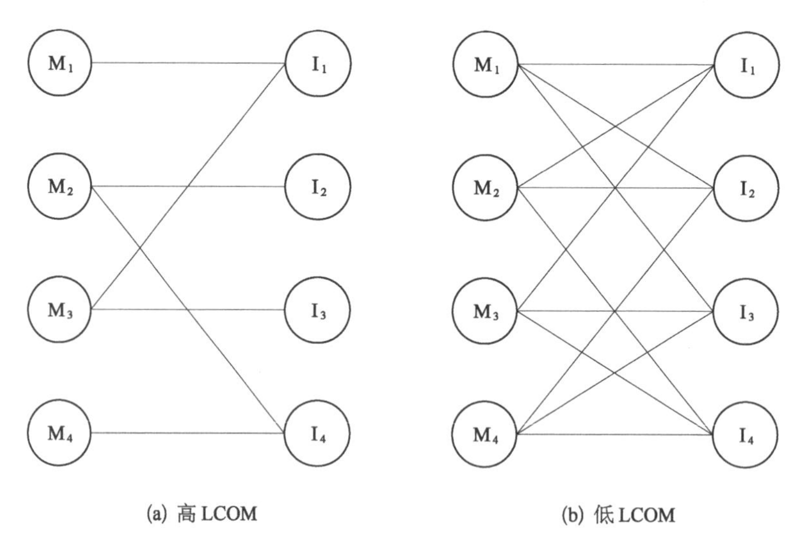

图 4-11 高、低 LCOM

注:情况(a)各方法之间使用的实例变量重合度不高,因此 LCOM 较高,内聚性较低;情况(b)恰好相反,各方法之间使用的实例变量重合度较高,因此 LCOM 较低,内聚性较高。

(2) 紧密类内聚度(Tight Class Cohesion, TCC)。

以图 4-12 为例,该类包含公有方法 4 个,则可组成的方法对为$C_4^2=6$;调用相同类中属性的方法对包含:{addStudent, searchStudentById},{addStudent, searchStudentByName},{addStudent, deleteStudent}和{deleteSetudent, searchStudentById},可得:

$$TCC=\frac{4}{6}=66.6\%$$

```
Student
-----------------------------------------------
-id:int
-name:String
-sex:boolean
-mobile:String
-email:Sting
-----------------------------------------------
+addStudent(id, name, sex, mobile, email):void
+searchStudentById(id):Student
+searchStudentByName(name):List<Student>
+deleteStudent(id):void
```

图 4-12 Student 类

(3) 松散类内聚度(Loose Class Cohesion, LCC)。

类的公有方法对中,直接或间接调用相同属性的公共方法对的百分比。相比 TCC,LCC 除了直接属性之外,还考虑了方法间接使用的属性。例如,方法 m 直接或间接调用方法 m′,而方法 m′使用了属性 a。

同样以图 4 - 12 为例,其 LCC 与 TCC 相同,均为 66.6%,因为 Student 类中的方法没有额外的间接调用。

(4) 基于信息流的内聚性(Information flow-based Cohesion, ICH)。

类中的方法调用同一个类的其他方法的次数,由被调用方法的参数个数加权。

$$ICH(c) = \sum_{m \in M(c)} \sum_{m' \in M(c)} (1 + |Parm(m')|) \cdot Invoc(m, m')$$

其中,m 和 m′均为类 c 中的方法,Parm(m′)为 m′中的参数,Invoc(m, m′)为 m 调用 m′的数量。

4.1.3 耦合的形式

耦合用于衡量程序结构中各个模块之间相互关联的程度。耦合的强弱取决于模块间接口的复杂性、进入或调用模块的位置以及通过界面传送数据的多少等。程序设计时应尽可能采用松散耦合。在松散耦合系统中,各模块的设计、测试和维护都相对独立。松散耦合系统模块间的联系比较简单,错误在模块间传播的可能性很小。

耦合的形式有七种,非直接耦合、数据耦合、标记耦合、控制耦合、外部耦合、公共耦合、内容耦合,如图 4 - 13 所示。

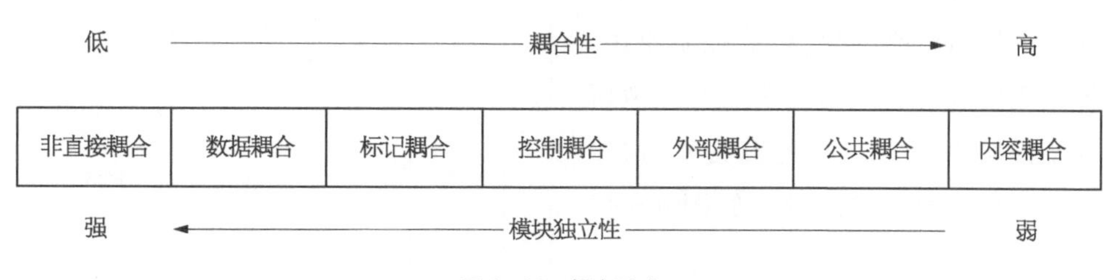

图 4 - 13　耦合形式

(1) 非直接耦合。

指两个模块之间的联系是通过主模块的控制和调用来实现的,这两个模块

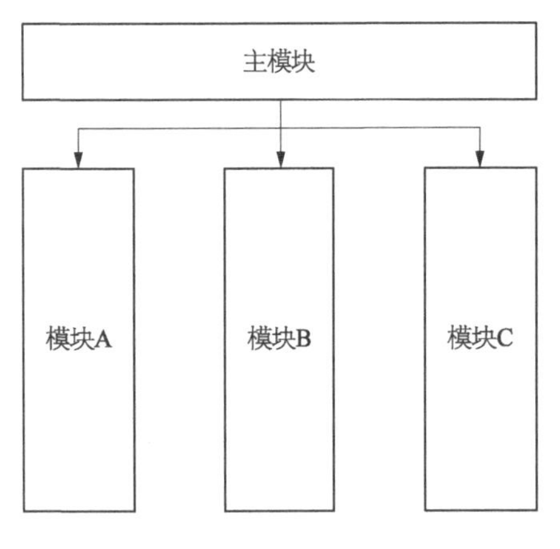

图 4－14　非直接耦合示例

之间没有直接联系。这种耦合的模块独立性最强，如图 4－14。

（2）数据耦合。

指一个模块访问另一个模块是通过数据参数（不是控制参数、公共数据结构或外部变量）来交换输入、输出信息的。数据耦合［图 4－15（a）］属于松散耦合，其模块之间的独立性比较强。

（3）标记耦合。

也称为数据结构耦合，是指模块之间通过参数表传递记录信息［图 4－15（b）］。这组模块共享了这个记录，它是某一数据结构的子结构，而不是简单变量。在程序设计中应尽量避免这种耦合，可通过"信息隐蔽"的方式消除这种耦合，即把在数据结构上的操作全部集中在一个模块中。

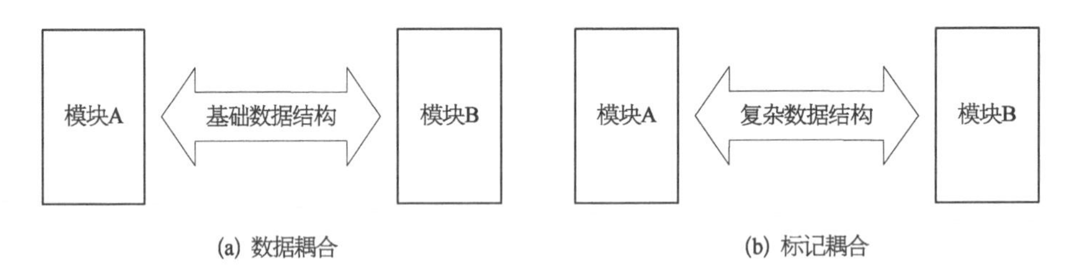

图 4－15　数据耦合与标记耦合示例

（4）控制耦合。

指一个模块通过传送控制信息，控制选择另一模块的功能。对所控制模块的任何修改，都会影响控制模块。控制耦合也表明控制模块需要知道所控制模块内部的一些逻辑关系，这些都会降低模块的独立性，如图 4－16 所示。

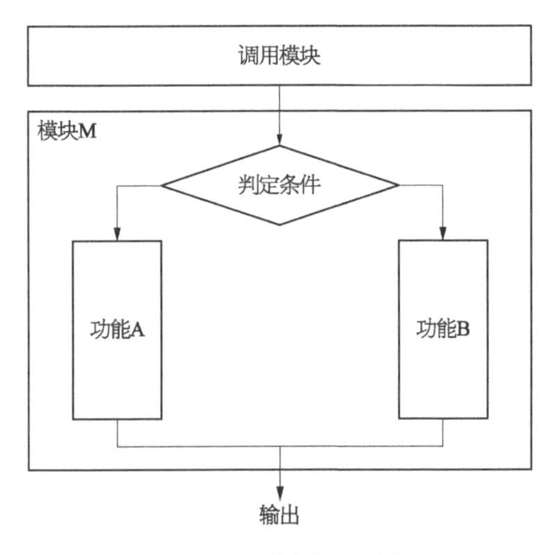

图 4－16　控制耦合示例

（5）外部耦合。

指一组模块访问同一全局简单变量，并且不通过参数表传递该全局变量的信息。外部耦合[图 4－17(a)]与公共耦合比较相似,区别在于一个是简单变量,一个是复杂数据结构。

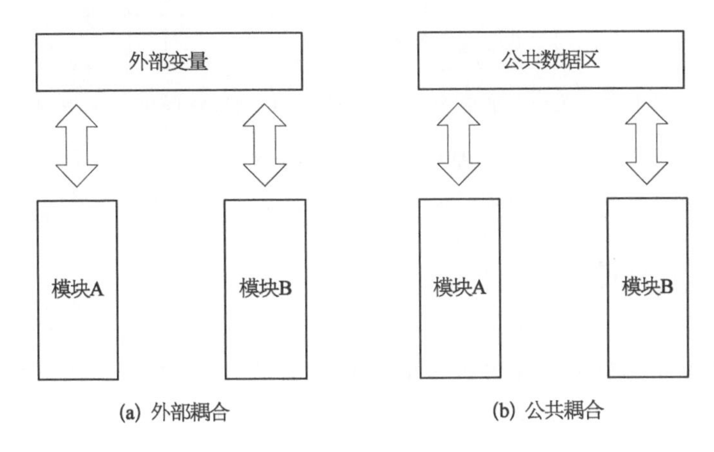

图 4－17　外部耦合与公共耦合示例

(6) 公共耦合。

指一组模块都访问同一个公共数据环境如图 4－17(b)所示,公共数据环境可以是全局数据结构、共享的通信区、内存的公共覆盖区等。

公共耦合会引起下列问题:

① 无法控制各个模块对公共数据的存取,严重影响软件模块的可靠性和适应性;

② 降低了软件的维护性,若一个模块修改了公共数据,将会影响到其他模块;

③ 降低了程序的可读性。

公共耦合的复杂程度随耦合模块的个数增加而增加。

当在模块之间共享的数据较多,且通过参数表传递不方便时,才使用公共耦合。否则,建议使用模块独立性比较高的数据耦合。

(7) 内容耦合。

指一个模块直接访问另一模块的内容,它是一种最紧密的耦合,模块独立性最弱,如图 4－18 所示,其主要包括以下情形: ① 一个模块直接访问另一个模块的内部数据,② 一个模块通过非正常入口转到另一模块内部,③ 两个模块有部分代码重叠,④ 一个模块有多个入口。

目前大多数高级程序设计语言已经不允许出现内容耦合,这种耦合一般出现在汇编语言程序中。

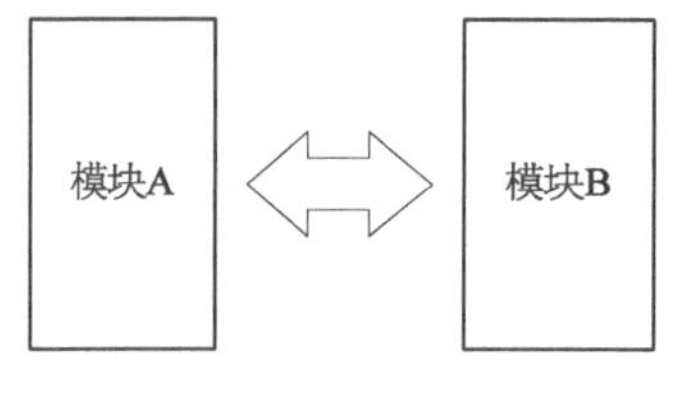

(a) 模块A和模块B可互相访问内部数据

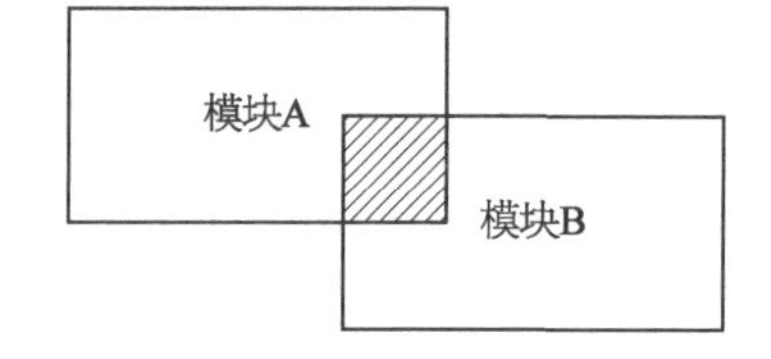

(b) 模块A和模块B出现代码重叠

图 4-18 内容耦合示例

4.1.4 耦合性度量

耦合性度量是软件复杂性度量的重要组成部分,其度量指标涵盖了项目级别的耦合因子,类级别的对象间耦合、消息传递耦合、类的响应等,以及方法级别的扇入度和扇出度等。以下介绍几个最为重要的耦合性度量指标:

(1) 耦合因子(Coupling Factor, CF)。

耦合因子是整个系统耦合度的度量。耦合因子定义为:

$$CF = \frac{\sum_{i=1}^{TC}\sum_{j=1}^{TC}[\text{is\_client}(C_i, C_j)]}{TC^2 - TC}$$

其中 TC 是类的总数,is_client(C_i, C_j)表示类C_i 调用了类C_j 的方法或属性,如果C_i 至少调用了C_j 的一个方法或属性,且C_i 和C_j 是非继承关系,则 is_client(C_i, C_j)取值为 1,其他情况取值为 0。

(2) 对象间耦合(Coupling Between Objects, CBO)。

CBO 是和本类耦合的类的计数,判断依据是对其他类的属性是否进行了操作,或调用了其他类的方法,主要包括以下几种情况:① 内嵌其他类的对象作为成员;② 通过继承,可以访问基类的成员,这种情况已经在继承树深度 DIT 中进行了度量,可不做考虑;③ 本类为其他类的友员类;④ 本类的成员函数为其他类的友元函数。

(3) 消息传递耦合(Message Passing Coupling, MPC)。

MPC 是一个类调用另一个类方法的数量。假设有类 c 和 d,则类 c 的 MPC 表述如下:

$$MPC(c) = |\{m \mid invoc(m, m') \wedge m \in M(c) \wedge m' \in M(d)\}|$$

其中 invoc(m, m′)表示方法 m 直接调用方法 m′;M(c)和 M(d)分别表示类 c 和类 d 中的方法集合。

（4）类的响应（Response For a Class，RFC）。

类响应集合 RS 定义如下：

$$RS = \{M\} \cup_{alli} \{R_i\}$$

其中，$\{R_i\}$ = 被方法 i 调用的方法集合；$\{M\}$ = 类中所有的方法集合。

类响应 RFC = |RS|。

RFC 是本类方法与被本类方法调用方法的总数量。需要注意的是，集合 $\{R_i\}$ 可以是调用的类外方法，对于类外方法调用的技术，也可反映类间的通信量。

（5）扇入（Fan-in）和扇出（Fan-out）。

扇入表示是指直接调用该模块的上级模块的个数，扇入越大表示该模块被更多的上级模块共享，复用程度高。

扇出表示该模块直接调用的下级模块的个数，扇出越大表示复杂度越高。

以图 4－19 为例，模块 M_1 和 M_2 均调用了模块 M_5，则 M_5 的扇入为 2；M_5 又调用了 M_6、M_7 和 M_8 三个模块，则 M_5 的扇出为 3。

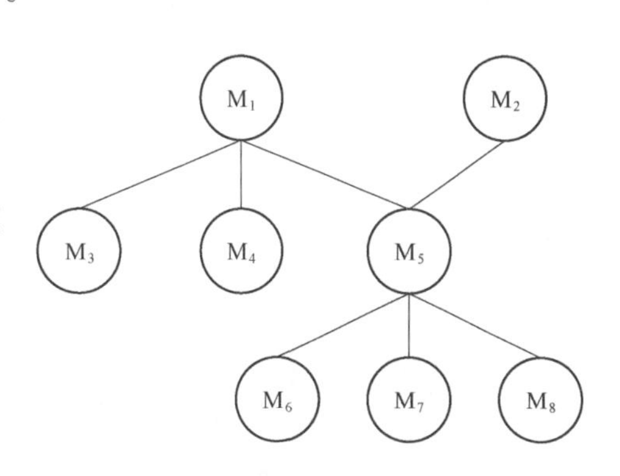

图 4－19　扇入与扇出示例

4.2　其他复杂性度量指标

4.2.1　程序结构复杂性度量

基于程序结构复杂度的度量方法始于 20 世纪 60 年代，包括代码行计数法、Halstead 的软件科学法度量、McCabe 的圈复杂度度量、Mohanty 的熵度量等，丰富了软件复杂性度量的方法，也为软件质量的评价提供了依据。其中，20 世纪 70 年代提出的 McCabe 度量法和 Halstead 度量法最为著名，以下对这两种方法进行详细介绍。

1）McCabe 环路复杂度（Cyclomatic Complexity，CC）

McCabe 环路复杂度是由 Thomas J. McCabe，Sr.在 1976 年提出的，它是一种

基于程序控制流的定量度量程序复杂度的有效方法，该方法具有比较直观、容易度量等优点。环路复杂度大说明程序控制路径复杂，代码不易于测试和维护。在各种语言中，尽管语法结构千差万别，其基本结构还是一致的，在方法（函数）的层次上，主要包括了顺序结构、分支结构、循环结构。其中分支结构，在有些语言中包含了两路分支，有些语言包括多路分支。循环结构包括先判断后进入循环体、先进入循环体后判断两种情况，仅仅用以区分判定节点和非判定节点。判定节点用菱形表示，非判定节点用圆圈表示。在计算 McCabe 环路复杂度时，需要画出程序控制流图（图 4－20）。

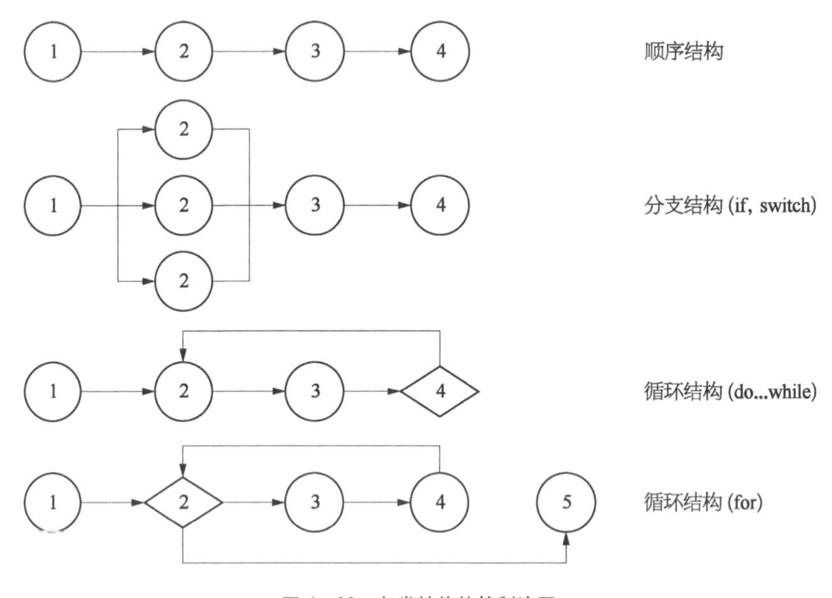

图 4－20 各类结构的控制流图

所谓程序控制流图，是指用有向图的形式标示程序代码执行过程中所经过的所有路径。我们可根据程序流程图画出程序控制流图，即将每个处理符号变成一个结点，联结不同处理符号的流线变成连接不同结点的有向弧。

环路复杂度可以通过以下几个不同的公式进行计算。假设一个控制流程图 G，其环路复杂度用 V（G）表示，而 E 表示控制流图的边的数量，N 表示控制流图中节点的数量，P 表示控制流图中连通图的数量。控制流图是一个连通图，所以 P 的值始终等于 1。

环路复杂度 V（G）在数值上等于控制流图有效边（不含入口边和出口边）的数量 E 减去节点的数量 N，加上 2 倍的连通图个数 P，即：

$$V(G)=E-N+2P$$

由于 P=1,所以也可以写成为:

$$V(G)=E-N+2$$

特别需要注意的是,对于各控制节点引申出的边,以分叉数量计算。

例如图 4-21 中,节点 2 出发到达节点 3 和节点 4,共计为两条路径。

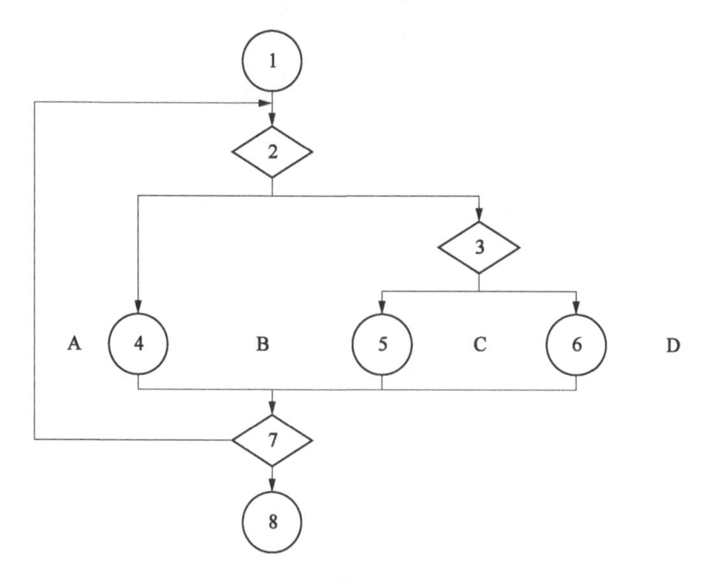

图 4-21　控制流图示例 1

在图 4-21 中,共有 8 个节点,10 条边。所以环路复杂度可以计算为:

$$V(G)=E-N+2=10-8+2=4$$

环路复杂度计算方法如下:

(1) 环路复杂度=控制流图将平面划分区域的数量:

$$V(G)=R$$

其中,R 为区域数量。区域是有控制流图的边所构成的封闭的一个区域,控制流图的外部也存在认为是一个区域。

在顺序结构中,控制流图内部并没有构成任何的区域,仅存在控制外部的一个区域,所以其复杂度 V(G)=R=1。

在上面的例子中,封闭的区域共有 4 个,在图中分别已近标注为 A、B、C、D。

(2) 环路复杂度=控制流图的中判定节点的数量+1:

$$V(G)=C+1$$

其中,V(G)为控制流图的环路复杂度;C为判定节点数量,这里的判定节点假定为简单判定,是不包含有逻辑运算符。

对于图4-22,控制节点分别为2、3、7共有3个节点,所以其复杂度为3+1=4。

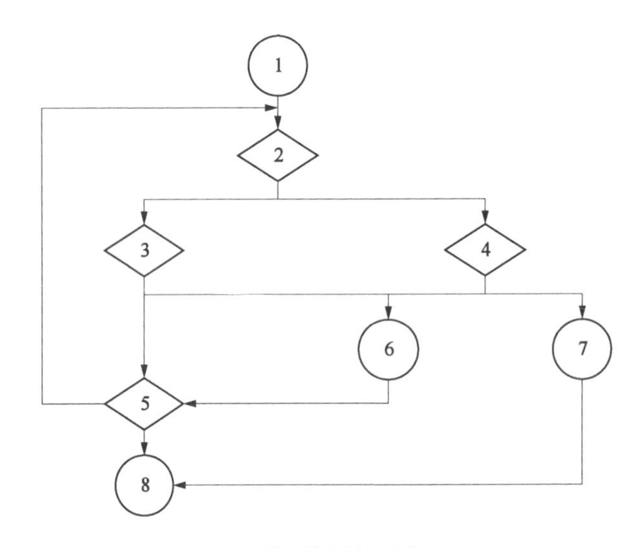

图4-22 控制流图示例2

环路复杂度与程序控制结构的复杂度、程序中覆盖的路径条数相关。当程序的分支数或循环数增加,其复杂度也增加。

2) Halstead方法

1977年,Halstead方法Maurice Howard Halstead在其关于软件开发的经验科学的论著中引入的一种复杂性度量方法,Halstead认为度量指标应该反映出不同编程语言的实现或者表达。Halstead方法给出的并非单个度量指标,而是一系列和程序结构相关的复杂性度量指标,它是根据程序中操作符和操作数出现的总次数来度量程序复杂性。

给定一个程序,Halstead方法以下面基本的统计元素为度量依据。

(1) n_1:唯一操作符数量。

(2) n_2:唯一操作数数量。

(3) N_1:操作符总数。

(4) N_2:操作数总数。

Halstead方法的常用度量指标及计算方法如下。

(1) 程序词汇(Program Vocabulary):$n=n_1+n_2$。

（2）Halstead 程序长度（Program lenth）：$N=N_1+N_2$。（注意：该程序长度是 Halstead 方法的一个度量指标，不等同于代码行长度。）

（3）程序预测长度（Calculated Program length）：$\widehat{N}=n_1\log_2 n_1+n_2\log_2 n_2$。

（4）容量（Volume）：$V=N\times\log_2 n$。

（5）复杂度（Difficulty）：$D=\frac{n_1}{2}\times\frac{N_2}{n_2}$。

（6）需要工作量（Effort）：$E=D\times V$。

下面我们以一个求最大公约数的 Java 代码片段来展示 Halstead 度量法的各项指标如何计算。代码如下：

代码清单 4-1

```
public static int GCD(int m, int n) {
        int result = 0;
        while (n != 0) {
            result = m % n;
            m = n;
            n = result;
        }
        return m;
}
```

表 4-1　操作符与操作数统计列表

操作符	出现次数	操作数	出现次数
GCD()	1	m	4
=	4	n	5
while	1	result	3
!=	1	0	2
%	1	-	-
return	1	-	-

由表 4-1 可得唯一操作符个数 $n_1=6$，操作符总数 $N_1=9$；唯一操作数个数 $n_2=4$，操作数总数 $N_2=14$。Halstead 方法度量结果见表 4-2。

表 4-2 Halstead 方法度量结果

度量指标	度量公式	计算结果
程序词汇(Program Vocalbulary)	$n=n_1+n_2$	$n=10$
Halstead 程序长度(Program lenth)	$N=N_1+N_2$	$N=23$
程序预测长度(Calculated Program length)	$\widehat{N}=n_1\log_2 n_1+n_2\log_2 n_2$	$\widehat{N}=23.5$
容量(Volume)	$V=N\times\log_2 n$	$V=76.4$
复杂度(Difficulty)	$D=\frac{n_1}{2}\times\frac{N_2}{n_2}$	$D=10.5$
需要的工作量(Effort)	$E=D\times V$	$E=783.3$

尽管 Halstead 方法度量计算比较简单,与开发语言也无关,但依然存在不少缺点,在使用时需要加以注意。其主要缺点如下:

(1) 没有考虑程序控制流的情况;

(2) 没有考虑非执行语句;

(3) 无法从根本上反映程序的复杂度。

4.2.2 类复杂性度量

类的复杂性是指在不考虑与其他类的关系情况下,单个类复杂性的影响因素主要是类的规模,包括类的属性和方法的数量。类中的属性和方法数量越多,说明该类越复杂,对于继承该类的子孙类的影响也越大。另外具有大量成员的类,也会限制该类的重用性。

类的复杂性的度量指标包括:

(1) 类代码行(Class Lines of Code, CLOC):类中的代码行数量。

(2) 实例方法数(Number of Instance Methods, NIM):实例中的非静态方法的数量。由于静态方法在类定义的时候已经被装载和分配,不会在类实例化成对象并调用该方法时分配内存,因此实例方法数不需要考虑静态方法。

(3) 实例变量数(Number of Instance Variables, NIV):实例中的非静态变量的数量。静态变量和静态方法类似,也是在类定义时就进行了内存分配,不会在类的实例化对象中分配内存,因此实例变量数不需考虑静态变量。

(4) 每类加权方法数(Weighted Methods Per Class, WMC):类 C_1 包含 n 个

方法 M_1……M_n，定义 c_1……c_n 是方法的复杂度，那么每类加权方法数 WMC 定义如下：

$$WMC = \sum_{i=1}^{n} c_i$$

对于类中每个方法的复杂度计算，可参考 4.2.1 中的程序结构复杂性度量方法。也可简单假设每个方法的复杂度相同，此时 WMC 就等于类中的方法数 n。

WMC 衡量单独一个类的复杂度，拥有的成员函数越多，该类越复杂。某个类中的方法数量越多，对子类的潜在影响也越大，也会限制代码复用的水平。因此，类中方法较少，有利于提高其可用性和复用性。

以代码清单 4-2 为例，类 ExampleClass 中有 3 个方法，其中非静态方法 2 个，所以实例方法数 NIM 为 2；类 ExampleClass 中有 3 个变量，其中非静态变量 2 个，所以实例变量数 NIV 为 2；假设类的复杂度为该类的方法数，则该文件的 WMC 为 3。

代码清单 4-2

```
public class ExampleClass {
    public static String staticMember; //静态变量
    public String publicMember; //公有变量
    private String privetaMember; //私有变量

    //静态方法
    public static void staticMethod() {}
    //公有方法
    public void publicMethod() {}
    //私有方法
    private void privateMethod() {}

}
```

4.2.3　抽象性度量

面向对象抽象特性支持软件复用和类层次设计，其给软件开发带来方便的同时，也给软件开发带来了新的问题。在软件的设计、实现、测试、维护阶段，软件人员在处理子类的时候,都需要知道所继承的成员,及成员的访问控制类型。因此,类的抽象性在很大程度上决定着软件的复杂程度。以下介绍两种最为常见的抽象性度量指标。

(1) 继承树深度(Depth of Inheritance Tree, DIT)。

DIT 是类所在的层次结构中从根节点到子类结点的最大长度,对于多重继承,DIT 是指从根结点到叶子结点的最大长度。

图 4-23 给出了继承树深度的一个示例。类 R 是根,其 DIT 为 0;A 和 B 继承了 R,因此其 DIT 为 1;而叶子节点 F 到 R 的 DIT 为 3。

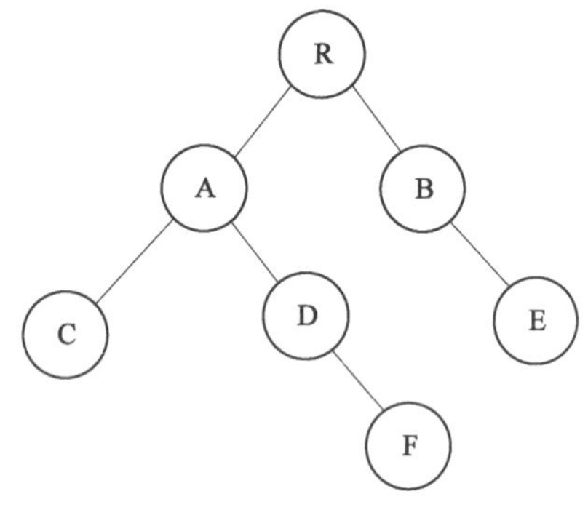

图 4-23 继承树深度示例

结构良好的面向对象的系统有一个类的森林结构,而不是一个大的继承结构。一个类的层次越深,它所继承的大量方法使得预测其行为变得更为复杂。

(2) 每类的子类数 NOC(Number Of Children, NOC)。

NOC 是类的直系子类的数量。直系子类的数量越多,在测试和维护时也越困难,这是因为一处修改将影响到所有子类。

4.2.4 封装性度量

封装性是面向对象设计中的重要特性。对于面向对象软件而言,类的封装性越好,成员的可见度越低,其复杂性也越低。因此对于封装性,往往可以采用"能够被类外部访问的方法或者属性数量"与方法或者属性的总数的比值来度量。常见的度量指标如下。

(1) 公有属性比率(Ratio of Public Attributes, RPA):类中公有的属性占全部属性的比率。例如在 Java 中,使用 public 访问修饰符标记的成员即为公有属性。

(2) 公有方法比率(Ratio of Public Methods, RPM):类中公有的方法占全部方法的比率。例如在 Java 中,使用 public 访问修饰符标记的方法即为公有方法。

(3) 静态属性比率(Ratio of Static Attributes, RSA):类中静态的属性占全部属性的比率。例如在 Java 中,使用 static 访问修饰符标记的成员即为静态属性。

(4) 静态方法比率(Ratio of Static Methods, RSM):类中静态的方法占全部

方法的比率。例如在 Java 中,使用 static 访问修饰符标记的方法即为静态方法。

需要注意的是,当成员或者方法没有访问修饰符时,一般均不会将其作为公有属性或者方法。例如在 Java 中,默认的访问范围是该类所在的 package。

以代码清单 4－2 为例,类 ExampleClass 公有属性数为 1,总属性数为 3,所以公有属性比率 RPA 为 33%;公有方法数为 1,总方法数为 3,所以公有方法比率 RPM 为 33%;静态属性数为 1,总属性数为 3,所以静态属性比率 RSA 为 33%;静态方法数为 1,总方法数为 3,所以静态方法比率 RSM 为 33%。

4.2.5　注释度量

良好的注释习惯能够使软件易于理解和维护,对于注释的度量也有助于软件复杂性的研究。常见的注释度量指标如下。

(1) 类注释行数(Comment of Lines per Class, CLC):类代码中注释的行数。对于块注释,不包含内容的“/**”和“*/”所在行不计入注释行。

(2) 类注释比率(Ratio Comments to Codes per Class, RCCC):类代码中,注释所占的代码行比率。

(3) 方法注释行数(Comment of Lines per Method, CLM):方法代码中注释的行数。如程序文件中的一行既包括了代码,又包括了注释,那么该行既计入代码行,也计入注释行。

(4) 方法注释比率(Ratio Comments to Codes per Method, RCCM):方法代码中,注释所占的代码行比率。

以代码清单 4－3 为例,第 2、第 6 和第 7 行计入注释行,第 1 和第 3 行不计入注释行,第 7 行既计入注释行,也计入代码行。

代码清单 4－3

```
1.   /**
2.     * 注释行
3.     */
4.   public class ExampleClass {
5.       public void publicMethod() {
6.               //注释行
7.               String stringVariable; //注释行
8.       }
9.   }
```

4.3 基于复杂性度量的软件缺陷预测

在理想情况下，软件发布之前，开发及测试人员应当对每个文件仔细检查以期发现可能的缺陷并修复它们，然而检查一个重要系统的所有文件是不切实际的。为此，确定应立即检查哪些文件及稍后可以检查哪些文件非常重要。使用软件缺陷预测技术可以预测软件模块的缺陷倾向性、缺陷数或者缺陷严重度等，进而合理分配有限的测试资源。

如图4－24所示，软件缺陷预测技术的具体过程大致可分为四个部分：收集缺陷数据、构建度量元、构建缺陷预测模型、缺陷预测与评价。

（1）从软件仓库中收集软件缺陷数据，并构建缺陷数据仓库；

（2）构建缺陷度量元，并对软件模块进行标记；

（3）利用统计学习和机器学习方法构建软件缺陷预测模型；

（4）通过性能评价指标对构建的预测模型进行评价。

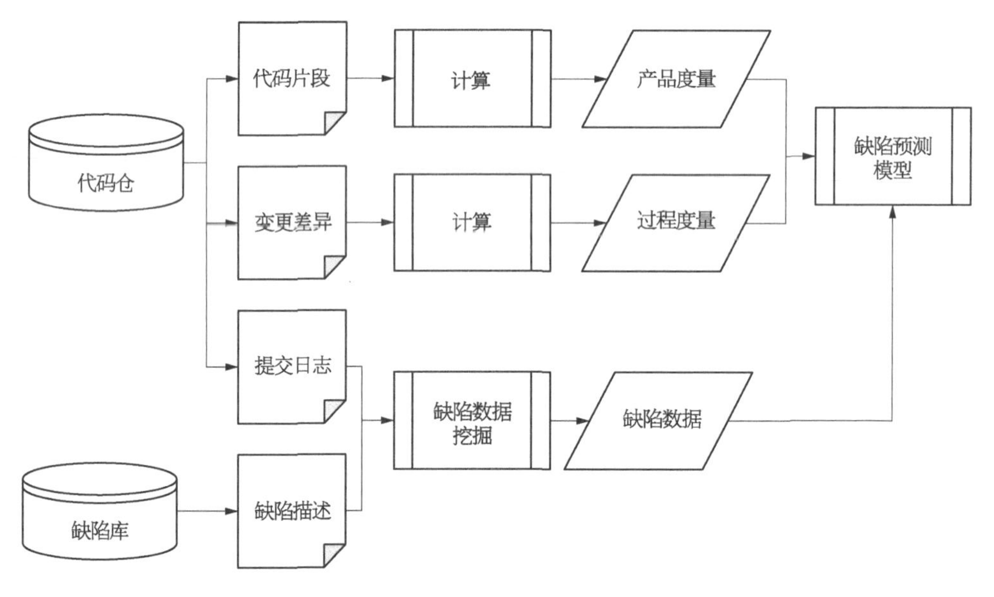

图4－24 软件缺陷预测过程

4.3.1 构建软件缺陷数据仓库

软件缺陷数据仓库用于收集软件各个生命期阶段的缺陷数据。而随着越来越多的大型开源软件的公开，目前也有着大量公开的软件缺陷数据可供研究，常见的比如 NASA、PROMISE、AEEEM 及 ReLink 等。同样也可以从开源库如 SourceForge 或者 Github 抓取开源软件的缺陷跟踪信息，构建缺陷库。目前大量学术研究均采用公开的软件缺陷数据库，也使得各种缺陷预测模型得以比较。

4.3.2　构建度量元

现有的度量元主要包括面向结构复杂性的 McCabe 度量、Halstead 度量和面向对象的 CK 度量等。McCabe 度量用于衡量程序内部结构的复杂度，程序的复杂度（如控制流）越高，则存在缺陷的可能性越大。Halstead 度量则是根据程序中的操作符数和操作数出现的总次数度量程序的复杂性，操作符数和操作数越多则表示程序越复杂，存在缺陷的可能性也就越大。CK 度量则根据面向对象程序中的继承性、耦合性和内聚性等特点，有效地度量了程序特征与软件缺陷的相关性。详细的度量元在本章 4.1 和 4.2 中均有介绍。上述度量元在软件缺陷预测中被广泛应用，具有较好的预测效果。

4.3.3　特征提取

在没有任何先验知识的情况下，只能采用遍历方法选取特征子集。对于一个含有 d 维特征的数据集来说，共有 2^d 个可能的特征子集。当 d 取值很大，无法采用遍历方法时，可采用启发式方法搜索特征子集。特征选择技术通过选择最重要的特征来减少模型中的特征数量。

根据特征选择与学习算法的结合方式，可将其分为三类：过滤法（Filter）、包装法（Wrapper）和嵌入法（Embedded）。过滤法与学习算法是相互独立的，先对数据集进行特征选择，随后根据分数的高低选择特征中的子集，再训练学习器；包装法考虑了特征之间的相关性。通过比较特征之间不同组合对模型的影响，选择性能最好的组合；嵌入法同时考虑了前两者方法的优点，将特征选择与学习过程同时进行，在训练和学习中选择最优的特征。

4.3.4　预测方法

软件模块中缺陷的倾向性预测往往可以归为一个二分类问题。机器学习方法中的分类预测就能很好地解决这类问题。常用的机器学习方法包括贝叶斯、决策树、集成学习、神经网络、支持向量机、逻辑回归及字典学习等。比如采用决策树方法首先需要构造样本集,样本以“度量元-缺陷类别标签”这样的对组成,其中的度量元可以是一个或多个;同时对缺陷进行标注,比如“1”表示该类有缺陷、“0”表示该类无缺陷。决策树把样本从根节点排列到叶节点进行分类,叶子节点即为所属的分类。因此缺陷预测问题可分为两类:即缺陷数据和非缺陷数据,也就是说在缺陷预测模型中只含有两类叶子节点。树上的每个节点指定了对样本的某个属性的测试,该节点的后继分支则对应于该属性的一个可能的值。样本分类的方法是从这棵树的根节点开始,测试这个节点指定的属性,然后根据样本中该属性对应的值向下一个节点移动,直到到达叶子节点所属的分类。

同样也有不少研究采用了半监督和无监督的学习方法。半监督学习方法结合了有监督学习和无监督学习,使用大量的未标记数据及部分标记数据进行缺陷预测。而无监督学习方法则没有导师,不对数据进行标记,也就是常说的聚类方法。

除此之外也有不少针对软件模块中缺陷数量的预测研究,部分研究主要采用了逻辑回归算法和神经网络算法进行预测。

需要注意的是,各个预测方法均有其各自优势的数据集,没有哪种预测方法对所有数据集都有着很好的预测效果。在实践中,还需要依据数据集的实际情况选择预测模型。

4.3.5 软件缺陷预测的难点

软件缺陷预测目前主要存在的问题是数据差异性问题和分类不平衡问题。

1)数据差异性问题

数据差异性是训练数据集与测试数据集分布不一致的问题,包括同构(特征集相同但分布不同)及异构(特征集不同)两种情况,如图 4-25 所示。在软件开发中,不同企业不同项目组开发的软件所包含的特征可能是不同的或异构的。然而传统学习器要求训练数据集和测试数据集同分布,所以需要对训练集和测试集的数据分布进行转换。常见的方法包括转换数据分布、筛选相关数据、迁移学习方式等。

2)分类不平衡问题

分类不平衡是影响数据集质量的主要因素。在软件缺陷预测中,缺陷数据

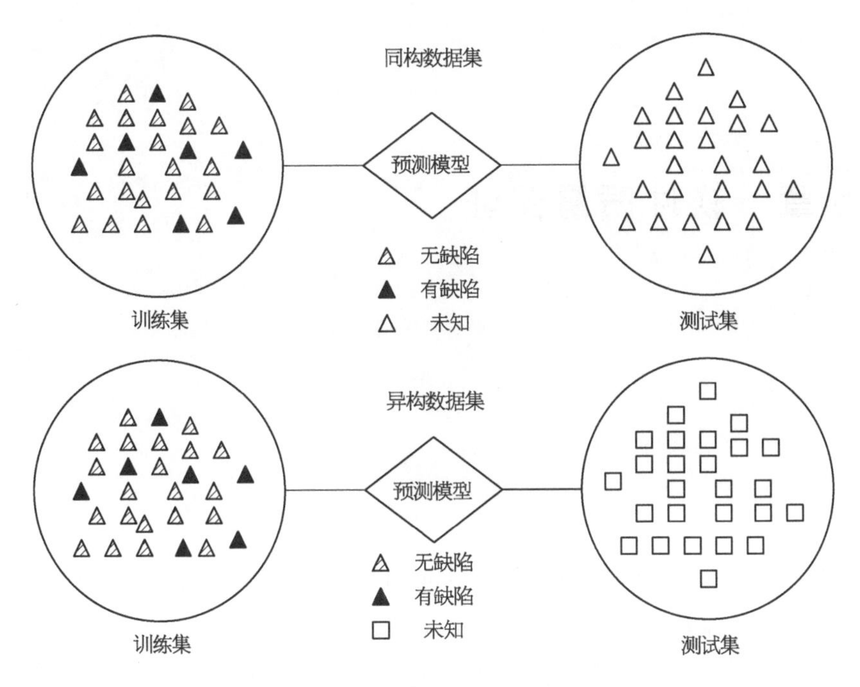

图 4-25　数据差异性示意图

集中包含有缺陷数据和无缺陷数据。其中,有缺陷数据的数据量相对较少,往往属于少数类,而无缺陷数据相对较多,属于多数类。因此正确识别少数类比正确识别多数类更为关键。然而,传统的分类模型通常以最大化总体的分类准确率为目标,却降低了对少数类的分类准确率,所以分类的不平衡在一定程度上会影响缺陷预测模型的性能。

分类不平衡学习可通过以下三类方法解决:

(1) 采样方法,采用随机欠采样或者随机过采样的方法,将不平衡的数据集转化成平衡数据集;

(2) 代价敏感学习方法,对数据集中的实例赋予不同的误分类代价,包括基于类别的代价和基于样本的代价;

(3) 集成学习方法,将若干个弱监督分类器组合得到一个强监督分类器。

第 5 章　软件质量保证

软件质量保证(Software Quality Assurance, SQA)是一系列有计划的、系统性的活动,是确保软件产品从产生到消亡为止的所有阶段的质量活动。质量保证也是确保按照既定的标准、步骤、实践和方法能被正确地应用于所有项目的一个过程,已列入国际标准 ISO/IEC/IEEE 12207—2017《信息技术 软件生命周期过程》中。

软件质量保证使得软件过程对于管理层来说是可见的。它通过对软件产品和软件开发各个阶段的活动进行评审和审计来验证软件是符合既定标准的。软件质量保证团队在项目启动时就应该一起参与建立计划、标准和过程。这些计划、标准和过程可以使得软件项目满足所在组织的质量方针的要求。

软件质量保证活动最重要的一点是预防缺陷的产生,而不是事后进行问题的解决或者纠正错误。因此,质量保证活动的主要目标可以归纳为: ① 开展事前预防的活动,例如把关注点放在缺陷预防而不是缺陷的检查;② 尽量在刚刚引入缺陷的时候就将其发现,而不是让缺陷扩散到下一个阶段;③ 作用于软件开发过程而不是最终的工作产品,因此它有可能会产生广泛的影响,并且带来巨大的收益;④ 贯穿于所有的软件开发活动之中,而不是只集中于某一个阶段。

软件质量保证主要是从第三方独立的角度,通过监控开发任务的执行,审查软件项目是否正确地遵循了已经制定的计划、标准和规程,并给管理层和开发团队提供反映软件产品和软件开发过程质量的信息和数据,以提高项目的透明度,助力于获得高质量的软件产品。

软件质量保证主要是给管理层提供预定义的软件过程的执行保证，因此软件质量保证团队要保证如下这些活动的实施：采用选定的开发方法、采用并且遵循选定的标准和规程、开展独立的审查活动、对发现的偏离标准和规程的问题进行及时的处理、执行项目计划中定义的每个软件活动。

软件质量保证的主要任务可以概括为：

（1）编制软件项目的质量保证计划，确定项目活动中需要进行审计的活动或者工作产品，确定项目可以采用的标准等；

（2）参与软件项目的软件过程定义，以确保软件过程与所在组织的政策、已定义的标准、业界普遍使用的标准及软件项目计划的其他章节相符合；

（3）审查每个软件工程的活动，对其是否符合定义好的软件过程进行确认；

（4）对指定的工作产品进行审计，对其是否符合定义好的软件过程中的相应部分进行确认；

（5）确保审查软件活动及审计工作产品时发现的偏差已经被记录，并且根据已定义的规程进行了处理；

（6）记录所有不符合的部分，并上报给管理层。

5.1　质量保证体系标准

目前国际上软件过程质量管理最主要的三个典型代表是：① CMMI/PSP/TSP；② ISO 9000 系列；③ ISO/IEC 15504 及 ISO/IEC 33000 系列。

常见的质量管理体系，如软件能力成熟度模型（CMMI）、ISO 9001 质量管理体系等，都是软件项目实施规范化和可视化的流行方式，也是提高软件质量的有效手段之一。6 - Sigma 则是一种改善企业质量流程管理的技术；而软件测量相关的标准，其所运用的模型和提供的测量数据也为质量改进提供依据，也是质量保证的重要组成部分之一，因此在本章节，对此会逐一进行介绍。

5.1.1　CMMI

CMMI 是由卡内基梅隆大学软件工程学院（Software Engineering Institute,

SEI)1984 年受美国国防部要求开始研究,并在软件产业建立一套工程管理制度,用以评估和改善软件开发组织的过程和能力,协助软件开发团队持续改善流程的成熟度及软件的质量,从而提升软件开发组织及所实施项目的管理能力,最终达到开发出具备正确功能的软件产品、有效控制开发进度、适当降低开发成本、软件质量能够达到预期目标的目的。

SEI 于 1991 年正式推出了软件能力成熟度模型(Capability Maturity Model For Software, SW-CMM),1993 年正式推出 SW_CMM 1.0。CMM 1.0 后来在各个行业领域发展成了 CMMs,包括:系统工程能力成熟度模型(Systems Engineering Capability Maturity Model, SE-CMM)、整合产品发展能力成熟度模型(Integrated Product Development Capability Maturity Model, IPD-CMM)、人力资源管理能力成熟度模式(People Capability Maturity Model, P-CMM)等应用模型。

由于各行业不同特点,SEI 于 2000 年 12 月公布了能力成熟度整合模型(Capability Maturity Model-Integrated, CMMI)。经过不断改进,形成了今天的 CMMI 1.2、1.3、2.0 版本。

CMMI 2.0 模型新增了能力域概念,是针对组织要解决的特定问题的一组相关实践域,能力域的名字也是针对要解决问题的一种概括描述。CMMI 2.0 的能力域有:确保质量、工程和开发产品、选择和管理供应商、策划并管理工作、管理业务弹性、管理人力、支持实施、建立并维持能力、改进性能。这些能力域,可以对应到四个能力域类型中,即 doing、managing、enabling、improving,分别对应于 CMMI 1.3 模型中的工程类、项目管理类、支持类、过程管理类。CMMI 2.0 共包含 20 个实践域,每个实践域分别有对应级别的实践,比如配置管理(CM)只包含 1、2 级的实践;策划(PLAN)、治理(GOV)、过程管理(PCM)、供应商协议管理(SAM)包含 1、2、3、4 级的实践;原因分析和解决(CAR)、管理性能与度量(MPM)包含 1、2、3、4、5 级的实践,其他实践域都包含 1、2、3 级的实践。所有共性实践被整合到了 2 个实践域中,即 GOV 和实施基础设施(II),GOV 描述了高层管理者在过程改进、过程实施中需要做的活动;II 描述了过程改进、过程实施所需要的基础设施。每个实践域都可以分解为一个共通描述章节(内核信息)与可适用的特定场景描述章节。图 5-1 给出了 CMMI 2.0 模型中能力域的分类。

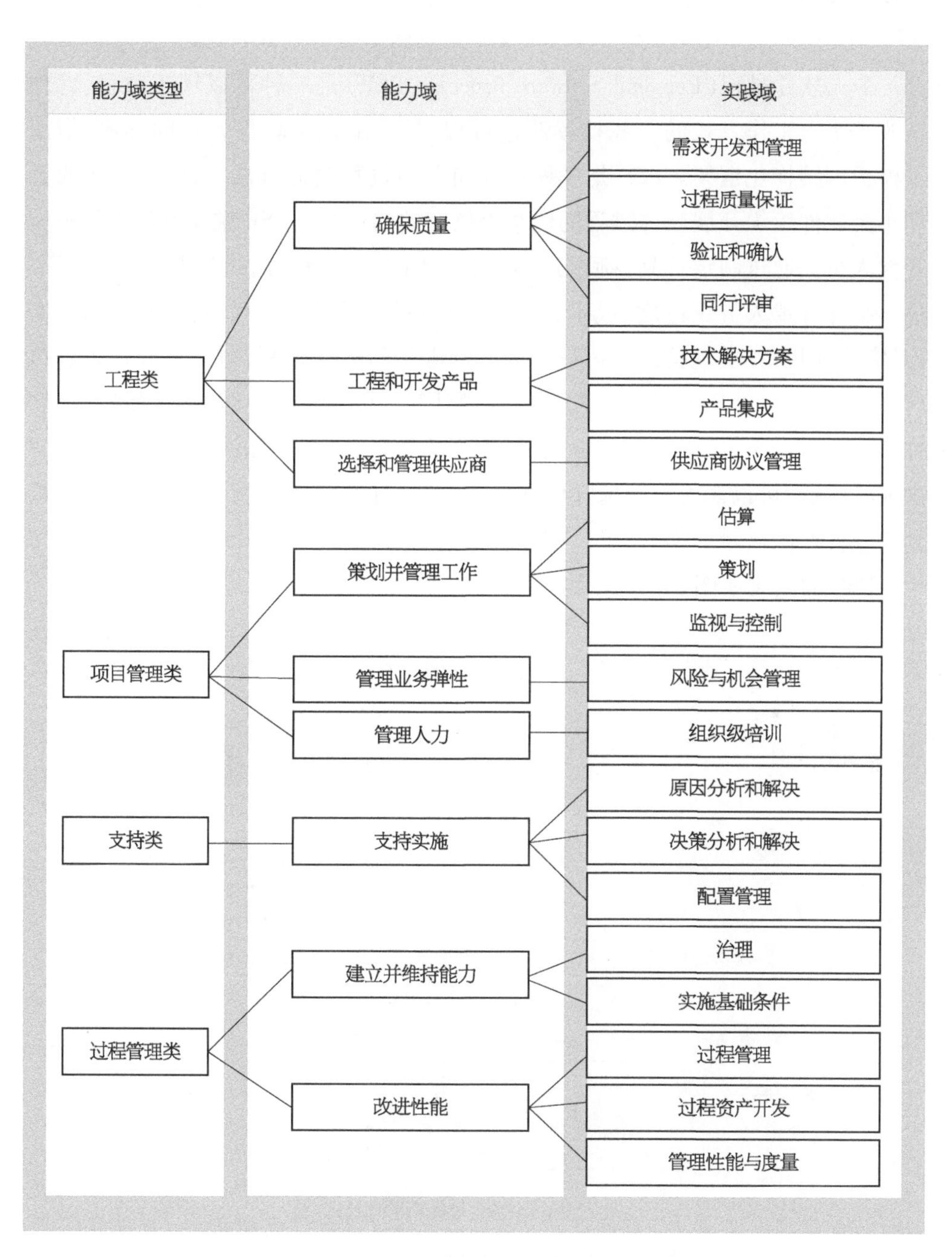

图 5－1　CMMI 2.0 能力域分类

5.1.2 PSP

个人软件过程(Personal Software Process, PSP)是一种可以用于监督、管理及改进个人工作方式的自我持续改进过程,是一个包括软件开发的程序、指南及模板的结构化框架。PSP 是一种自底向上的过程改进方法,可以为个人或者和小型软件组织开展软件过程的优化提供有效的途径。PSP 主要专注于每一位开发人员。通过制定计划、确定过程、明确度量、实施跟踪,进行相应的过程改进。指导开发人员在进度、成本、质量皆可控的状态下更有效地估算、计划、实施、完成项目,并实现持续的过程改进。要建立 PSP 的流程,就需要管理者和执行者共同参与;PSP 关注开发人员的规模估算、工作量估算、软件产品质量、软件流程质量及个人的生产率。对于软件产品质量,PSP 更强调尽早地发现并解决缺陷,从而可以最大限度地降低开发成本、提升客户满意度;通过更有效的策划和软件产品质量的提升,可以有效减少返工的时间,从而缩短工期。

PSP 的演化如图 5-2 所示。

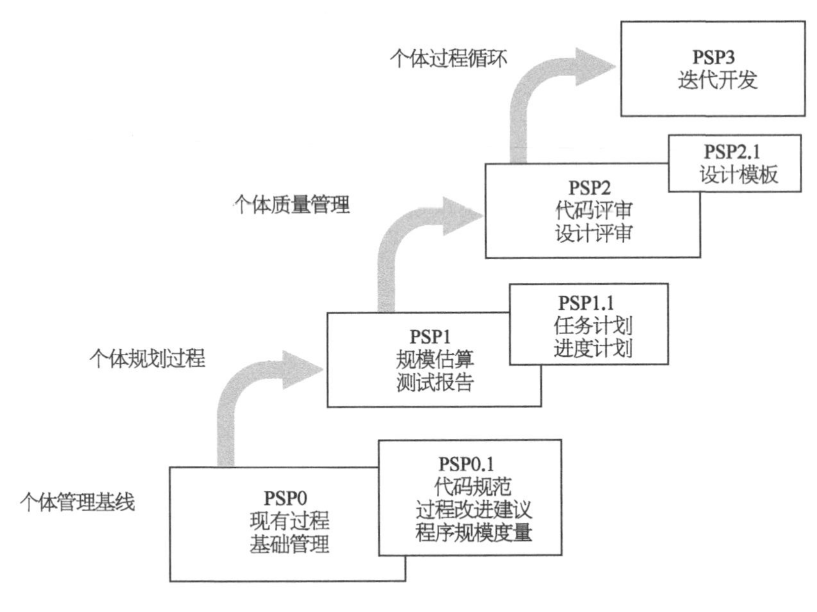

图 5-2 个体软件过程 PSP 的演化

按照 PSP 的程序,改进软件过程的步骤首先需要定义质量目标,也就是说最终的软件产品所要具备的功能和性能应满足明示的要求及潜在的需求。要进行软件产品质量的度量,就必须对目标进行分解和分别进行度量,使得软件产品的质量能够被“测量”。接下来，就是充分理解过程本身、查找可能存在的问题，并且对过程进行适当的调整。最后运用调整完善后的过程，度量实践的结果，并将结果与最初定义的目标进行比较，找出存在的差距，并分析原因，从而实现对软件过程的持续改进。

与 CMMI 阶梯式的进化框架一致，PSP 为个人的能力评价提供了一个阶梯式的进化框架，并以循序渐进的方法介绍了过程的概念，其中每一个级别都包含了更低一级别中的所有元素，并增加了本级别中新的元素。这个进化框架最适合于学习 PSP 过程的基本概念，它提供了软件开发人员进行度量和分析的工具，使其清楚地认识到自己的表现和潜力，从而可以持续提升自己的技能和水平。

PSP0 主要是建立个体管理的基线，通过这一步，可以学会使用 PSP 的各种模板，采集过程的相关数据，执行的过程一般包括计划、开发（包括设计、编码和测试）及结项三个阶段，在这个过程中，需要度量软件开发周期、引入的缺陷个数、排除的缺陷个数等，作为测量在 PSP 的过程改进中持续进步的基准值。

PSP0.1 相较于 PSP0 增加了代码规范、程序规模度量和过程改进建议这三个关键过程域，其中过程改进建议的模板主要用于随时记录在过程中发现的问题、解决问题所采取的措施及开展改进过程的方法，用以提高软件开发人员的质量意识和过程改进意识。

PSP1 的重点是增加了个体计划，引入了基于估算的计划方法 PROBE（PROxy Based Estimating），用自己的历史数据来预测新开发的代码的规模及需要的开发周期，并使用线性回归的方法计算参数，确定置信区间以评价预测的可信程度。PSP1.1 相较于 PSP1 增加了对任务和进度的计划。

PSP2 的重点是增加了个体质量管理，根据代码的缺陷来建立检查表，按照检查表开展设计评审及代码走查，以便于尽早发现存在的缺陷，使得修复缺陷的代价为最小。PSP2.1 则定义了设计过程和设计的模板，PSP2.1 强调了设计的完备性准则，并给出了设计的验证技术，并不关注用的是什么设计方法。

PSP3 是把个体开发代码所能达到的生产效率和生产质量，延伸到大型项目中；其方法是通过迭代增量式开发的方法，首先把大型项目分解成小的子系统或者模块，然后对每个子系统或者模块按照 PSP2.1 所描述的过程进行开发，然后把这些子系统或者模块逐步集成形成完整的软件产品。增量式开发，使得在新一轮开发循环中，可以采用回归测试的方法，将工作重点放在验证增量的部分是否符合要求。

5.1.3 TSP

团队软件过程(Team Software Process, TSP)可用于指导进行软件产品开发的团队,其早期实践侧重于帮助软件开发团队改善其软件产品的质量和提升开发效率,以使其更好地满足控制成本和进度的目标。TSP 一般可用于 2~20 人规模的开发团队进行过程管理,最多可以满足约 150 人的开发团队进行多团队过程的管理。

在软件开发(或维护)的过程中,一般需要按照以下 7 条原则,设计一个 TSP 过程:

(1) 循序渐进的原则,在 PSP 的基础上设计出一个简单的过程框架,并逐步进行完善;

(2) 迭代开发的原则,采用增量式的迭代开发方法,通过循环迭代开发最终的软件产品;

(3) 质量优先的原则,为需要开发的软件产品,建立质量和性能的度量指标;

(4) 目标明确的原则,对开发团队及其成员的工作效果设计明确的度量指标;

(5) 定期评审的原则,在实施过程中,对过程及工作产品开展定期的评价;

(6) 过程规范的原则,对每一个项目定义明确的过程规范;

(7) 指令明确的原则,对实施过程中可能遇到的问题明确解决问题的流程。

软件开发团队按 TSP 进行开发、维护软件或提供相关服务,其质量可用两组元素分别来表达: 一组称之为开发团队素质度量元,用以度量开发团队的素质;另一组称之为软件过程质量度量元,用以度量软件过程的质量。

开发团队素质的基本度量元包括如下 5 项:

(1) 所撰写文档的页数;

(2) 所编写代码的行数;

(3) 各个开发阶段或各项开发任务上所花费的时间;

(4) 在各个开发阶段中注入的缺陷数量及改正的缺陷数量;

(5) 在各个开发阶段对最终软件产品增加的价值。

上述 5 个度量元主要是针对软件产品的开发过程,对于软件产品的维护或者提供其他相关服务,也可以参照进行定义。

软件过程质量的基本度量元可以参考如下进行设计:

(1) 软件设计的工作量应大于软件编码的工作量;

(2) 软件设计评审的工作量应占一半以上的软件设计工作量;

(3) 软件代码评审的工作量应占一半以上的软件代码编写的工作量;

(4) 每千行源代码在编译阶段发现的错误不应超过 10 个;

(5) 每千行源代码在测试阶段发现的缺陷不应超过 5 个。

CMMI、PSP 和 TSP 组成的软件过程框架可以用图 5-3 表示。

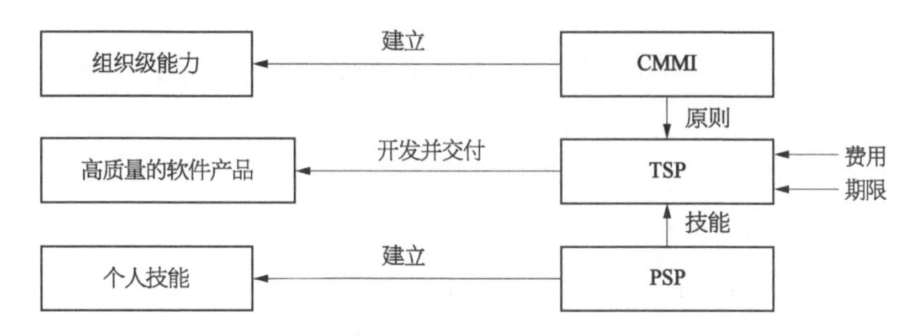

图 5-3　CMMI、PSP 和 TSP 组成的软件过程框架

5.1.4　6-Sigma

6-Sigma 是一种改善企业质量及流程管理的技术,它始终追求"零缺陷",并以此大幅度降低质量成本,最终实现提升财务成效及持续保持并提升企业竞争力的目标。

一般来讲,6-Sigma 包含以下三层含义。

(1) 定义了一种质量尺度,明确了追求的目标。

(2) 是一套科学的工具和管理方法,运用改善(DMAIC)或设计(DFSS)来进行流程的设计及改善。

DMAIC 分为五个阶段,分别是:定义(Define)、测量(Measure)、分析(Analyze)、改进(Improve)、控制(Control),如图 5-4 所示。这五个阶段的主要工作如下。

定义阶段:识别需要改进的产品或过程,确定实施这些改进所需要的资源。

测量阶段:明确缺陷的定义,收集产品或过程的当前表现作为改进的基准值,建立改进所想达成的目标。

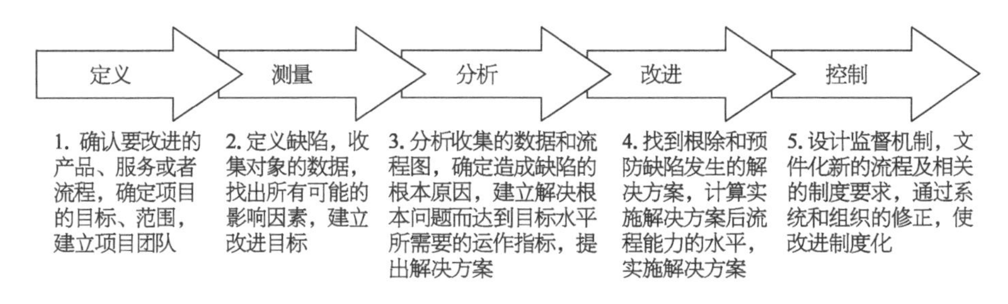

图 5-4 DMAIC 模式图

分析阶段：分析在测量阶段所收集到的数据，并按重要程度排列出一组影响质量的关键变量。

改进阶段：针对分析阶段的结果，确定并持续优化解决方案，并确认该解决方案能够满足或超过项目质量改进的目标。

控制阶段：在过程改进的实施进程中，持续监督实施效果，确保不会出现以往的问题或者返回到先前的状态。

DFSS(Design For Six Sigma，6-Sigma 流程设计)一般可被用于对企业现有流程的梳理和改善，比如用于新的软件产品和相关服务流程的设计、对原有流程的再造等。DFSS 有多种流程，目前还没有统一的模式，这里介绍 IDDOV 模式，即通过确认改进机会(Identify)、详细说明要求(Define)、进行构想(Develop)、优化设计(Optimize)、验证设计(Verify)五个阶段来实施。如图 5-5 所示。

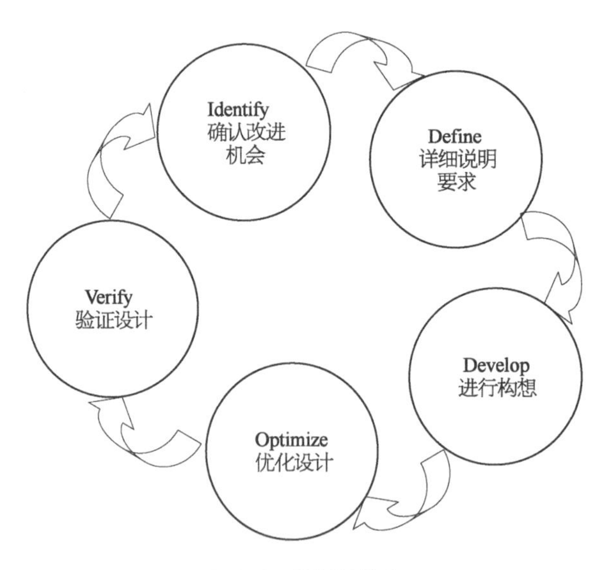

图 5-5 IDDOV 模式

（3）是一种经营管理策略。6 - Sigma 管理需要考虑的是在提升顾客满意程度的同时，持续降低成本和周期，是一种过程革新方法，它通过提升组织关键过程的运行质量，来改善组织的盈利能力，也是组织获得核心竞争力和持续发展能力的经营策略。

6 - Sigma 方法本源于制造业，在很多企业的过程管理、质量管理中取得了卓著的成效。当把 6 - Sigma 方法运用于软件行业时，主要通过建立度量体系、基线及模型，运用基线及模型来实现软件过程的量化管理和前瞻性预测；通过分析软件企业在量化管理过程中存在的问题，寻求可能的解决方案；通过运用 6 - Sigma 方法建立量化模型，有实践表明软件企业在运用 6 - Sigma 方法后可以大幅度提升软件的交付能力和开发效率，从而获得最大的经济效益，同时也能促使软件企业通过 CMMI 的高等级评估。

6 - Sigma 方法的重点是将所有的活动都看作是一种流程，采用量化的方法来分析流程中可能影响质量的因素，找出最关键的因素并加以改进从而达到提升客户满意度的目标。

6 - Sigma 方法通过建立服务行为、度量关系模型来达到改进服务质量的目的。对于建立服务行为，即根据最终期望达成的目标，分解并建立单一、细小、可重复的子行为所对应的度量体系，分析、识别其中的“不良行为”（即可能导致目标不能达成的行为）。建立度量关系模型，是通过模型预测并监控对于“不良行为”的改进，从而通过改进“不良行为”来达到改进服务质量的最终目的。软件产品的质量与整个开发团队都有密不可分的关系，这里的开发团队包括需求分析、设计、开发、测试、交付及项目管理的每个角色，所以 6 - Sigma 方法可以运用于这个开发团队的一系列“行为”或“子行为”，以消除影响软件开发质量的关键“行为”中的“不良行为”，从而统一为“稳定的良好行为”，这就是 6 - Sigma 方法在软件开发过程中的应用模式。在目前的软件企业中，越来越多的组织会选择像 CMMI、TSP、PSP、敏捷开发，甚至 ISO、ITIL 等一种或几种模型来制定企业内部的流程，正是这些标准流程，可以为 6 - Sigma 方法所要求的“稳定的良好行为”提供保障。

6 - Sigma 的方法及工具对于 PSP、TSP 的各个过程也可以提供良好的支持，如图 5 - 6 所示。

从图 5 - 6 中可以看出，软件企业通过 6 - Sigma 方法来收集、分析和利用 PSP、TSP 所产生的过程数据，用于组织级的过程改进；另一方面，软件企业也可以通过建立过程反馈信息用于个人级的过程改进。

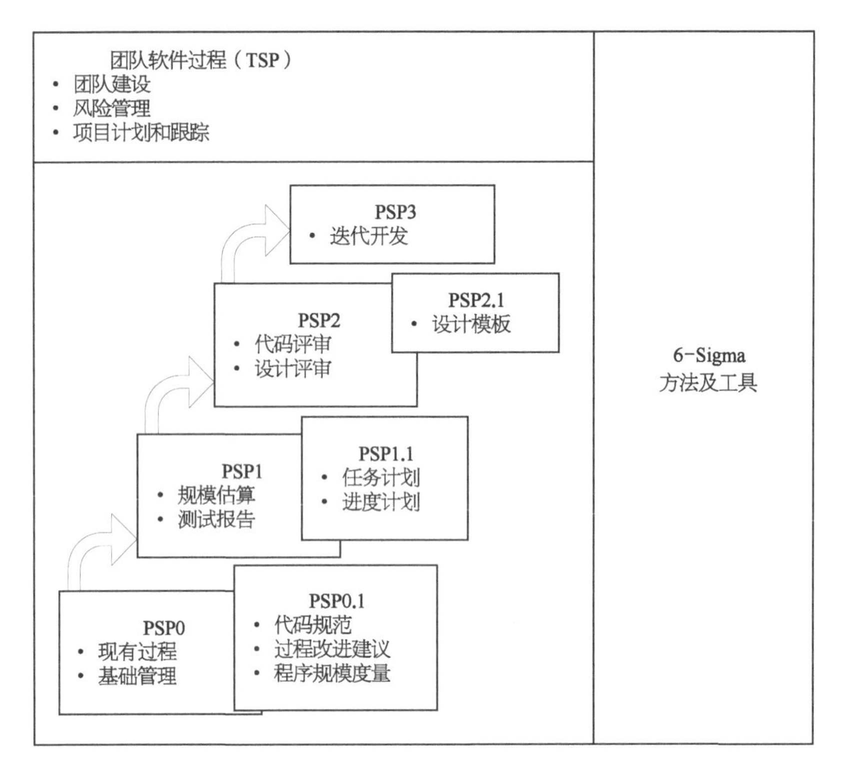

图 5-6 6-Sigma 对于 PSP/TSP 过程的支持

5.1.5 ISO 9001 质量管理体系

ISO 9001 是 ISO 9000 族标准所包括的质量管理体系核心标准之一。ISO 9000 族标准是国际标准化组织(ISO)在 1994 年提出的,是指由 ISO/TC 176(国际标准化组织质量管理和质量保证技术委员会)制定的国际标准。ISO 9001 用于证实组织具有提供满足顾客要求和适用法规要求的产品的能力,目的在于提升顾客满意度。随着市场经济的不断发展及国际化的需要,为了提高产品的信誉、减少重复检验、削弱和消除贸易技术壁垒、维护生产者、销售者、用户和消费者各方的权益,开始引入国际化的第三方认证,在不受各方利益影响的前提下,以公正、科学的方法,对产品和企业进行质量评价和监督;同时,也可以作为顾客对供方质量体系审核的依据;企业也可以在订购产品时用于对提供产品的组织进行技术能力的衡量。

ISO 9001 规范了软件的设计、开发、文档编制、测试验收、采购、培训服务等各个环节,有利于保证软件质量、提高产品竞争力。ISO 9001 对软件质量的保证作用可以体现在以下方面。

（1）正确性。这是软件质量最基本的要素，保证软件正确性的关键是供需双方对需求的一致理解。在设计开发过程中必须以需求为准，不能偏离需求；如果开发者在软件功能、性能上有所扩充，也不能与用户的基本需求相矛盾。在软件的测试、验收阶段，必须以需求为依据。

（2）维护性。软件的维护工作量是很大的，其中大多数更改是适应性更改（即因用户需求的改变或因外部环境的改变而进行的修改）。如果软件开发者在开发时将维护性作为一个重要的质量要素考虑，则交付的软件后续维护所花费的时间、人力、财力将大大减少，用户将在合理的时间甚至极短的时间内得到满意的软件。

（3）可移植性。这是一个对用户有利、对开发者也有利的质量要素。由于计算机硬件的发展突飞猛进，硬件平台从原来的单机扩展到小型机、大中型计算机，软件可移植性已经变得越来越重要。软件开发时应将可移植性作为一个重要的质量要素来考虑，这样才能适应硬件系统的不断升级，延长软件的使用寿命，减少用户因硬件系统的升级对软件的追加投入，从而提高软件的竞争力。

（4）可测试性。这是对软件开发者有利、极少有用户直接规定的质量要素。如果一个软件的需求描述得太差，其中很多内容都是模棱两可的，那么该软件就很难进行测试，对软件的正确性、交付时间都有很大影响，从而也影响到用户的利益。

（5）易用性。这是一个用户较为关心的质量要素。软件开发者在开发时除了考虑如何实现软件的功能，还应当选择一个让用户易学、易操作的接口。这就要求开发者多从使用者的角度思考问题，研究他们的工作习惯，尽量使用行业习惯用语，而不仅仅从技术出发。

（6）可靠性。这个质量要素通常不在需求中加以规定，但却是用户非常关心的一个质量要素。软件的可靠性质量要素，决定了软件开发企业能否持续生存发展下去，除了应当对软件进行充分测试以外，更应当在设计、开发等前期阶段的各项工作中对软件的可靠性加以充分的重视。

（7）完整性。一般的软件中，都会有免受未授权用户访问或入侵者篡改的要求，即对于非法的操作者应采取一定的防范措施，严禁其对数据库的读写，以保证数据的正确性和保密性。

（8）复用性。这是一个日趋重要的质量要素，对用户的意义不大，但是对开发者却意义重大。软件功能的重复开发，对人力、财力、时间都是极大的浪费；重用软件减少了重复开发，缩短了软件交付时间，且重用的软件都是经过充分测试、多次使用的，提高了软件的正确性。许多软件开发中采用的面对对象、继承、封装等设计思路，也是实现软件可复用的重要技术手段。

（9）互操作性。这是软件与其他系统互联操作的能力，这在数据共享的今天也显得尤为重要，因此在软件的设计、开发过程中都应充分考虑这部分需求的实现。

ISO 9000 相当于 CMMI 二级和三级的一部分内容。两者之间本身并没有优劣之分，CMMI 是一个动态的过程，对于项目估算、项目周期管理等 ISO 9000 涉及不够的内容，CMMI 均有所覆盖。

ISO 9000 和 CMMI 的主要区别见表 5－1。

表 5－1　ISO 9000 和 CMMI 的区别

比较项	ISO 9000	CMMI
来　源	通用的国际标准	美国军方评价软件供应商的质量水平的模型
适用性	适用于各类组织	适用于软件企业
定　义	建立了一个可接受水平	五个等级的评估工具
关注点	聚焦于供应商和用户之间的关系	关注软件的开发过程
认　证	经认可的认证中心可发证书	主任评估师报 SEI 认定后颁发证书
结　论	通过、不通过	五个等级

5.1.6　ISO/IEC 15504 及 ISO/IEC 33000

1998 年 SPICE（Software Process Improvement and Capability Determination）项目组织发布了国际标准 ISO/IEC 15504，用于组织进行自我能力的改造和进行软件供应商能力的评价。该标准包含了过程评估、过程改进和过程能力确认等指南和模型。

1998 年发布的 ISO/IEC 15504 TR（技术报告）由 9 部分组成，这是一个过程评估的框架，而不仅仅是一个过程评估模型，ISO/IEC 15504 TR 不具排他性，只要满足基本框架的要求，就可以与其他评估模型配合使用。

（1）ISO/IEC TR 15504－1：1998《信息技术　软件过程评估　第 1 部分：

概念和介绍性指南》。

（2）ISO/IEC TR 15504－2：1998《信息技术　软件过程评估　第 2 部分：过程和过程能力的参考模型》。

（3）ISO/IEC TR 15504－3：1998《信息技术　软件过程评估　第 3 部分：实施评估》。

（4）ISO/IEC TR 15504－4：1998《信息技术　软件过程评估　第 4 部分：实施和指标指南》。

（5）ISO/IEC TR 15504－5：1998《信息技术　软件过程评估　第 5 部分：过程评估模型》。

（6）ISO/IEC TR 15504－6：1998《信息技术　软件过程评估　第 6 部分：评估员资格指南》。

（7）ISO/IEC TR 15S04－7：1998《信息技术　软件过程评估　第 7 部分：用于过程改进指南》。

（8）ISO/IEC TR 15504－8：1998《信息技术　软件过程评估　第 8 部分：确定供应者过程能力应用指南》。

（9）ISO/IEC TR 15504－9：1998《信息技术　软件过程评估　第 9 部分：词汇》。

图 5－7 给出了 ISO/IEC TR 15504 各个组成部分的关系。

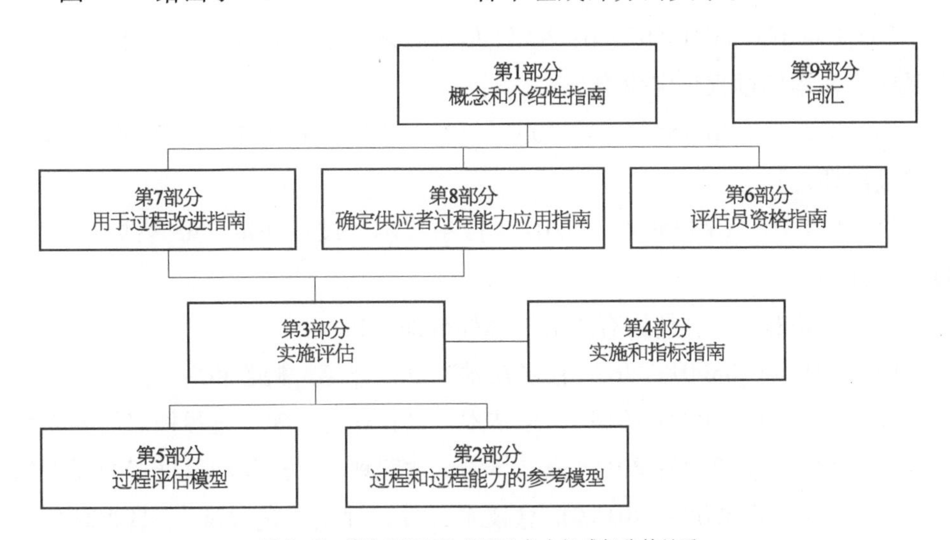

图 5－7　ISO/IEC TR 15504 各个组成部分的关系

在这 9 个组成部分中，15504－2 和 15504－3 最具关键作用的，15504－2 是应用软件过程评估和改进模型的基础，15504－3 规定了实施评估的要求。15504－2 中的模型设计为二维模型，即能力维和过程维。15504－2 中一共包括

29个过程，这些过程分为5组，即用户供应者过程（CUS）、工程过程（ENG）、支持过程（SUP）、管理过程（MAN）和组织过程（ORG）。对于每个过程，其过程能力的测定分为6个级，即不完全级（0）、已执行级（1）、已计划和跟踪级（2）、已建立级（3）、可预测级（4）、优化级（5）。

1998年ISO/IEC TR15504的9个文件发布后，SPICE组织继续大力推动试验，同时根据反馈信息，积极着手制定正式标准，经过6年努力，陆续发布了：

（1）ISO/IEC 15504－1：2004《信息技术 过程评定 第1部分：概念和词汇表》。

（2）ISO/IEC 15504－2：2003《信息技术 过程评定 第2部分：实施和评定》。

（3）ISO/IEC 15504－3：2004《信息技术 过程评定 第3部分：实施某评定的指南》。

（4）ISO/IEC 15504－4：2004《信息技术 过程评定 第4部分：过程改进和过程能力测定的应用指南》。

（5）ISO/IEC 15504－5：2006《信息技术 过程评定 第5部分：某样本过程评定模型》。

（6）ISO/IEC TR 15504－6：2008《信息技术 过程评定 第6部分：某样本系统生命周期过程评定模型》。

（7）ISO/IEC TR 15504－7：2008《信息技术 过程评定 第7部分：组织成熟度的评定》。

（8）ISO/IEC TS 15504－9：2011《信息技术 过程评定 第9部分：目标过程文件集》。

现行有效的与过程评定有关的国际标准如下：

（1）ISO/IEC 33001：2015《信息技术 过程评定 概念和术语》。

（2）ISO/IEC 33002：2015《信息技术 过程评定 实施过程评定的要求》。

（3）ISO/IEC 33003：2015《信息技术 过程评定 过程测量框架的要求》。

（4）ISO/IEC 33004：2015《信息技术 过程评定 过程参考、过程评定与成熟度模型的要求》。

（5）ISO/IEC 33014：2013《信息技术 过程评定 过程改进指南》。

（6）ISO/IEC TR 33015：2019《信息技术 过程评定 过程风险确定指南》。

(7) ISO/IEC TR 33018：2019《信息技术　过程评定　评定者能力指南》。

(8) ISO/IEC 33020：2019《信息技术　过程评定　过程能力评定过程测量框架》。

(9) ISO/IEC TS 33030：2017《信息技术　过程评定　某样本文件化评定过程》。

(10) ISO/IEC TS 33053：2019《信息技术　过程评定　质量管理的过程参考模型(PRM)》。

(11) ISO/IEC 33063：2015《信息技术　过程评定　软件测试的过程评定模型》。

(12) ISO/IEC 33071：2016《信息技术　过程评定　用于企业过程的集成过程能力评定模型》。

(13) ISO/IEC TS 33072：2016《信息技术　过程评定　信息安全管理的过程能力评定模型》。

(14) ISO/IEC TS 33073：2017《信息技术　过程评定　质量管理的过程能力评定模型》。

(15) ISO/IEC 15504 -5：2012《信息技术　过程评定　第 5 部分：某样本软件生命周期过程评定模型》。

(16) ISO/IEC 15504 -6：2013《信息技术　过程评定　第 6 部分：某样本系统生命周期过程评定模型》。

(17) ISO/IEC TS 15504 -8：2012《信息技术　过程评定　第 8 部分：IT 服务管理用某样本过程评定模型》。

(18) ISO/IEC TS 15504 -10：2011《信息技术　过程评定　第 10 部分：安全扩展》。

ISO/IEC TS 33073：2017 提供了一个质量管理过程评估模型(PAM),用于根据 ISO/IEC 33002 的要求对过程能力进行一致性评估。其机构符合 ISO/IEC 33004 的要求,以反映实现 ISO 9001 的过程。评定过程能力实现程序的量表基于 ISO/IEC 33020,之间的关系图如图 5 -8 所示。

图 5 -9 给出了 ISO/IEC 33004：2015 中的定义的过程评估模型关系。过程评估模型与一个或多个过程参考模型相关,它是收集证据和评定过程质量特性的基础。过程评估模型提供了过程质量特性的二维视图：其中一个维度描述了相关参考模型中定义的一组过程,这被称为过程维度。另一个维度,过程评估模型描述了所选过程度量框架中定义的过程属性和过程质量水平,这被定义为

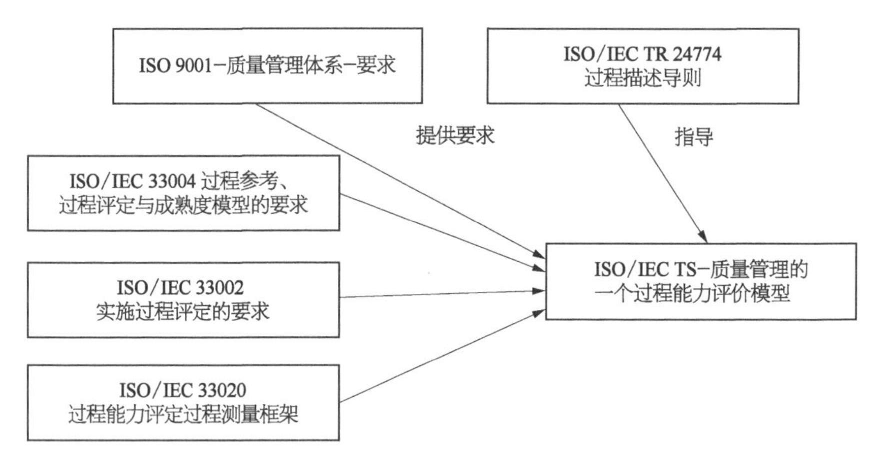

图 5-8 相关标准之间的关系

过程质量维度。成熟度模型是从一个或多个特定的过程评估模型派生出来的，该模型确定了与组织过程成熟度等级中每个等级相关联的过程集，并与组织实现特定过程质量特性的最高等级的能力增长相关。

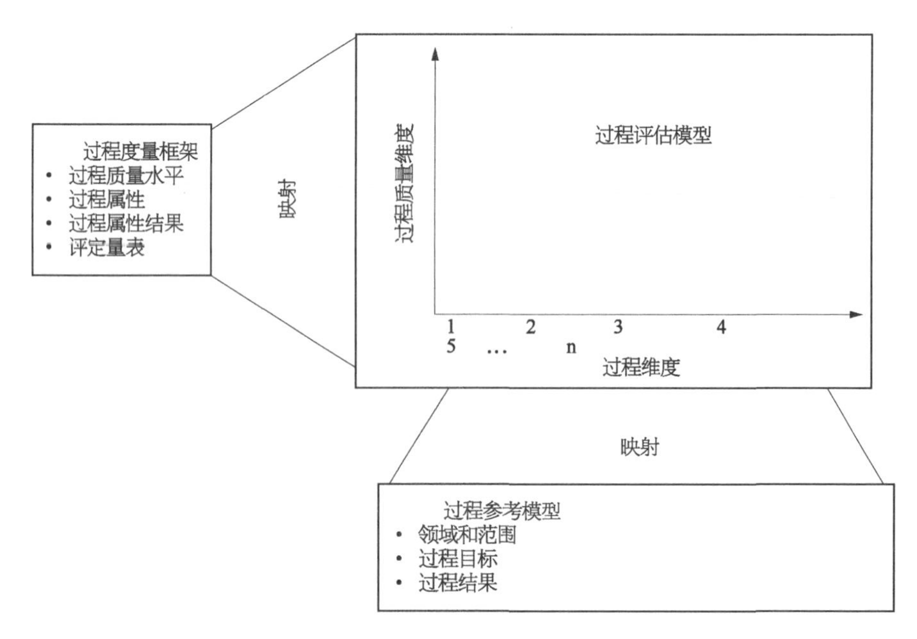

图 5-9 过程评估模型关系图

过程评估的目的是了解和评估组织实施的过程，图 5-10 给出了 ISO/IEC 33002：2015 中定义的过程评估过程中的关键要素。评估的主要活动包括：策划评估、收集数据、验证数据、确定结果、报告评估结果。

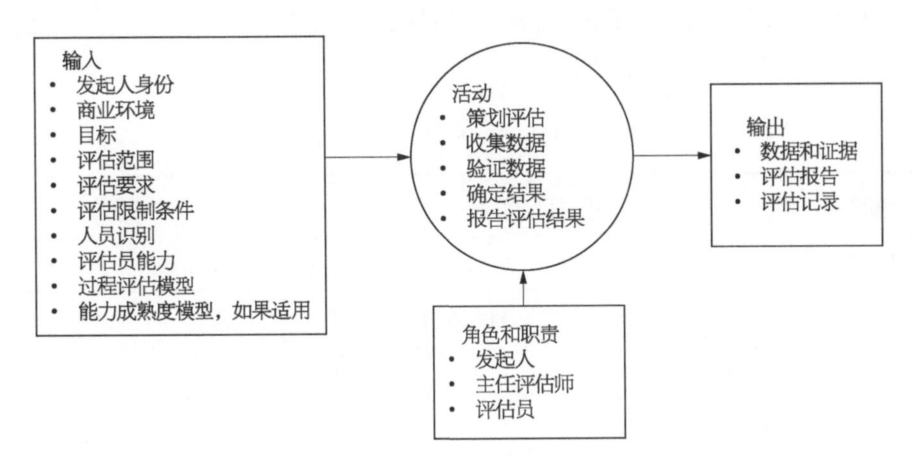

图 5－10　过程评估过程的关键要素

ISO/IEC 33020：2019 给出了能力等级和过程属性的关系，见表 5－2。

表 5－2　ISO/IEC 33020：2019 能力等级描述

能力等级	能力等级描述	过程属性
等级 0 未完成	通常不能实现过程的目标。过程的执行很少能有工作产品，或者这些工作产品很难被确认	—
等级 1 已执行	过程的目标往往能实现，过程的执行可能没有被严格地计划和跟踪，组织中的个人意识到某项活动必须执行，也存在着对何时及如何完成这项活动的一致看法，过程的执行有可确认的工作产品，这些工作产品证明了目标的实现	过程性能属性
等级 2 已管理	过程按照既定的程序开发出工作产品，开发工作是有计划并且被跟踪的，工作产品符合给定的标准和要求	性能管理属性 工作产品管理属性
等级 3 已制定	过程的执行和管理建立在基于良好的软件工程原理的基础上，且遵循已定义的过程，单个过程的执行使用已被文件化的标准过程库的一个剪裁后的版本，建立已定义的过程所必需的资源也都已经具备	过程定义属性 过程资源属性
等级 4 可预测	定义的过程在定义的控制区间内为达到预期的目标而一致地被执行，收集合分析与性能相关的指标数据，这是对过程能力的定量分析，并在预测和管理能力上需要进一步的提高，性能被量化管理，且工作产品的质量也已量化	过程测量属性 过程控制属性
等级 5 优化级	过程的性能持续地被优化用以满足当前和未来的业务需要，过程能够重复地被执行用以满足确定的业务目标，建立了基于组织业务目标的性能的量化目标，通过获得量化的数据持续地按照目标监控过程的实施，并对结果进行分析来实现过程改进，优化过程包括引入创新性的想法和技术革新，优化低效率的过程来满足确定的目标	过程变化属性 持续改进属性

表 5－3 从结论、覆盖范围、目标、实用性、评价方法、结构、适用范围给出了 ISO/IEC 15504 与 CMMI 的比较。

表 5－3　ISO/IEC 15504 与 CMMI 的比较

比较项	ISO/IE 15504	CMMI
结　论	分级形式(0～5 级)	分级形式(1～5 级)
覆盖范围	扩大到了软件开发以外的部分，将顾客的服务过程(包括顾客需求的启发、安装、操作支持、维护等)也纳入了评价体系	主要集中于软件开发的内部过程
目　标	提高每个过程的能力	提高整个组织的过程能力
实用性	提供了一个对过程能力进行评价的方法，而没有给出具体的指导	通过关键实践指导组织的过程能力进行持续的改进
评价方法	在每个过程中进行数据的采集和分析，对每个特定过程的过程能力属性进行评价，采用四级评价标准分别是：完全达到、大部分达到、部分达到、未达到	在项目层面对性能指标进行数据采集和分析，用以评价组织的软件过程能力，采用两级评价标准，即：达到、未达到，评价的是软件过程的成熟度等级
结　构	采用连续性模型，分别定义了过程维和过程能力维，模型评价是对单个过程的能力进行评价，而不是对整个组织的能力进行评价，每个过程可以随着不断改进而不断提高能力等级。一个过程可以与另一个过程具有不同的过程能力等级	采用阶段性模型，为了达到一个等级，组织需要满足该等级上的所有关键实践目标，不可能跨越某一个或多个等级
适用范围	组织用以进行软件过程能力评价和比较的标准	组织用以软件过程改进的指导

5.2　质量保证内容

通常的质量保证体系，可以结合自身的需求，参考相关的质量保证体系标准来建立。一般可以分为组织级别的质量保证和项目级别的质量保证。组织级别的质量保证，主要是在组织层面成立信息化项目质量保证委员会，通常应由高层领导参与；建立信息化项目质量保证体系；建立各项规程文件；建立信息化项目文档模板；建立质量保证交付物模板。项目级别的质量保证，则是成立项目质量保证组，参考合同、标书等文件，制定质量目标；确定项目的里程碑和重要的任务节点；确定项目实施单位、质量保证组等各相关方的职责。

质量保证的活动通常可以包括文档评审、风险管理、需求跟踪、质量保证

(Quality Assurance, QA)测试、任务跟踪、配置管理、代码规范检查、过程审计、项目度量,其中有些活动是在特定阶段开展的,有些活动则是贯穿于整个生命周期的。图 5－11 给出了软件全生命周期中主要的质量保证活动内容。

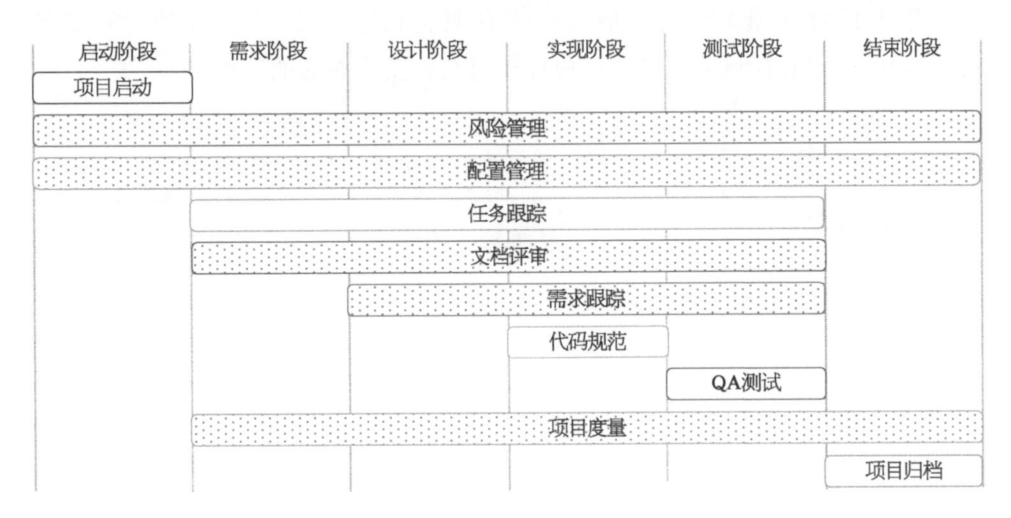

图 5－11　质量保证活动

本章节将主要从贯穿整个生命周期的质量保证活动进行介绍,包括文档评审、风险管理、需求跟踪、配置管理、项目度量。

5.3　文档评审

项目质量保证的一个重要手段是评审,通常评审可以分为管理类评审和技术类评审,由于目的不同,所以评审的流程、参与的人员、进入与退出的准则也会有所不同。管理类评审主要是识别管理的问题,并对管理决策进行评审;技术类评审主要是识别技术类问题,解决技术问题,进行技术决策的评审。

不管是哪种评审,都会涉及对文档的评审。而通常文档评审可分为专家评审法和会议评审法。

一般在项目各阶段需要对项目文档进行质量控制时,宜采用专家评审法,质量保证人员通过评审得到文档中包含的缺陷,给出文档评审反馈表,并要求开发方进行进一步修正。

而在项目里程碑节点上需要确定基线文档时,则宜进行正式的会议评审,质量保证人员对通过会议评审的文档出具评审报告,开发方则将该文档作为基线文档。

5.3.1 专家评审

专家评审法(图 5-12)一般由 4~8 位具备相应开发经验的专家对开发方提交的开发文档进行评审,并由一位评审组组长安排相应的工作。

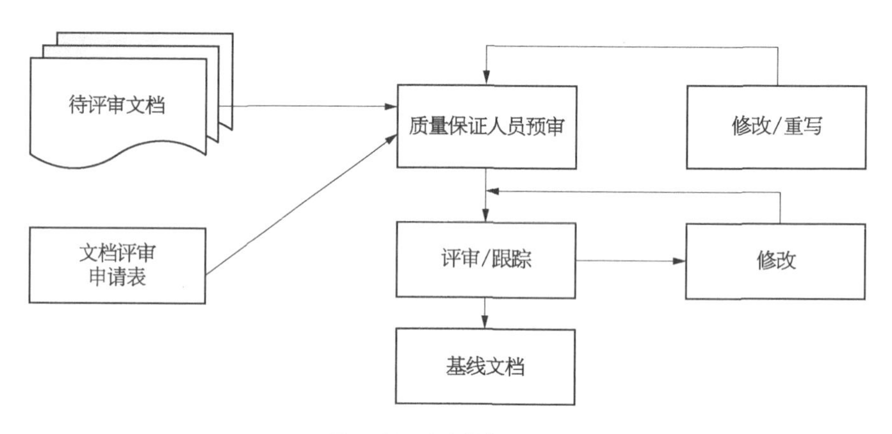

图 5-12 专家评审流程图

专家评审的流程如下:

评审前开发方应准备好相应的待评文档,并填写文档评审申请。

质量保证人员进行预审,同时由评审组长判断是否已满足评审的进入标准,若不满足,则要求开发方重写文档。

质量保证人员组织对文档的正式评审,由评审组长进行任务分配,确保每份文档均由两位及以上专家进行评审。

评审组长整理文档缺陷记录,填写文档评审反馈表,并交由开发方进行文档修改。

质量保证人员跟踪开发方文档修改情况,并可进行再次评审。

由评审组长判断是否已满足评审的退出标准,通过评审的文档可作为开发的基线文档。

5.3.2 会议评审

会议评审一般针对已进行过专家评审的文档,并准备作为基线文档时进行的一种文档评审方法。

会议评审一般由质量保证人员邀请 5 位及以上专家参加会议,同时甲方也可指定专家参会。会议对待评文档进行评审,对于通过评审的文档,出具相应的评审报告。

会议评审的流程如下,如图 5-13 所示。

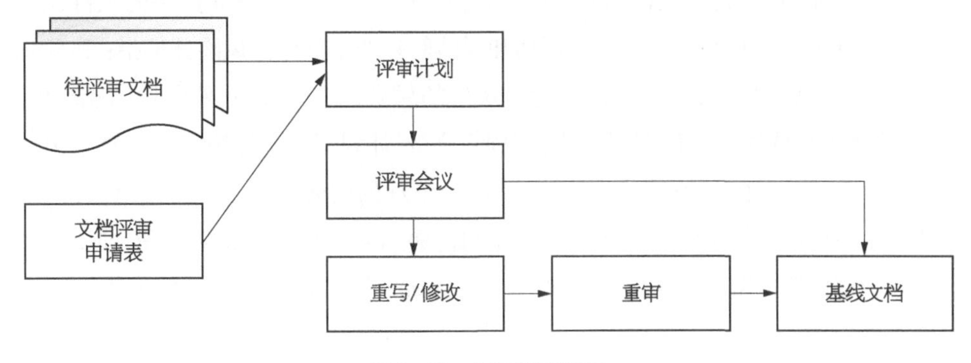

图 5-13　会议评审流程图

评审前开发方应准备好相应的待评文档,并填写文档评审申请。

质量保证人员进行评审活动的策划,邀请相关专业领域的专家参加评审会议。

进行审查会议,将文档交给每位评审人员;每位评审人员检查文档可能出现的错误,并提出问题。

开发方针对评审会上提出的问题进行文档修改。

质量保证人员对修改后的文档进行重审,若通过评审,则出具评审报告。

将该文档作为基线文档。

5.4　风险管理

随着软件功能越来越多、系统越来越复杂,影响软件质量的因素也就越来越多,软件质量的不确定性也在不断地增加。因此,在事前控制中借助于风险管理的思维,对软件开发过程中的各种影响因素及其不确定性进行事前的分析和监控,是进一步提高软件质量、降低开发和使用成本的有效手段之一。

ISO 9000—2015《质量管理体系　基础和术语》中给出了有关风险的定义,即:风险是针对预期结果的不确定性的影响。ISO 9001—2015《质量管理体系　要求》引言中更是直接引入了基于风险的方法的概念。其实,ISO 9001 标准在上一个版本,即 2008 版就已经包含了基于风险的方法,而 2015 版将基于风险的方法表述得更加明确,并将其融入了质量管理体系的建立、实施、维护和持续改进的要求中。

风险本身其实是客观存在的，人们只能在一定的范围内通过改变风险形成和发展的条件，来降低风险发生的概率、减轻风险发生所产生的不利影响，但是大多数情况下是很难彻底消除风险的，因此风险管理就显得尤为重要。

目前风险管理方法中比较成熟的是美国卡内基梅隆大学SEI构建的软件质量风险管理体系。该体系包括：风险评估和风险管控两个部分。风险评估指：风险识别与应对，可以依据此来管控风险发生所产生的后果，从而降低软件质量的风险值。因此，该体系将软件风险管理划分为：识别、分析、计划、跟踪、控制五个步骤。风险管理的方式是连续循环的，其核心要义是风险管理的沟通与交流，即在软件开发及其软件生命周期的各个阶段都要通过不断的沟通和交流来关注风险管理，即所谓持续风险管理框架模型（Continuous Risk Management, CRM），如图5－14所示。

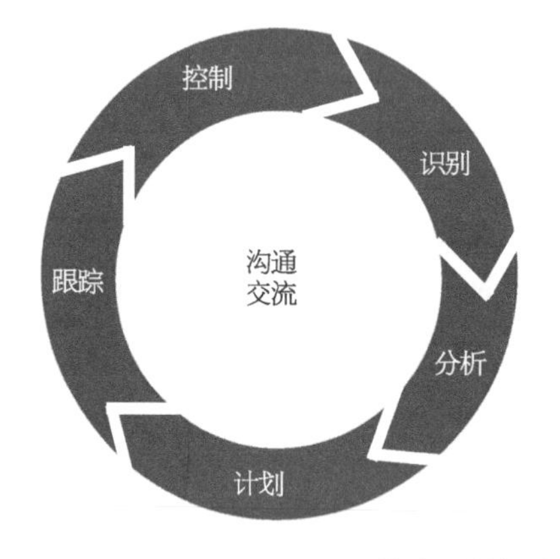

图5－14　持续风险管理框架模型

通常情况下，我们会采用简化的风险管理框架模型，即包括四个阶段：风险识别、风险分析、风险应对、风险监控，如图5－15所示。在风险管理过程中，我们就按这四个阶段进行风险管理活动的介绍。

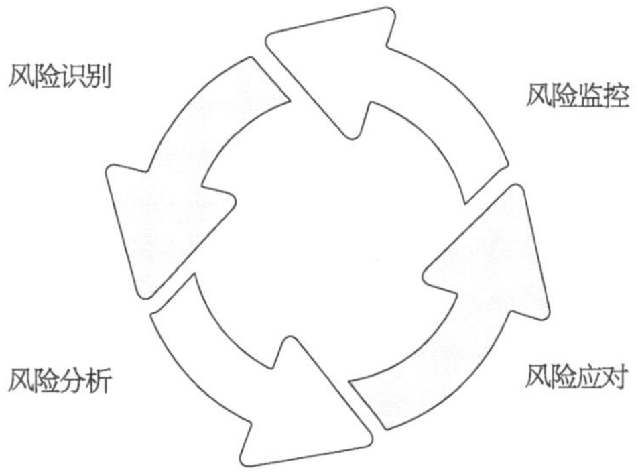

风险识别
风险监控
风险分析
风险应对

图5－15　风险管理过程

5.4.1　风险管理规划

风险管理规划是指运用全面、协调一致的策略和方法，形成能指导后续开展风险管理活动的文件的过程。可见，项目风险管理规划对整个项目风险管理具有战略性的指导作用，其结果确定了项目组织的风险管理活动的全过程将如何开展。人们在进行项目风险管理时需要先编制一个计划，而这个编制计划的过程就是项目风险管理规划，它是开展项目风险管理的第一步。项目风险管理规划会随着项目的进展和风险管理的深入不断地更新和完善。一般来说，项目风险管理规划文件主要包括以下内容：① 方法描述，② 任务和职责描述，③ 风险管理预算描述，④ 风险管理时间安排描述，⑤ 风险类别描述，⑥ 风险发生概率标度及风险影响标度描述，⑦ 风险容忍水平描述。

5.4.2　风险管理过程

5.4.2.1　风险识别

风险识别的目的在于通过识别发现项目实施过程中存在的风险因素，发现风险和风险来源，这是软件质量开展风险管理的基础。

风险识别的方法包括：文件审查法、头脑风暴法、Delphi 法、访谈法及风险检查表法等。在该阶段输出风险控制列表，记录风险名称、来源、类别等信息。

风险识别是贯穿于项目实施全过程的项目风险管理工作，并非只是在项目开始时才需要开展风险识别。风险识别活动主要包括如下几方面内容：① 识别并确定项目有哪些潜在的风险；② 识别引起这些风险的主要因素；③ 识别项目风险可能引起的后果。

常见的风险分类如图 5 - 16 所示。

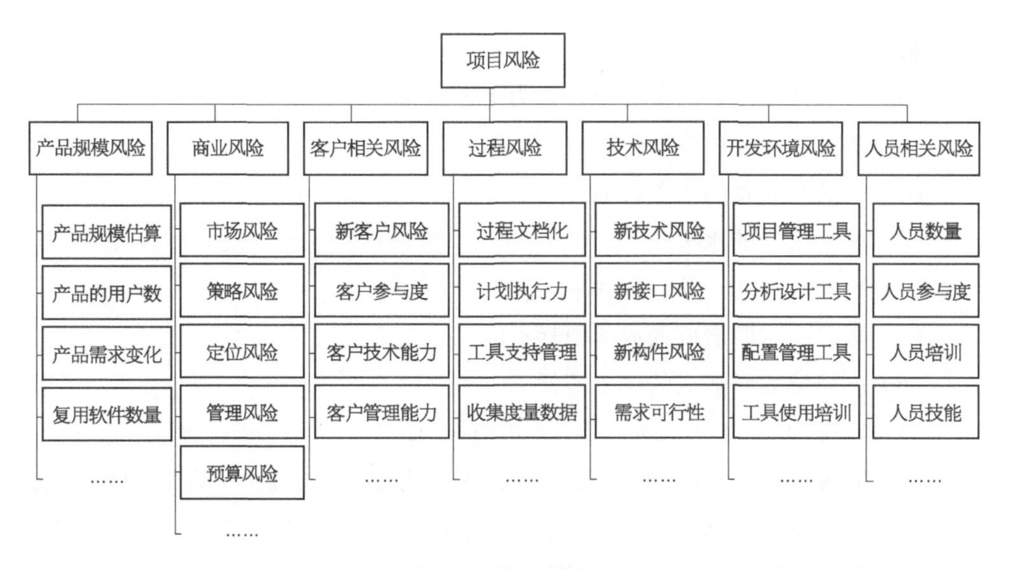

图 5 - 16　常见风险分类

1）产品规模风险（Product Scale Risk，PS）

项目的风险与产品的规模直接成正比，比如：

（1）是否以代码行（Lines of Code，LOC）或者功能点（Function Point，FP）来估算产品的规模；

（2）对于估算出的产品规模的可信度如何；

（3）是否以程序、文件或事务处理的数量来估算产品规模；

（4）产品规模与以往产品的规模的平均值的偏差百分比是多少；

（5）产品创建或使用的数据库大小如何；

（6）产品的用户数有多少；

（7）产品的需求改变多少，交付之前有多少，交付之后有多少；

（8）复用的软件有多少。

2）商业风险（Business Risk，BU）

商业风险会威胁到要需要开发的软件的生存能力，因此常常也会危害项目或产品本身。

五个主要的商业风险是：

（1）开发了一个没有真正需求，即没有人真正需要的优秀产品或系统（市场风险）；

（2）开发的产品不再符合企业的整体商业策略（策略风险）；

（3）开发了一个销售部门不知道如何去卖的产品（定位风险）；

（4）由于重点的转移或者人员的变动而失去了高层对于产品开发的支持（管理风险）；

（5）没有得到足够的预算或者人力上的保证（预算风险）。

其他常见的商业风险还包括：

（1）产品对公司的收入影响；

（2）最终用户的水平；

（3）政府对本产品开发的约束；

（4）延迟交付所造成的成本消耗；

（5）产品缺陷所造成的成本消耗。

3）客户相关风险（Customer Related Risk，CU）

客户的需要各不相同，有些客户知道他们需要什么，而另一些客户根本就说不清楚他们需要什么，只能描述什么是他们所不需要的；有些客户希望对需求进行详细的讨论，而另一些客户则满足于模糊的承诺。客户本身也有不同的个性；客户跟供应商之间的沟通方式也各式各样。一个“不好的”客户可能会对一个软件项目团队能否在预算内完成项目产生极大的影响，因此需要识别与客户有关的风险，常见的风险举例如下：

（1）以前是否与这个客户合作过；

（2）该客户是否很清楚需要什么；

（3）该客户是否愿意花时间召开正式的需求沟通会议，以明确项目范围；

（4）该客户是否愿意参加评审工作；

（5）该客户是否在该业务领域具备一定的技术能力；

（6）该客户是否了解软件过程。

4）过程风险（Process Risk，PR）

如果一个软件过程定义得不清晰；如果分析、设计、编码、测试以无序的方式进行；如果质量是每个人都认为很重要的概念，但是没有人切实采取行动来保障它，那么这个项目就处于风险之中，这里所产生的风险就是过程风险。

常见的过程风险举例如下：

（1）项目团队是否已经拟定了一份文件化的、可用于本项目开发的软件过程文档；

（2）开发人员是否能主动（即尽可能在无监督的情况下）按照文件化的软件过程实施开发工作；

（3）管理层和项目组成员是否接受过相关的软件工程培训，比如需求、设计、编码、测试等；

（4）是否定期对需求、设计、编码开展正式的技术评审活动；

（5）是否定期对测试方案、测试用例及测试结果进行评审；

（6）是否使用配置管理来保持需求、设计、编码、测试用例之间的一致性；

（7）是否有制度管理用户需求的变化及其对软件的影响；

（8）对于每个分包的任务，是否有文档化的项目计划、需求，是否有流程保证对分包任务的跟踪，并按流程监督分包商的工作情况；

（9）是否定义及使用编码规范；

（10）是否使用特定的方法进行需求分析、系统设计、测试用例设计；

（11）是否使用配置管理工具管理和跟踪软件产品及相关文档的演化；

（12）是否使用工具来开发软件原型；

（13）是否使用工具支持测试过程；

（14）是否使用工具支持文档的生成，并管理其变化；

（15）是否收集软件项目的质量度量数据、生产效率度量数据等。

5）技术风险（Technical Risk，TE）

技术风险是指与系统设计、代码实现、接口开发、软件验证和维护有关的风险。规约的二义性、陈旧的技术、“过于先进”的技术及技术的不确定性，这些也都是技术风险的因素。技术风险会直接威胁软件的质量及交付周期。如果技术风险变成现实，那么软件开发工作可能会变得非常困难甚至是不可能。

技术风险举例如下：

（1）该技术对公司而言是否是新的；

（2）待开发的软件是否需要使用未经证实的或者是未使用过的硬件接口；

（3）待开发的软件是否需要与未经证实的或者是从未使用过的软件产品接口；

（4）待开发的软件是否需要与功能和性能均未在本业务领域得到过证实的数据库系统接口；

（5）软件的需求中是否要求开发某些组件，其与企业以往开发的组件完全不同；

（6）软件的需求中是否要求采用未使用过的分析、设计、测试方法；

（7）需求中是否有超出常规的对产品性能的约束；

（8）客户能否确定所要求实现的功能确实是可行的。

6）开发环境风险（Development Environment Risk，DE）

软件工程环境是支持项目团队开展工作、开发过程得以实施、开发获得软件产品所必不可少的依赖。如果软件工程环境存在缺陷，它就有可能成为重要的风险源，这就是开发环境风险。开发环境风险举例如下：

（1）是否有可用的项目管理工具；

（2）是否有可用的分析、设计工具；

（3）是否有可用的测试工具；

（4）是否有可用的软件配置管理工具；

（5）项目团队成员是否都接受过所需使用工具的培训；

（6）工具的使用方面，是否有技术支持；

（7）工具的联机帮助及文档是否足够支持工具的使用。

7）与人员数量和经验有关的风险（Risk Related to the Number and Experience of Staffs，ST）

与人员数量和经验有关的风险也有可能会影响项目的质量及交付，相关风险举例如下：

（1）是否有足够的人员可用；

（2）人员是否在整个项目实施周期中都可以参与项目工作；

（3）是否有一些项目组成员只能部分时间参与项目工作；

（4）项目组成员是否对自己的工作有着正确的理解和期望；

（5）项目组成员是否接受过实施项目工作所必需的培训；

（6）项目组成员的流动是否仍能保证项目工作的连续性；

（7）项目组成员在技术上是否能满足项目工作的需要。

5.4.2.2　风险分析

风险分析的目的在于逐一分析项目过程中识别出来的各风险因素可能的影响程度、范围及风险可能的发生频率，并据此对各风险因素进行优先级排序，确定最严重的风险。

该阶段需要对每个风险的影响进行确定，风险的影响可由如下公式计算：

风险值＝风险发生的概率等级×风险产生的影响等级

风险发生的概率等级和风险产生的影响等级取值可为 1～5 之间，等级 1 为发生概率最小或影响最小，等级 5 为发生概率最大或影响最大。

风险发生的概率等级和风险产生的影响等级可由项目组成员主观判别，或依据以往项目经验来给出具体的取值。

对识别出的每个风险都可以计算出风险值，然后按照风险值对风险进行优先级排序。

表 5－4 给出了一个风险等级和概率等级影响矩阵。

表 5－4　风险等级和概率等级影响矩阵

概率等级 / 影响等级	1	2	3	4	5
5	5	10	15	20	25
4	4	8	12	16	20
3	3	6	9	12	15
2	2	4	6	8	10
1	1	2	3	4	5

组织可以对低风险、中等风险与高风险的临界值进行定义，表 5－5 中的示例给出 1～7 为低风险；8～14 为中等风险；15～25 为高风险。

表 5-5 项目风险评估示例

风　　险	类　别	概率等级	影响等级	风险值
规模估算可能非常低	PS	3	3	9
用户数量大大超出计划	PS	2	2	4
复用程度低于计划	PS	3	3	9
交付期限将要求提前	BU	2	4	8
资金将会流失	CU	2	5	10
用户将改变需求	CU	5	4	20
技术达不到预期的效果	TE	1	5	5
缺少对工具的培训	DE	5	2	10
人员缺乏经验	ST	1	3	3
人员流动频繁	ST	3	5	15

根据风险值,可以完成风险排序,对高风险值的风险采取相应的应对措施。

5.4.2.3 风险应对

风险应对就是针对已经识别出且做了分析的风险,提出处置意见和办法以应对风险的过程,即根据风险分析的结果,对一旦发生危害严重且出现概率高的风险,制定风险应对计划的过程。

风险应对的方法可以概括如图 5-17 所示。

比如对于人员的频繁流动,被识别为一个项目风险,基于以往的历史和管理经验,可以给出人员流动的概率等级为 3(取值 1~5,从低到高),而预测该风险一旦出现,对于项目成本和进度有严重的影响,那么影响等级为 5(取值 1~5,从轻微到严重)。为了应对该风险,项目管理层需要建立一个策略来降低人员的流动,可以采取的策略如下:

(1) 与现有项目组成员一起探讨人员流动的原因,是否是因为恶劣的工作条件、过于低的薪酬、内部的激烈竞争;

(2) 在项目开始之前,采取一些行动用以缓解那些在管理范围内可以消除或者减缓的原因;

(3) 一旦项目启动,假设会发生人员流动,那么采取一些技术手段以确保当有项目组成员离开时,项目工作的连续性;

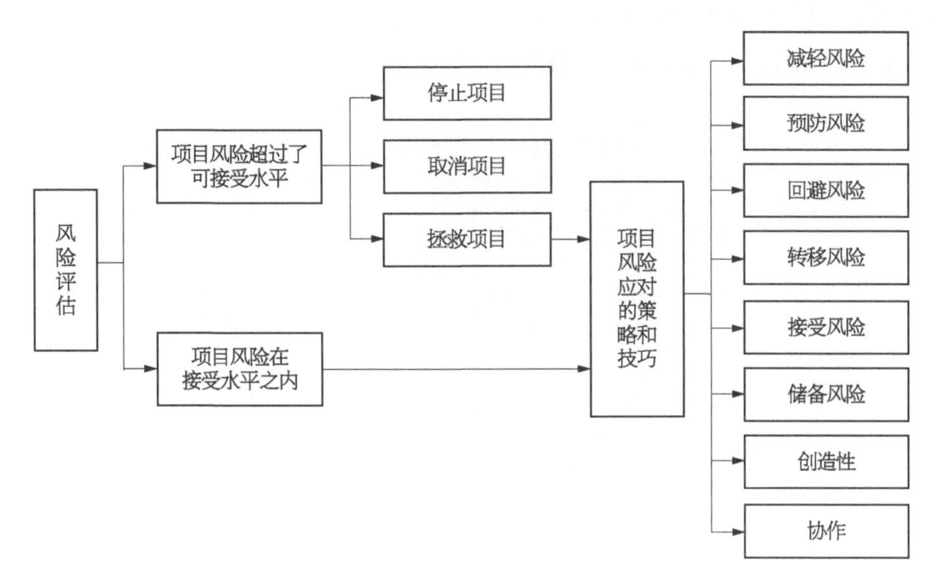

图 5－17　项目风险应对的方法

（4）对项目进行有序的组织，使得每一个开发活动的信息能被有效地交流；

（5）定义文档编写的标准，建立相应的管理机制，以确保文档能及时产生；

（6）对所有项目的工作产品进行评审，使得不止一个人熟悉某项工作；

（7）对于每一个关键的技术人员都指定至少一个备岗人员，或者至少有一个其他人员对该项关键技术同时有了解。

5.4.2.4　风险监控

风险监控是指根据项目的风险管理计划，对项目实施过程中的风险事件进行风险控制的活动。风险监控的主要内容，包括跟踪已识别出的风险、审视清单中的风险，重新分析现有的风险，监控应急计划的触发条件，检测残余的风险，审查风险应对策略的实施并评估其效果。

进行风险监控是为了达到如下目的：

（1）将风险管理策略和应对措施的实际实施效果与事先预想的效果进行比较，以评价管理策略和应对措施的有效性；

（2）寻找改善和细化风险规避计划的机会，获取反馈信息，以便将来拟定的策略和应对措施更加符合实际情况。

风险监控就是跟踪风险应对策略的处置效果，以及时发现新出现的风险，也包括发现随着时间的推移而发生变化的风险，然后及时反馈给管理层，并根据其对项目的影响程度，重新进行风险规划、识别、分析和应对，同时对每一项风险事件制定判断依据和成败标准。

图 5-18 给出了项目风险监控的流程。

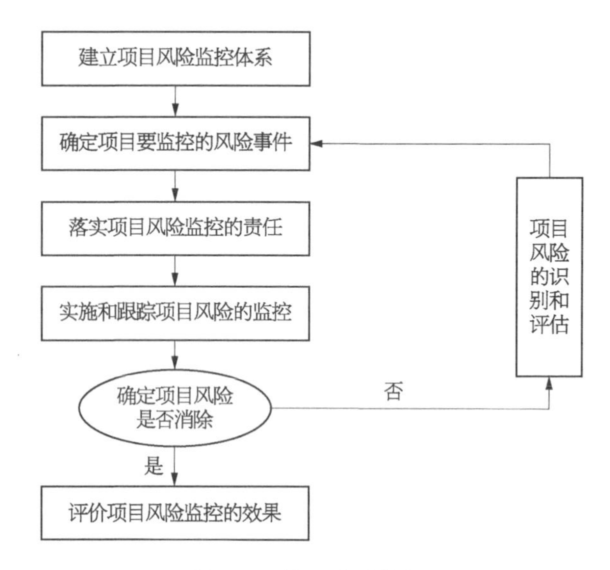

图 5-18 项目风险监控流程

举例来说,随着项目的进展,风险监控活动就开始实施。项目管理层会监控某些因素,这些因素可以对正在变高或变低的风险给出指示效果。在之前的示例中,应该监控如下因素:

(1) 项目组成员对项目实施过程中的压力的态度;

(2) 项目组的凝聚力;

(3) 项目组成员彼此之间的关系;

(4) 与薪酬和利益相关的潜在问题;

(5) 在公司内其他部门及公司外工作的可能性。

除了监控上述因素之外,项目管理层还应该监控风险应对措施的实施效果。上例中,要求"定义文档编写的标准,建立相应的管理机制,以确保文档能及时产生"。如果有关键的人员离开了项目团队,这会影响工作的连续性。项目管理层应仔细监控这些文档的产生,一方面保证文档内容的正确性,另一方面当有新成员加入该项目团队时,能为他们开展项目工作提供必要的信息。

风险管理过程中,意外事件计划是当风险应对计划的实施已经失败,导致风险变成了现实所需要采取的行动。继续之前的示例,假定项目正在进行中,有一些人宣布将要离开项目团队。那么按照应对策略执行,则有备岗人员可用,因为信息已经文档化,有关知识已经在项目组中进行了有效的交流。此外,项目管理层还可以暂时重新将资源调整到那些更需要人的地方去，并调整项目进度计划，从而使新加入项目团队的成员能够“赶上进度”。同时，要求那些离开的人员尽快停止工作，进入“知识交接模式”。

风险管理及意外事件计划将导致额外的项目支出，经验表明，软件项目的风险管理也符合“二八原则”，即整个软件风险的 80%（可能导致项目失败的 80%潜在的因素）能够由仅仅 20%的已知风险来说明，早期的风险分析所开展的工作能够帮助管理层确定哪些风险是所说的 20%。

图 5－19 给出了整个风险管理流程的流程图。

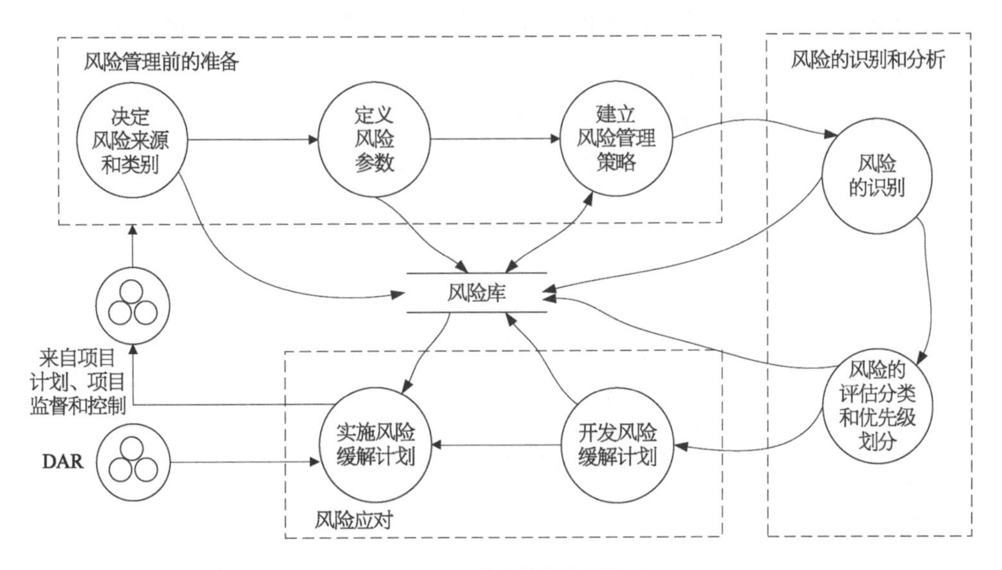

图 5－19 风险管理流程图

风险不仅限于软件项目本身，在软件交付客户之后，仍有可能发生风险。

由于人的错误所引起的微小的设计缺陷，在使用软件时会变得难以发现，那么潜在的风险也就会一直存在。

软件的风险分析是属于软件质量保证活动之一，它主要是用来标识和评估可能对软件产生负面影响并使整个系统失败的潜在风险。如果能够在软件工程的早期阶段识别出风险，则可以采取一定的设计来消除或控制潜在的危险。

5.4.3 风险识别方法

风险的识别可以采用文件审查法、头脑风暴法、Delphi 法、访谈法、风险检查表法，下面逐一做介绍：

1）文件审查法

文件审查是指对项目计划、之前的项目文档、包含其他信息的项目文件进行系统和结构性的审查。通过这些对资料的审查、分析、比较，再根据项目组成员的经验，可以预先对以往遇到过的风险、将来有可能遇到的风险进行识别、分析、制定对应的预案，消除风险因素。

2）头脑风暴法

让项目团队中尽可能多的成员和干系人员就某问题提出主张和想法，进而有效地进行风险识别。这种方法一般需要借助于多人的经验，从而获得一份该项目的风险清单，以便于在将来的风险评估中进一步加以风险分析。图5－20是头脑风暴法的一般执行步骤。

头脑风暴法的优点是：善于发挥风险分析人员的创造性思维，从而对风险源进行全面的识别，并根据预先设定的标准对风险进行分类。

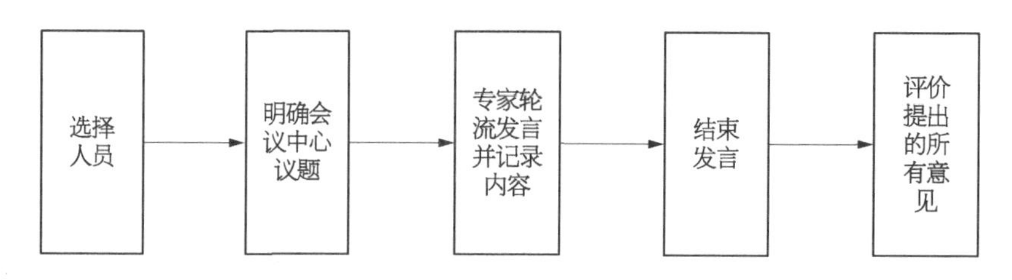

图5－20　头脑风暴法的一般执行步骤

3）Delphi 法

Delphi 法，也称专家调查法，就是以匿名的方式邀请相关专家就项目风险这一主题达成一致的意见。该方法的特点是：将专家最初的意见再反馈给专家，以便进一步的讨论，从而在主要风险上达成一致的意见。该方法的优点是有助于减少偏见，并避免由于个人因素对项目风险识别的结果产生的不良影响。

应用 Delphi 法的一般步骤如图5－21所示。

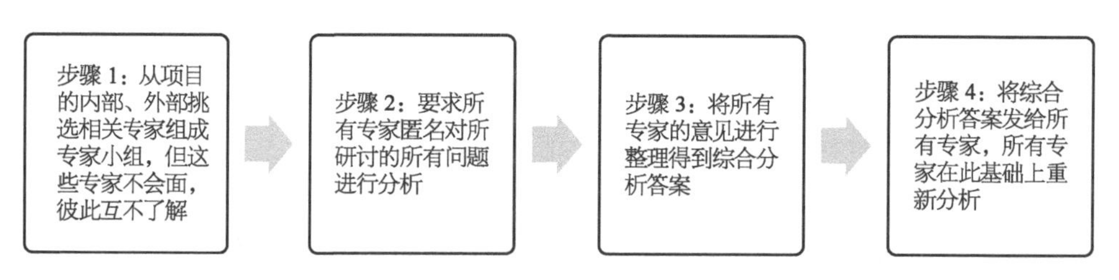

图5－21　Delphi 法的步骤

需要时，步骤 3、步骤 4 可重复进行。

4）访谈法

通过对项目参与者、利益相关方或相关领域的专家进行交流面谈，同时收集不同人员对项目风险的看法、意见及建议，并把访谈内容进行记录；然后进行风险归类、风险分析，从中识别出在常规风险清单中容易被忽略的风险因素。

5）风险检查表法

将项目可能发生的潜在风险列于一张表上，用于判断项目是否存在该表中所列或者类似的风险。风险检查表法的缺点是永远不可能编制一个完全详尽的风险检查表，而且管理层可能被检查表的内容所局限，不能识别出该表未列出的风险，因此其应用范围有一定的局限性。这种方法一般在项目初期使用，以便在早期减少项目可能的风险因素。

表 5－6、表 5－7 分别给出了根据不同知识领域及根据不同生命周期所可能出现的风险的列表示例。

表 5－6　不同知识领域可能出现的风险示例

知识领域	可能出现的风险
范围管理	目标不明确；范围不清晰；范围控制不当
进度管理	错误估算时间；浮动时间的管理失误；进度安排不合理
成本管理	成本估算错误；资源短缺；成本预算不合理
质量管理	设计、流程不符合标准；质量控制不当
采购管理	没有实施的条件或合同条款；采购设备单价上浮
风险管理	忽视了风险；风险评估错误；风险管理不完善
沟通管理	沟通计划编制不合理；缺乏与重要干系人的协调等
人力资源管理	项目组织分工不明确；没有得到高层管理者的支持
集成管理	集成计划不合理；进度、成本、质量协调不当

表 5－7　不同生命周期可能出现的风险示例

生命周期	可能的风险因素
全过程	（1）对一个或更多阶段的投入时间不够 （2）没有文档化重要信息

续 表

生命周期	可能的风险因素
概　念	(1) 没有文档化所有的背景信息和计划 (2) 没有进行正式的成本-收益分析 (3) 没有进行正式的可行性研究 (4) 不知道是谁首先提出了项目创意
计　划	(1) 起草计划的人没有类似项目经验 (2) 没有文档化项目计划 (3) 遗漏了项目计划的某些部分 (4) 项目计划的部分,甚至是全部都没有得到项目成员的认同 (5) 需要共同完成项目计划的人员没有对项目计划作出认同 (6) 项目共利益者没有参与项目计划的编写,也没有审阅项目计划
执　行	(1) 主要客户的需求发生了变化 (2) 搜集到的项目进度情况和资源消耗信息不够完整或者不够准确 (3) 项目进度报告不一致 (4) 一个或更多项目的重要支持者有了其他项目新的分配任务 (5) 在项目实施期间替换了项目团队的主要成员 (6) 市场特征或需求发生了变化 (7) 项目做了非正式的变更,并且没有进行有效的变更影响分析
结　束	(1) 一个或更多项目发起者没有正式批准项目的成果 (2) 在尚未完成项目所有工作的情况下,项目组的部分成员就被分配到了其他新的项目组织中

5.5 需求跟踪

需求跟踪是大型复杂软件开发项目活动中非常重要的一个活动,为软件工程的其他活动提供必要的支持,是实现有效的软件项目管理、提升软件质量的一个重要因素。

需求跟踪是指通过定义和维护软件产品(需求、设计、源代码、测试用例)之间的关联关系,同时以正向和逆向两个方向来描述和跟踪整个的项目需求过程。逆向跟踪关注的是需求项在成为需求文档的一部分之前与其有关联的那些方面,既跟踪需求的演化过程,也是跟踪需求的提取和定义,即关注需求的产生;逆向跟踪是变更管理实施的基础。正向跟踪关注的是需求项成为需求文档的一部分之后的需求生命期;正向跟踪的侧重点是保证需求项在系统中逐一得到实现,对它进行跟踪能更好地理解现有的系统。与正向跟踪相逆的过程有时候也被称为逆向跟踪,即检查设计文档、源代码、测试用例等工作产品是否都能在需求文档中找到对应的描述性文字。在需求与需求之间及需求与软件产品之间建立跟踪,能为软件开发的各个活动提供支持,比如支持需求的确认、测试用例的生成、变更的影响分析等。

需求跟踪的方法,根据跟踪链的生成方式,可以分为两类,分别是:静态跟踪和动态跟踪。

静态跟踪方法的跟踪链,顾名思义,是静态表示的,即不支持跟踪链的自动生成。传统的需求跟踪以静态跟踪为主,形式主要有跟踪矩阵、跟踪图和交叉引用。

跟踪矩阵,一般是采用矩阵的形式来保存两个或多个软件产品之间的关系,矩阵单元之间可能存在"一对一""一对多"或"多对多"的关系,矩阵本身也可以有多种表示形式。跟踪图是通过用户自己定义的对象和关系,将需求、设计文档、代码、测试过程等软件开发过程中的工作产品之间的关系运用图形的方式表示。交叉引用主要是在两个实体之间有相互关联关系时,在其中一个实体中放入另一个实体的引用。

动态跟踪的基本思路是实现跟踪链的动态生成,这也是动态跟踪的名称由来。动态跟踪技术主要有基于查询的跟踪和再跟踪、基于规则的跟踪和基于事件触发的需求跟踪(Event-Based Traceability, EBT)技术。

基于查询的跟踪和再跟踪是通过建立一个描述系统关键属性的术语的数据字典,借助于查询机制,在相关的文档之间建立超文本链接,并生成动态关联关系。基于规则的跟踪则是在需求文档、分析对象模型和测试用例文档之间建立跟踪关联关系。EBT 实现动态跟踪链的核心技术是引入了事件的消息通知机制,在发生需求变更时,自动更新跟踪链关系。

这里主要关注需求跟踪与软件质量的关系,所以以最简单的跟踪矩阵为例进行介绍。

5.5.1　建立需求跟踪矩阵

需求跟踪矩阵一般可以通过以下步骤来建立:

(1) 软件开发方依据前期需求调研的情况,撰写需求规格说明;

(2) 开发方提交文档评审申请,由 QA 方组织文档评审;

(3) QA 方组织专家对需求规格说明进行评审;

(4) 评审后,开发方根据评审搜集到的建议进行确认并逐一修改;

（5）QA 方对需求规格说明组织会议评审；

（6）评审通过后将该需求规格说明形成基线需求文档；

（7）QA 方依据基线需求文档提取需求，将需求分为三个等级，构建需求跟踪矩阵；

（8）开发方对需求跟踪矩阵进行检查，确定需求跟踪矩阵是否和需求文档保持一致。

5.5.2 需求跟踪记录

在建立需求跟踪矩阵后，每个里程碑都应对需求进行跟踪，记录与需求跟踪矩阵之间的差异，填写需求差异表，见表 5－8。

表 5－8 需求、概要设计阶段的需求跟踪表

需 求 文 档			概 要 设 计	
一级需求	二级需求	三级需求	设计元素	责任人

需求跟踪包括软件概要设计说明、软件详细设计说明、代码模块、测试用例、用户手册等。设计元素、代码模块、测试用例等和需求文档中的需求可以是多对多的关系。

示例如下。

里程碑：系统设计阶段。

对应交付物：《软件概要设计说明》。

5.5.3 需求变更流程

需求变更可以按照如下流程实施，如图 5－22 所示。

（1）当收到需求变更的请求时，应形成相应的书面记录，如沟通备忘录、会议记录等。

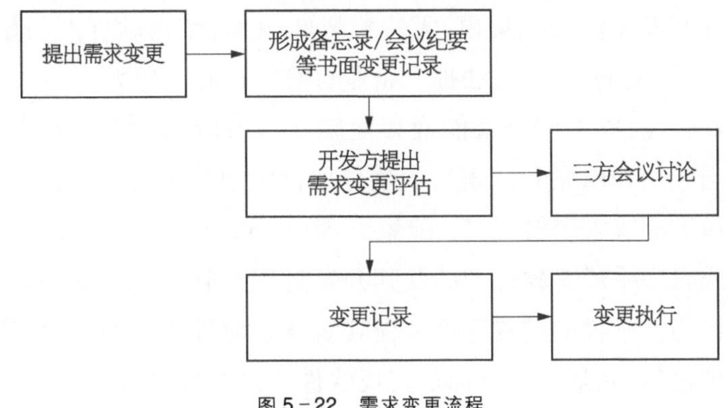

图 5－22　需求变更流程

（2）由开发方对变更后的质量影响、进度影响、成本影响进行评估，出具需求变更评估报告。

（3）QA 方收到需求变更评估报告后，组织三方会议，确定是否要进行需求的变更。

（4）确定要进行需求变更后，QA 方对该项变更进行记录，填写需求变更管理表。

5.6　配置管理

众所周知，要做好软件项目的质量保障，不仅要从思想、方法上重视，还要从规划、需求、设计、开发、测试上进行严格的流程规范和持续改进，与此同步的非常重要的一项管理工作就是需要做好软件的配置管理。

软件质量取决于开发过程中良好的管理控制体系，但我们却经常会看到项目组内部成员之间沟通不畅、代码冗余度高、文档不健全、软件复用性差等问题的出现；甚至还经常有数据丢失、已经修复的 bug 又再次出现等情况的出现，究其原因，可能是：

（1）开发过程管理不规范、复用性差，造成时间、成本浪费且质量不高；

（2）人员流动导致无法区分各模块所处的状态及阶段，使得软件产品出现版本混乱的状况，管理不善导致未经严格测试的模块集成到了软件产品中，致命缺陷难以被发现，致使项目失败；

（3）开发方提供给甲方的是可执行程序和一堆不能保证是最新的与可执行程序一致的文档，导致日后的维护、升级，只能继续由该开发方承接；

(4) 软件开发无法形成规模,无法积累知识库,使得软件产品始终处于一种低水平、重复开发的状态,无法提升企业自身的核心竞争力。

做好配置管理,以上问题就能迎刃而解。如果借用一下二八定律,做好配置管理就相当于用20%的投入解决了软件项目中80%的混乱问题。

先来看一下配置管理的定义:配置管理(Configuration Management, CM)是指通过技术或管理手段对软件产品及其开发过程和软件生命周期进行规范、控制的一系列行为。软件的配置管理过程其实就是对处于不断演化、完善中的软件产品的管理过程,其最终的目标是实现软件产品的完整性、一致性、可控性和可追溯性,从而使得软件产品极大程度地与用户需求相吻合。从配置管理的定义可以看出,软件的配置管理是一组跟踪和控制的活动,它们开始于软件开发项目启动之初,结束于软件消亡之时。从某个方面来讲,软件的配置管理是一种标识、组织和管控修改的技术,目的是使错误降到最低(即对软件质量的一种保障)并最有效地提高生产效率。

在GB/T 11457—2006《信息技术 软件工程术语》中,对配置管理的定义是:应用技术的和管理的指导和监控方法以标识和说明配置项的功能和物理特征,控制这些特征的变更,记录和报告变更处理和实现状态并验证与规定的需求的遵循性。

配置管理工具只是管理思想的载体,如何做好配置管理,还需要依据管理体系的要求,制定科学的配置管理规范和流程,这是非常重要的。配置管理的一项最基本职能就是版本控制,通过规范的流程的执行,来保证版本的受控和可追溯。在整个软件生命周期中,唯一不变的就是变化,因此做好变更管理至关重要,配置管理能够借助配置管理工具并辅以配置管理规范把变更所带来的影响降低到最小,从而节省成本,提高效率并提升项目质量。配置管理规范执行的情况,通过配置审计进行验证,从而形成闭环管理。下面介绍一下这几个主要的配置管理活动。

图5-23给出了配置管理的标准过程体系实现。

5.6.1 配置管理计划编制

项目刚启动的时候,应建立该项目的配置管理计划,配置管理计划中应:

(1) 明确将进行的配置管理活动、活动的日程安排、对应分配的责任和所要求的资源(包括人员、工具和计算机设施等),明确变更CCB的组成;

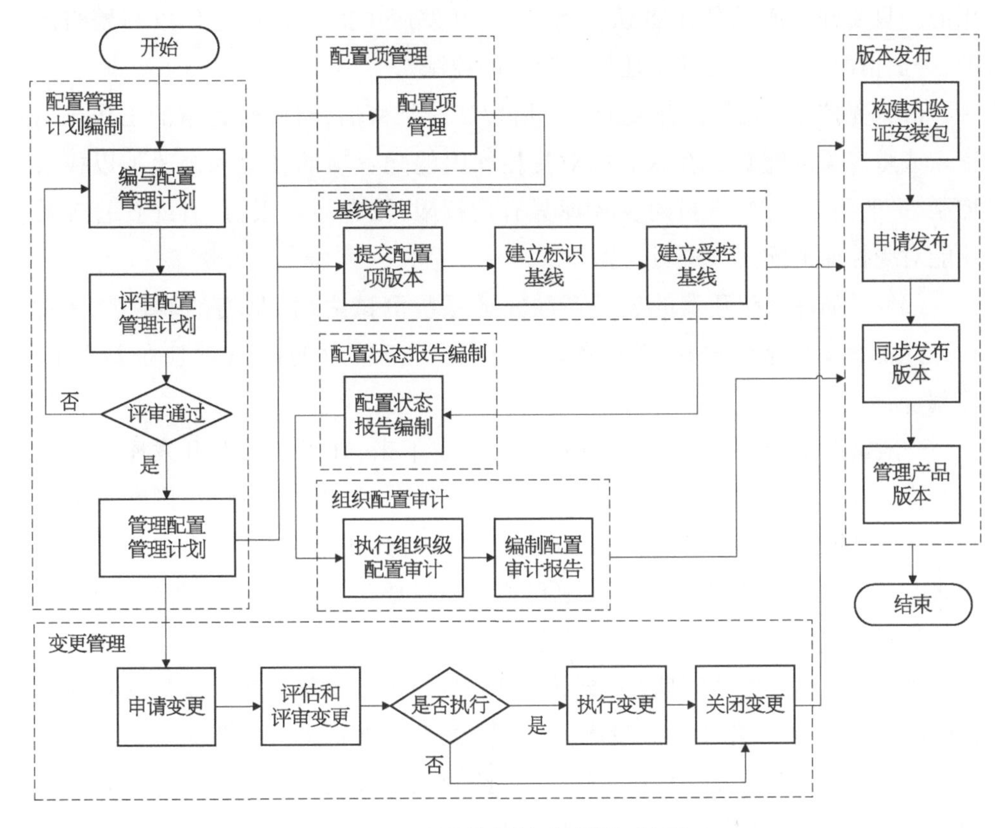

图 5-23　配置管理的标准过程体系实现

(2) 明确相应的配置项，并对所有的配置项分配唯一的标识并给出配置项列表；

(3) 明确所定义的所有基线，并确定每个基线中包含的配置项；

(4) 明确基线的内容，比如基线名称、基线内容、建立的生存周期阶段、变更的批准人；

(5) 明确配置管理库、配置管理工具和相关的控制。

配置管理计划应与项目计划保持一致并共同纳入评审；纳入配置库的配置管理计划应通知到项目的相关人员。

5.6.2　配置项管理 & 基线管理

说到配置项管理，首先介绍一下开发库、受控库、产品库的概念。

(1) 开发库：存放项目开发过程中需要保留的各配置项，是供开发人员使用的。只要开发库的使用者认为有必要，开发库中的配置项是可以频繁修改的，一般情况下，无需对其做任何权限上的控制。

（2）受控库：在软件开发的某个阶段工作结束后，将经过评审的工作产品存入或将有关的配置项存入。应对受控库内的配置项的读写和修改加以权限控制，一般而言，开发人员对受控库只有读权限，没有写权限，只有配置管理员才能对受控库的配置项进行写操作。

（3）产品库：在开发的软件产品完成系统测试之后，最终的软件产品应存入产品库，等待交付用户或者现场安装。产品库的配置项应加以权限控制。

一般情况下，开发库中的配置项尚未稳定下来，开发人员对开发库中配置项的变更并未受到限制。当配置项进入评审状态；如果通过评审，则配置项可作为基线进入受控库，之后开发人员就不允许对其任意修改，因为它已处于受控状态。一旦通过评审，则表明它确已达到质量要求；若未能通过评审，则将其回归到开发或修改状态，重新进行调整。

这里提到的配置项管理，是指项目组成员使用配置管理系统来对配置项进行修改和提交，并在指定的开发库、受控库、产品库之间操作配置项。

配置项进入受控库即形成基线，已基线化的配置项在开发库的检入和检出权限将被冻结，其修改需要执行变更管理。

这里提到的基线一般可分为以下两种。

（1）受控基线：指配置项在项目里程碑时点、已通过正式评审或者测试进入受控的一种状态。

（2）标识基线：指配置项在项目的非里程碑时点的一种状态。

5.6.3 配置状态报告编制

配置状态报告是用于记录软件配置管理活动的信息和软件基线内容的一个报告，其作用是及时且准确地给出软件配置项的当前状态，使得受影响的团队和个人第一时间知晓，且可以使用它，同时该报告还会体现软件开发活动的进展状况。

配置状态报告对于大型软件开发项目的成功起着至关重要的作用。它在所有开发人员之间架起了通讯的桥梁，避免了由于信息不畅导致的不一致和非必要的冲突。它通过支持创建和修改记录、管理报告配置项的状态或需求的变化情况、审核需求的变化来实现，它提供完整的各种变化的历史版本和汇总信息。

配置状态报告的内容一般包括以下各项：① 各变更请求概要（变更请求号、日期、申请人、状态、估算的工作量、实际的工作量、发行版本、变更结束日期），② 受控库状态，③ 发布信息，④ 备份信息，⑤ 配置管理工具状态。

5.6.4　配置审计

配置审计是指在配置标识、配置控制和配置状态记录的基础上对所有配置项的内容及功能进行全面审查，以确保软件配置项的可跟踪性。

配置审计的主要任务是：

（1）检查配置项是否完备，特别是关键的配置项是否有遗漏；

（2）检查所有配置项的基线是否正确地存在，基线产生的条件是否齐全；

（3）检查每个技术文档作为某个配置项版本的描述是否准确，是否与其他相关的版本一致；

（4）检查每项已批准的更改是否都按批准的更改内容加以实现；

（5）检查每项配置项的更改是否按变更管理流程实施；

（6）检查配置管理员的责任是否明确，是否尽到了其应尽的责任；

（7）检查配置管理系统的信息安全是否受到破坏，评估安全保护机制的有效性；

配置审计的类型可以分为功能配置审计、物理配置审计。

（1）功能配置审计，一般是验证一个配置项的实际性能是否符合它在需求规格说明中的描述，以便为软件的设计和代码编写建立一个基线。即通过对软件测试方法、软件测试流程及软件测试报告的评价，确认软件配置项的实际功能、性能是否达到了软件设计文档所规定的要求。

（2）物理配置审计是对照设计文档检查已建立的某个配置项，其目的是为软件的设计和编码建立一个基线。即通过对软件配置项交付版本的检查，确认其一致性，并保障软件更改的完整性，所有要求的程序、数据和文档都包括在其中。

配置审计活动应验证软件产品的完整性，规定每次配置审计的时机、要求和解决发现问题时的工作流程。另外，还应考虑软件配置项的存放介质、保存和使用的安全保护方法，防止非法的存取、意外的损坏或者自然老化。

5.6.5 变更管理

任何项目的实施过程，都有可能会出现变更。当用户需求发生了变化，需要调整项目计划或者系统设计；测试过程中发现了缺陷，需要对错误的代码进行修正；甚至是人员出现了变动，也需要对项目进行一定的调整来适应这样的变化。缺陷管理、需求管理、风险控制等，从本质上来讲都是项目变更的一种，为了保证项目在变化过程中始终处于可控的状态，随时可跟踪回溯到某个历史状态，就需要实施变更管理，变更管理也是配置管理的重要一环。

因此，变更管理就是项目组织为了适应项目过程中与项目相关的各种因素的变化，保证项目预期目标的实现，而对项目计划进行相应部分的变更，甚至是全部的变更，并按变更后的内容组织项目实施的过程。

通常，项目变更管理包括如下步骤。

(1) 申请变更。

项目基线可能由于业务变更或技术原因需要发生变更。变更申请人填写变更原因、变更目的及变更对象的说明。变更申请应由变更提出方负责人签字确认。

(2) 评估和评审变更。

项目负责人组织开发人员对变更申请进行影响评估，将评估结果进行记录。评估内容应至少包括：① 变更对原有系统的影响程度（即变更对系统架构、数据库、非功能特性的影响程度）；② 变更导致的工作量变化；③ 变更的可行性评价。

(3) 变更批准。

项目负责人将变更申请提交给项目实施团队的项目经理，由其确认后交CCB，由CCB对变更进行审核及批准。在必要的情况下，应召开正式的CCB会议，对变更进行讨论。

(4) 执行变更。

项目开发团队的项目经理实施审批通过的变更。

项目负责人组织人员对变更结果进行验证和确认，并将验证结果进行记录。

(5) 关闭变更。

变更完成后，应将变更纳入基线管理。

基线的变更应由CCB授权配置管理员发布，通过电子邮件或OA等方式通知项目所有相关人员。

注意，如基线变更涉及需求变更，还应按照需求变更流程执行。

5.6.6　版本发布

配置管理员负责将产品库中的版本进行构建或安装,并提起发布申请。通常,进行版本发布前,应编写发布说明,发布说明的内容可以包括: ① 产品版本说明; ② 产品概要介绍;③ 本次发布包含的文件包、文档说明;④ 本次发布包含新增后的功能特性说明;⑤ 遗留问题及影响说明(如有);⑥ 版权声明及其他需要说明的事项。

版本发布被批准后,配置管理员进行版本正式发布的同时,应该同时负责将产品库中的产品版本同步到开发库和受控库。

5.7　项目度量

数据在软件过程中的作用是显而易见的,如果没有项目度量数据的收集,那么对项目状态、软件质量的有效分析也就只能凭感觉,同样也无法对改进工作提供量化的数据支持。因此,有效开展项目度量和分析能对软件质量的提升提供量化的数据支持,对保证项目成败是非常有必要的。

简言之,项目度量分析的作用在于理解过去、管理现在、预知未来。软件度量一般分为项目级度量分析和组织级度量分析,数据度量需要依赖于数据收集,图 5－24 给出了软件度量的一般流程及涉及的项目文档。

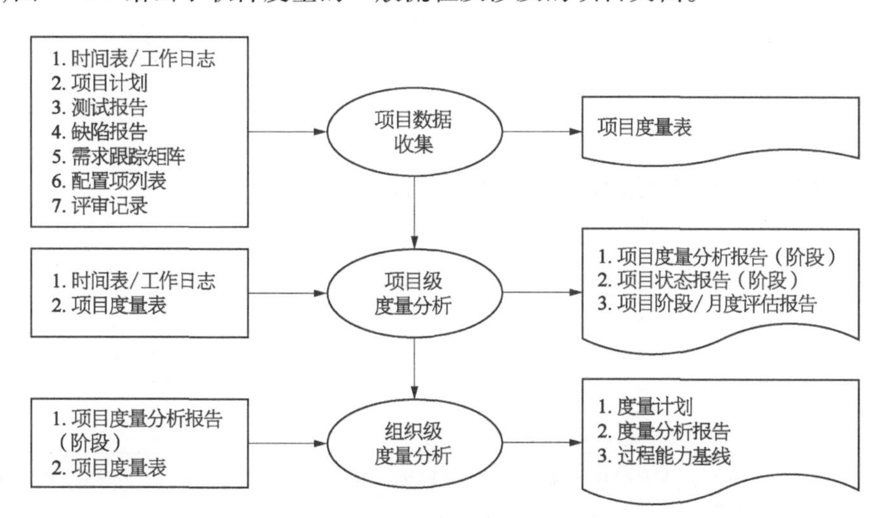

图 5－24　软件度量的一般流程及相关文档

5.7.1 项目度量方法

项目度量方法(Goal Question Metric, GQM)是一种系统地对软件及其开发过程实施定量化的度量方法,该模型是一种层次状模型,最上面的一层是一个目标,对该目标进一步细化就得到若干个问题,构成第二层,即问题层,每个问题将关注目标的不同方面。对于各个问题,可以再细化为几个度量项。不同的问题可能拥有相同的度量项,不同的目标也可能涉及相同的问题。度量值可能是主观的,也可能是客观的。它把项目的目标归纳、将目标分解为可度量的指标,并把这些指标提炼成可测量的值,从而能更好地预测、控制过程的性能,实现软件开发的定量管理。

图 5-25 给出了 GQM 的一个实例,最上层是概念层,即目标;第二层是操作层,即问题层;第三层则是数据层,即度量。这是一个具有继承性特征的结构,下一层是对上面一层的细化,通过这样的细化和逐步的求精,最终由目标得到需要的度量,也就是说度量汇总起来可以支撑目标的实现。

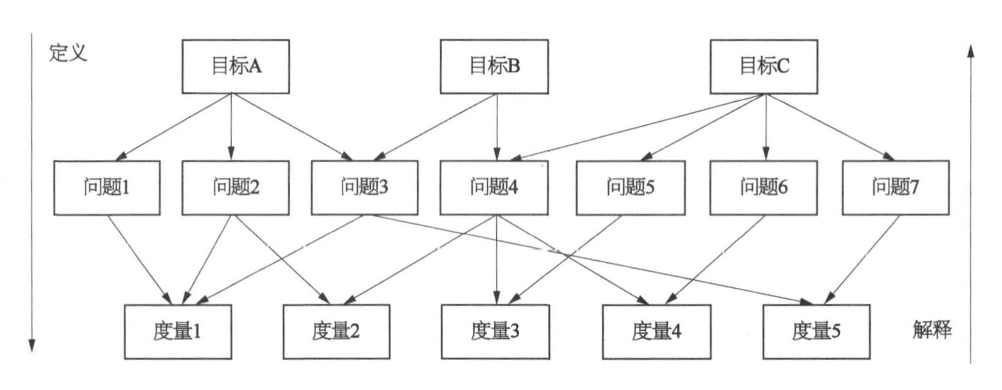

图 5-25 GQM 实例

以图 5-26 为例介绍 GQM 模型的使用。

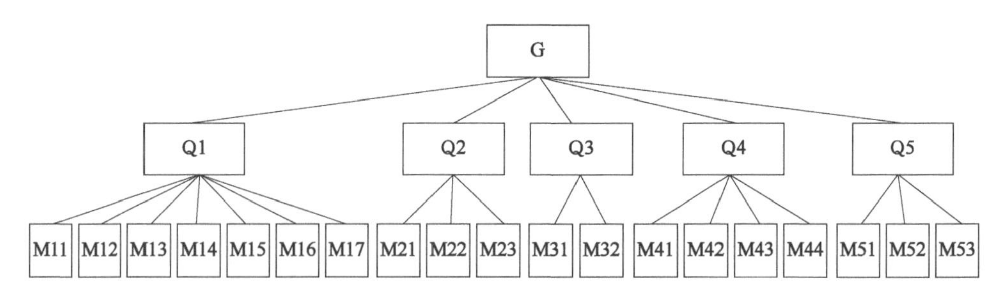

图 5-26 GQM 模型

G：项目状态

Q1：项目管理

M11：项目受控程度

M12：计划的有效性

M13：风险受控程度

M14：会议确定任务状态

M15：规范完备性及执行一致性

M16：内外沟通协调能力

M17：问题汇报及时性与解决效率

Q2：项目进度

M21：任务完成时间偏差

M22：任务完成比

M23：里程碑交付偏差(里程碑交付时度量)

Q3：过程质量

M31：过程执行与规范的一致性

M32：改进有效性

Q4：交付物质量

M41：文档规范符合性

M42：问题/缺陷率

M43：评审次数

M44：修改经时

Q5：项目变更情况

M51：需求变更

M52：配置变更

M53：人员变更

对各度量元进行定义,从而获得问题、目标的度量数据。

例如：

项目进度 Q2＝(任务完成时间偏差 M21+任务完成比 M22+里程碑交付偏差 M23)/3

任务完成时间偏差 M21＝(任务实际完成时间-任务计划完成时间)/度量时间段

总完成时间偏差＝度量时间段内任务完成时间偏差的算术平均值

任务完成比 M22 划分为已完成、执行中和未开始/未表述 3 种，其状态系数 r 分别为：

已完成：r1 = 1.0

执行中：r2 = 0.5

未开始/未表述：r3 = 0

任务完成比 M22 =（已完成的任务数×r1 + 执行中的任务数×r2 + 未开始/未表述的任务数×r3）/任务总数

里程碑交付偏差 M23 =（里程碑实际交付时间 - 里程碑计划交付时间）/里程碑交付计划用时

5.7.2 实用软件测量

实用软件测量（Practical Software and Systems Measurement, PSM）是几十年来数十个组织摸索的如何最佳地实现软件度量的经验积累，是一种基于风险和问题驱动的度量方法，其中主要包括两类模型，分别是信息模型（用于解决度量信息结构的问题）和过程模型（用于描述度量活动和任务）。

图 5 - 27 给出了度量信息模型，图 5 - 28 给出了度量过程模型。度量信息模型定义了特定项目度量并将该度量与项目决策者的需要相关联的结构。项目经理需要对项目的进度、成本、质量等做出综合的决策，因此需要有项目实践中的信息来作为项目决策的依据。

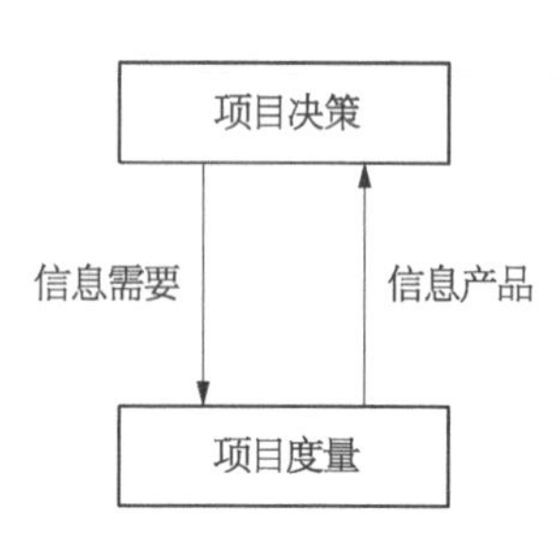

图 5 - 27 度量信息模型

度量过程模型则描述了度量管理的过程，即计划—实施—检查—行动的管理顺序构造，包括四个基本活动：计划度量、执行度量、评价度量、建立和维护承诺。核心的度量过程其实就是计划度量和执

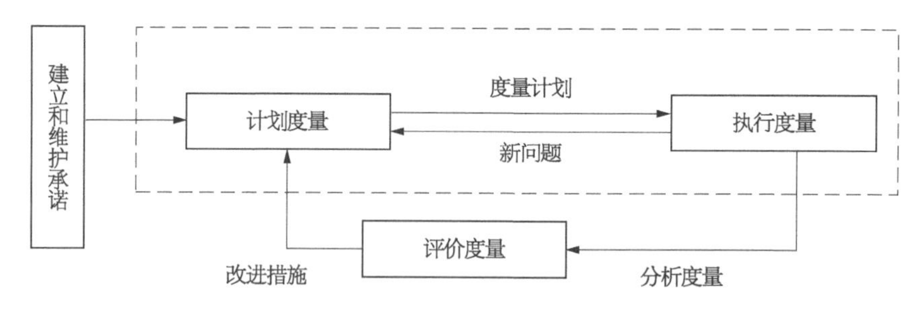

图 5 - 28 度量过程模型

行度量。计划度量活动包括：数据收集、分析和报告度量结果的定义和规划。计划度量的输出是定义好的度量方法，直接支持项目的信息需要。执行度量活动是通过执行度量计划，为项目决策提供有效的信息。评价度量活动则可以通过评估度量的应用和度量过程的能力，提供改进机会，进行持续改进。建立和维持承诺是确保度量获得相应的支持，获得相应的资源和基础设施的保障。

只有正确的度量，才有可能真正获得项目中的各种实际数据，为决策提供支撑，也是为正确地估算、计划、控制项目的性能提供帮助。

虽然很多人都能意识到了度量的重要性，但是真正实施度量在项目过程中还是有一定的困难的。定义和实施度量过程的最佳实践是：首先定义组织或者项目的目标，然后为其选择合适的度量指标；确定了度量指标之后，接下来就需要收集支持这些度量指标所需要的数据集。具体来说，项目度量过程的基本步骤是：① 明确度量目标；② 选择度量指标；③ 定义数据收集；④ 分析度量；⑤ 改进度量过程。

明确度量目标是项目度量的第一步，根据不同的战略或者改进需求，可以设定不同的度量目标，比如提高项目生产率、提高项目质量、降低项目成本。刚开始度量的时候，项目经理通常不太清楚项目组织当前的生产效率或者质量水平，因此刚开始的目标可以执行得常规一些，或者说采用当前状态的度量作为基线即可，然后将后续的度量与基线进行比较，以判断是否有所进步。基线不一定容易得到，有的时候需要积累一些初始度量数据，实施一些测量才能了解当前的水平。比如，要跟踪系统缺陷一段时间，然后按照月平均值作为综合基线，之后，就可以根据当前的情况，设定特定的目标，比如生产效率提升 10%等。

设定了度量目标，就可以开始选择度量指标。在刚开始实施项目度量时，可以选择一组数量少而且平衡的度量，通常可以采用 GQM 技术选择度量指标。比如生产率可以采用每小时多少代码行作为度量指标；质量可以采用每千行多少缺陷数作为度量指标；规模成本可以采用人月工作量作为度量指标。为了完成这些度量体系，就需要其他的基本度量，比如表示软件规模的代码行、功能点，表示开发工作量的工时数，表示软件质量的缺陷数等。它们可以以各种方式组合成上面的度量体系，项目团队必须明确、一致地定义这些度量指标。

有了度量指标就需要定义如何进行数据的收集，一般包括数据定义、数据收集的定义、明确收集度量的责任、确定度量收集的工具。所谓数据定义，就是每个度量指标都需要有明确的、可理解的方式进行定义。组织应将数据收集起来,并集成到项目过程中。为了确保数据能够正确地被收集,需要指定收集和报告每项数据的负责人;并利用现有的数据收集形式或体系,尽可能使用自动化的工具来帮助度量数据的收集和分析。表5-9给出了数据收集的定义示例:

表5-9 数据收集定义示例

<table>
<tr><th>度量目标</th><th>度量指标</th><th>数据定义</th><th>责任</th></tr>
<tr><td rowspan="2">提高项目生产率</td><td rowspan="2">功能点/工作时长</td><td>项目实施过程中计算出功能点</td><td>功能点负责人用excel记录功能点数据</td></tr>
<tr><td>项目开发周期内记录工作时间</td><td>开发人员每天记录工作量数据</td></tr>
<tr><td rowspan="2">提高产品质量</td><td rowspan="2">缺陷数/功能点</td><td>项目实施过程中计算出功能点数</td><td>功能点负责人用excel记录功能点数</td></tr>
<tr><td>计算用户使用半年内提交的缺陷数</td><td>客服人员在接到用户报告后用缺陷跟踪系统记录缺陷数</td></tr>
<tr><td rowspan="3">降低成本</td><td rowspan="3">成本/功能点</td><td>项目实施过程中计算出功能点数</td><td>功能点负责人用excel记录功能点数</td></tr>
<tr><td>按工作量计算出开发成本</td><td rowspan="2">项目经理在项目实施过程中记录并计算出对应的人员成本</td></tr>
<tr><td>项目周期内记录非开发成本</td></tr>
</table>

按数据定义进行度量数据的收集,与既定的目标进行跟踪比较,得出相应的结论,进行决策,这是分析度量时的主要工作。分析度量的主要原因是要给出结论并进行预测,这些结论和预测可用于指导项目的技术和管理活动。而度量报告的确定一般包括确定度量报告的对象、报告的频率及报告的形式,其中度量结果和度量结论也是必不可少的,最后可以给出改进建议,比如建议下一步如何去做。

最后一个步骤就是使用度量数据进行过程改进。度量过程的改进,可以采用计划-实施-度量-改进(Plan · Implementation · Metric · Action, PIMA)模型。计划:要求在启动开发活动前先明确用户需求,确保计划和度量需求的制定早于度量指标的选择。在设计和实施度量改进的方案前,组织应确定目标并建立度量需求。实施:实施阶段包括筛选和设计适合该计划的适当的度量体系,培训相关人员、启动和收集具体的度量指标。度量:在度量过程中,要结合度量指标的要求,具体实施收集、分析、审核和报告实际数据的活动,汇集并呈报具有可操作性的管理信息。改进:根据度量阶段汇总的数据,确立恰当的过程改进方法,执行完后再循环返回到计划阶段,确认接下来的度量方案是否仍然符合目标。

5.8　任务跟踪

任务跟踪其实也是贯穿从需求到测试全过程的。通过任务跟踪,可以及时地了解项目计划的实际执行情况、评价项目的当前状态。当任务偏离超过允许的阈值,则应采取纠正措施,改进过程性能,使项目的执行情况得到有效控制,必要时可以修正项目计划。

任务跟踪通常采用的方法有:个人工作周报、项目组周报、项目例会、项目里程碑评审会议。通过这些跟踪方式收集数据,再对项目进度进行更新,以实现任务跟踪的目的。

5.8.1　个人工作周报

一般情况下,项目组成员(包括测试人员、QA 人员、CM 人员)每周五根据模板,提交个人工作周报给项目经理。

工作周报的主要内容包括:① 本周工作小结(描述本周已完成的工作任务,并记录各项工作任务的规模、工作量),② 建议与问题反馈,③ 下周工作计划,④ 项目风险跟踪(若发现风险没有变化,则需注明“本周风险跟踪无变化”)。

5.8.2　项目组周报

项目组周报由项目经理根据项目组成员、QA 人员、CM 人员提交的个人工作周报,汇总形成本周项目任务的完成情况;并与项目计划进行比较,分析结果形成项目组周报。

项目组周报的主要内容包括以下 5 点。

(1) 本周工作小结。汇总项目组各成员提交的个人工作周报,收集本周所有任务的度量数据,并用简要文字总结本周的实际工作情况及工作成果。

(2) 建议与问题反馈。汇总项目组成员提交的问题及建议,并总结以前“已识别”的问题的解决情况和各项已记录的建议的落实情况。

(3) 下周工作计划。根据项目计划中的工作任务安排,对本周工作完成情况进行分析,根据分析的结果安排项目组下周的工作任务。

(4) 变更。汇总在本周任务执行过程中发生的所有变更的情况。

（5）跟踪。做好风险的跟踪，并每周更新风险跟踪列表，无变化则注明“本周跟踪无变化”。

一般跟踪步骤为：跟踪规模、跟踪工作量、跟踪进度、跟踪关键资源、跟踪成本、跟踪风险、跟踪问题，并将跟踪结果与估算数据进行比较及分析，将结果写入项目组周报。

5.8.3 项目例会

项目经理一般可以每周一安排时间召开项目例会，进行项目组内部交流讨论。例会时间也可以根据实际情况而定。通过召开项目例会，一般应达成如下目标：

（1）各项目组成员分别在例会上总结上周已完成的工作，便于其他项目组成员了解；

（2）对项目中存在的、未达成一致的问题（包括技术上的、管理上的）进行讨论，形成处理结果；

（3）通报项目的总体进度，对项目跟踪的结果，如进度、成本、风险等，以及跟踪发现的问题达成一致的处理意见；

（4）讨论并确定下一阶段的工作计划，特别是下周的工作任务安排；

（5）涉及项目计划的调整或者相关的变更请求时，需要在例会上讨论，让相关人员知晓并达成一致意见；

（6）讨论解决 QA 发现的不符合项。

如存在特殊情况不能按期召开项目例会，则一般应在项目例会之前通知相关人员并说明不能按期召开项目例会的理由；项目经理可以决定将项目例会延期或者通过电子邮件等其他方式进行必要的沟通，以保证项目组成员每周就项目存在的问题、项目的进展情况及项目可能的风险进行讨论，并达成一致意见。

通常在项目例会前，项目经理应指定会议记录人，并将本周有变化的风险列表、问题跟踪表等相关资料交于会议记录人，以确保项目例会讨论的内容可以被正确、详细地记录下来。

5.8.4 项目里程碑评审会议

项目里程碑，实际上就是项目进展过程中的若干个关键时间点，这些时间点是在项目计划阶段就予以定义的，并且得到了项目相关方的一致认可，在这些时间点上按计划规定进行一次较全面的评审活动，即里程碑评审，它属于管理评审。

在项目进行到重要的阶段或者里程碑阶段时，项目经理都需要对项目情况进行全面的总结，以形成项目里程碑报告。

项目里程碑评审会议主要的目的是确定当前的项目状态，并对项目下一阶段的工作内容和工作目标达成共识，里程碑评审后，形成项目里程碑评审记录。

项目里程碑报告的主要内容包括：

（1）报告时间及所处的阶段名称；

（2）项目进度（本阶段主要工作情况说明、实际与计划相比较的分析结果）；

（3）工作中遇到的问题及策略，数据来源于项目组周报；

（4）本阶段完成的工作任务及形成的工作产品；

（5）需求管理状态、风险管理状态、质量保证状态、配置管理状态等；

（6）下阶段工作安排；

（7）其他需要说明的问题。

项目里程碑报告完成后，一般需要发送给管理层，并交给 CM 人员纳入配置管理。

项目里程碑评审会议后，可能根据需要进行项目计划的更新；更新后的项目计划应得到项目相关人员的一致认同。

5.9　代码规范

代码规范是项目实现阶段质量保证的重要一环。规范的代码可以促进团队合作，保持团队代码风格的统一，可以减少 bug 处理并降低维护成本。QA 人员对代码规范的审查，可促进开发人员对代码规范的保持。

代码规范的原则一般包括：

（1）规范的命名方式，包括变量、类、方法、文件名、数据库、表、字段、接口等；

（2）易于阅读的版式，版式包括缩进、换行、对齐、大括号、循环体、逻辑判断等，要学会用换行和注释做代码片段区隔；

（3）正确注释的使用，包括包注释、文件注释、类注释、方法注释、参数注释、变量注释、代码片段注释等，所有的注释都应保持与代码同步。

代码规范评审的方法有：

（1）在项目实现的初期，QA人员依据项目开发组提交的代码样本、依据代码规范进行检查，对不符合规范的代码行提出意见，交由项目开发组进行整改，待项目开发组整改完成，并交由QA确认后，项目开发组可依据该代码样本作为代码规范的范本；

（2）在项目实施的中后期，QA可根据代码规范对项目开发组的代码文件进行抽查，如抽查合格则认为到该时间节点的代码均符合代码规范，如抽查不合格，则需项目开发组进行整改，待整改完成之后再进行代码抽查。

5.10 QA测试

QA测试是测试阶段质量保证的重要手段之一。

QA测试与软件测试是有区别的。软件测试是对软件产品的质量本身进行测试，是从技术角度出发测试软件产品；而QA测试偏重于质量管理体系的建立和维护。因此QA测试不一定涉及具体的技术，QA测试的过程本质上是改进控制的过程，是对整个过程的监督和改进，以保证所有的标准和程序都被遵守，并且能够从中发现和处理相关问题。

QA测试的方法有：

（1）对项目开发组测试工作的检查，包括对项目开发组的测试计划、测试方案、测试用例、测试报告等的评审，确定项目需求是否被覆盖，以及各项测试文档之间是否一致，是否包含了缺陷的记录等；

（2）QA抽测，即对项目的一些关键的功能或者关键的非功能的质量指标进行抽测。

第 6 章　软件测试方法

软件测试是保证软件质量的重要手段,同时也是获取软件质量测量元素的重要方法之一。

世界上不存在完美的软件,一个软件必定会存在缺陷。软件无法被证明是正确的,但合适的软件测试方法可以大幅度地减少缺陷。一个由于需求阶段错误造成的缺陷,如果到发布阶段才被修复,那么其修复的成本大约是缺陷刚发现时修复成本的 500 倍(图 6-1)。因此,软件测试应当贯穿于整个软件生存周期,以期能够尽早发现缺陷,从而降低缺陷修复的成本。

维基百科中软件测试的定义为:描述一种用来促进鉴定软件的正确性、完

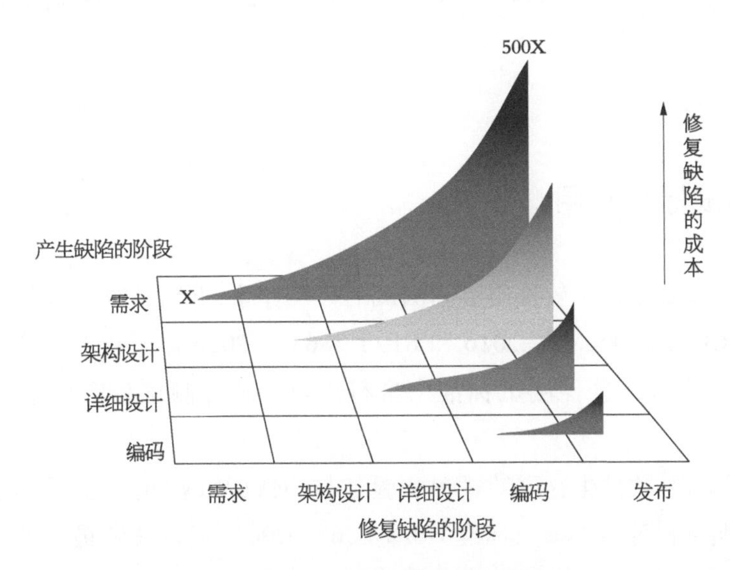

图 6-1　缺陷产生阶段和缺陷修复成本示意图

整性、安全性和质量的过程。换句话说，软件测试是一种实际输出与预期输出间的审核或者比较过程。对于软件测试的定义，不同的时代有着不一样的解读。

电子计算机发明初期，软件测试还是不存在的概念。早期的编程工作主要集中在数值计算领域，并由专业的科学家负责，此时软件测试等同于调试。

随着电子计算机软硬件技术的发展，计算机软件的数量、复杂性越来越高，软件的用户也不再是专业人员，随之而来的风险也日益增加。1973 年，软件测试领域先驱 Bill Hetzel 博士给出了软件测试的第一个定义："软件测试就是为程序能够按预期设想运行而建立足够的信心"。在此阶段，软件测试的作用是用来证明软件是满足需求的。

1979 年美国计算机科学家 Glenford J. Myers 博士在其著作《软件测试的艺术》中提出了软件测试的新定义："测试是为了发现错误而执行的程序的过程"。在此阶段，软件测试不仅仅是用来说明软件能干什么，还要保证软件不能干不该干的事情。

20 世纪 80 年代开始，软件测试逐渐成为一门独立的计算机专业学科，软件测试的理论、方法、技术和工具也逐渐得以完善。进入 21 世纪之后，随着新一代信息技术的快速发展，软件架构日渐复杂，云计算、大数据、人工智能、区块链、微服务架构等新技术给软件产业带来革新的同时也给软件测试提出了挑战。现在的软件测试技术开始贯穿于软件的整个生存周期，结合了软件质量保证、验证与确认、缺陷预测与定位等技术，以预防为主，尽早发现缺陷，提前暴露风险。

6.1 测试标准应用

本书第 2 章阐述了软件质量和测试的标准体系，并对两项重要的软件测试国家标准 GB/T 25000.51—2016 和 GB/T 38634—2020 做了相关介绍。这里我们就如何使用这些软件测试标准来进行讲解。软件测试各个标准的关系如图 6－2 所示。

软件测试是软件生存周期过程和验证与确认（V&V）的主要活动。有关软件生存周期过程可参考国家标准 GB/T 8566—2007（或者参考最新的国际标准 ISO/IEC/IEEE 12207：2017），验证与确认活动可参考国家标准 GB/T 32423—

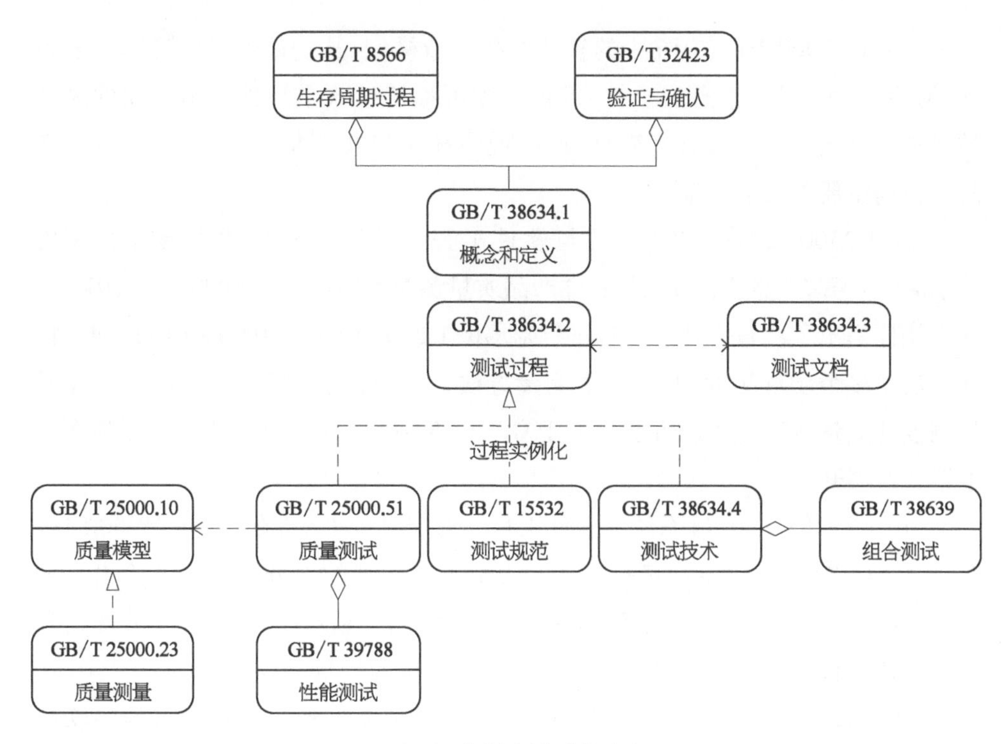

图 6－2　软件测试标准的关系

2015。这两项标准并非本章的重点，但我们需要注意的是软件测试仅是验证与确认方法的一部分，除了软件测试以外，还有形式化验证方法、验证与确认评价等方法也能够实现软件的验证与确认。

GB/T 38634.4—2020《系统与软件工程　软件测试　第 4 部分：测试技术》中介绍了多种基于规格说明、基于结构和基于经验的测试设计技术。该标准中的测试设计技术均采用了 GB/T 38634.2—2020 定义的测试设计和实现过程（动态测试过程的子过程）来实现测试用例的设计，相当于测试设计和实现过程的实例。该标准的附录 B、C、D 给出了各测试设计技术的实用案例，适合软件测试从业人员参考使用。

GB/T 38639—2020《系统与软件工程　软件组合测试方法》着重介绍了组合测试方法，其是对 GB/T 38634.4—2020 中组合测试的扩充，提供了输入域构造、多种组合强度及约束条件和种子组合的案例，可作为组合测试方法的教程供软件测试从业人员参考使用。

GB/T 25000.51—2016《系统与软件工程　系统与软件质量要求和评价（SQuaRE）第 51 部分：就绪可用软件产品（RUSP）的质量要求和测试细则》是“系统与软件质量要求和评价（SQuaRE）”系列标准的组成部分。该标准紧密联系了 GB/T 25000.10—2016 中的软件产品质量模型,从功能性、性能效率、兼容性、易用性、可靠性、信息安全性、维护性和可移植性八个特性提出了软件测试的要求。其测试对象包含了软件、产品说明和用户文档集,是目前第三方软件测评机构主要参考的标准。

GB/T 25000.23—2019《系统与软件工程 系统与软件质量要求和评价(SQuaRE)第 23 部分:系统与软件产品质量测量》对 GB/T 25000.10—2016 中八个特性提出了测量方法。该标准针对 GB/T 25000.10—2016 每个特性和子特性提出了多个质量测度,并给出了测量方法,而软件测试则是获取用以计算质量测度的质量测度元素的方法。关于 GB/T 25000.23—2019 的详细介绍将在本书第 7 章展开。

GB/T 39788—2021《系统与软件工程 性能测试方法》在 GB/T 25000.51—2016 基础上对软件性能效率的测试方法做了进一步的展开。该标准给出了软件性能需求的来源、各种性能测试类型及各类软件性能测试的案例,可帮助参考人员选择合适的性能测试类型并设计性能测试的场景。

GB/T 15532—2008《计算机软件测试规范》依据软件生存周期过程将软件测试划分为单元测试、集成测试、配置项测试、系统测试、验收测试和回归测试五个测试级别(GB/T 15532—2008 中称为测试类别),规定了各个测试级别的技术要求、测试内容和测试方法等,可帮助参考人员建立完整的软件测试生存周期各阶段的规范体系。

软件测试标准虽然数量繁多,但其实每个标准所提供的视角并不相同,有的规范了测试过程和文档、有的规范了测试级别和测试类型、还有的规范了测试技术。在使用这些标准时,应根据实际需求,参考标准规范整个软件测试生存周期的各项活动,以期达到规范软件测试提升软件质量的目的。

6.2 测试过程

软件测试是否能成功,除了是否采用先进的标准、方法和工具之外,同样也离不开对测试的组织与过程的管理。测试过程的质量决定了测试工作的成败,软件测试过程的管理是保证测试过程质量、控制测试风险的重要活动。国家标准 GB/T 38634.2—2020《系统与软件工程 软件测试 第 2 部分:测试过程》给出了三层的测试过程模型,将测试活动分为三个过程:组织级测试过程、测试管理过程、动态测试过程，如图 6 - 3 所示。其中最高层是组织级测试过程，面向整个组织制定、管理组织级测试规格说明，包含了制定组织级测试方针、确定测试策略及明确项目测试管理等内容的说明。中间层是测试管理过程，涵盖了项目测试管理、阶段测试（如系统测试）管理、测试类型（如性能测试）管理。底层定义了用于动态测试的测试过程，包括测试设计和实现过程、测试环境构建与维护过程、测试执行过程、测试事件报告过程。

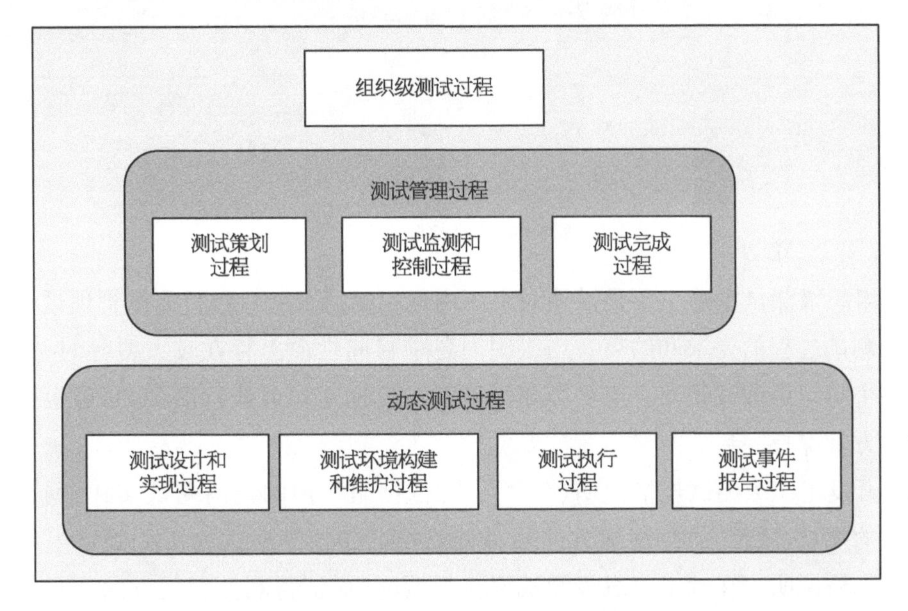

图 6 - 3　GB/T 38634.2 中的测试过程

因测试文档是测试过程指定的过程输出，本章节按照“过程”+“文档”的模式描述具体测试过程。

6.2.1　组织级测试过程

6.2.1.1　过程

组织级测试过程用于开发、监测符合性并维护组织级测试规格说明，例如组织级测试方针和组织级测试策略。该过程包括组织级测试规格说明的建立、评审和维护活动，以及对组织依从性的监测，如图 6 - 4 所示。

组织级测试方针用业务术语表达了组织对软件测试的管理期望和方法，适用于所有参与测试的人员，但主要对象是高层管理者。测试方针指导了有关组织级测试策略的制定和组织级测试过程的实施。

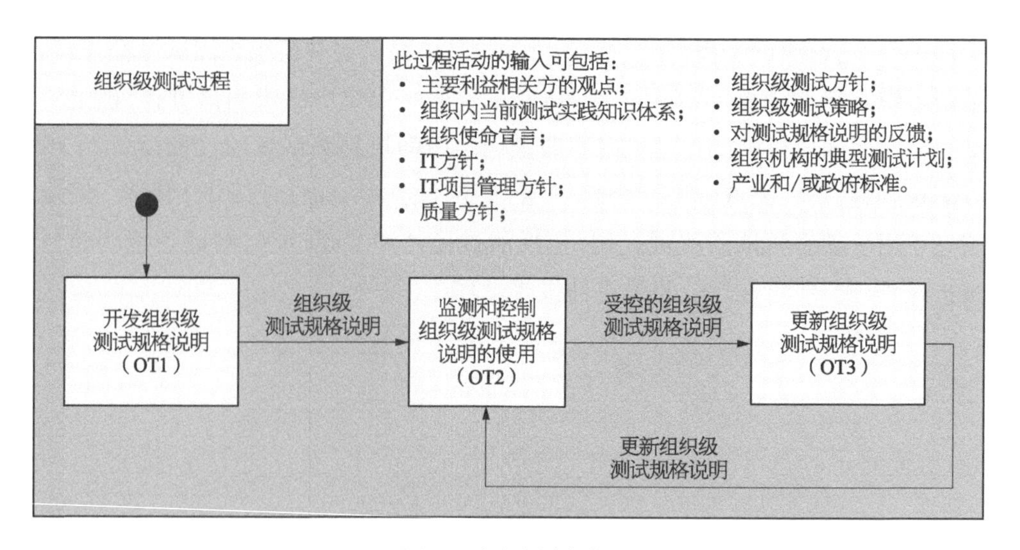

图6-4　组织级测试过程

组织级测试策略主要是描述对组织内运行的所有项目执行测试管理过程和动态测试过程的要求和约束。当组织内各项目间性质上存在较大差异时，可制定多个组织级测试策略。组织级测试策略主要描述如何执行测试，并与组织级测试方针保持一致。

开发组织级测试规格说明（OT1）：可依据组织内的当前测试实践、利益相关方的观点、质量方针、管理方针等，以研讨会、访谈等形式分析并制定组织级测试规格说明。在制定组织级测试规格说明时，应征得利益相关方的意见。当组织级测试规格说明制定完成后，向利益相关方传达可用的组织级测试规格说明。

监测和控制组织级测试规格说明的使用（OT2）：在测试过程中，利益相关方的各项行为应符合组织级测试规格说明的要求，并定期监测组织级测试规格说明的使用情况，若使用情况未达到预期，可以采取一定的措施鼓励其使用。

更新组织级测试规格说明（OT3）：定期通过评审反馈、研讨会、访谈等形式获取对组织级测试规格说明的使用反馈。对于需要变更的内容，应及时对组织级测试规格说明进行修改，并在整个组织内进行告知。

6.2.1.2　文档

组织级测试过程的输出主要是组织级测试规格说明，例如组织级测试方针、组织级测试策略。这些文档主要描述组织层面测试的信息，并且不依赖于项目，这里我们以组织级测试方针、组织级测试策略为例给出文档中应包含的内容。

测试方针是指一个组织软件测试过程中的目的和原则,它说明的是测试时需要完成什么,而没有详细说明测试是怎样执行的,因此在该文档中陈述的内容是组织的测试目标,为什么实施测试及期望达到的目标,确定组织将要依据的测试过程(测试过程可根据实际情况进行裁剪)、测试组织的角色和结构、说明对测试人员进行必要的培训和认证、确定测试人员需要遵守的组织道德准则、说明测试组织内部使用的标准,以及确定影响测试组织的方针(例如质量方针)。除此之外,还有衡量测试价值的目的、组织在测试资产归档和重用上的立场,以及组织如何进行持续的测试过程改进。

测试方针一般包括如下内容: ① 测试目标,② 测试过程,③ 测试组织结构,④ 测试人员培训,⑤ 测试人员道德,⑥ 测试组织内部使用的标准,⑦ 其他影响测试组织的方针,⑧ 衡量测试的价值,⑨ 测试资产的归档和重用,⑩ 测试过程的改进。

组织级测试策略针对怎样在组织内部进行测试提供了指导,例如怎样在测试方针规定的范围内实现目标。一个组织可以包含一个或多个组织级测试策略。如果各个测试子过程对应的测试子过程策略说明完全不同,则组织级测试策略可能被划分成多个子部分,对应每个独立的测试子过程。即不同的测试子过程使用不同的测试策略。这里我们分别给出项目范围和测试子过程的测试策略内容。

项目范围的组织级测试策略一般包括以下内容: ① 通用的风险管理,② 测试选择和优先级,③ 测试文档集和报告,④ 测试自动化和工具,⑤ 测试工作产品的配置管理,⑥ 事件管理,⑦ 测试子过程。

测试子过程的具体组织测试策略一般包括以下内容: ① 准入和准出准则,② 测试完成准则,③ 测试文档和报告,④ 独立程度,⑤ 测试设计技术,⑥ 测试环境,⑦ 收集的度量标准,⑧ 复测和回归测试。

6.2.2　测试管理过程

6.2.2.1　过程

测试管理过程包括测试策划过程、测试监测和控制过程、测试完成过程,如图 6 - 5 所示。测试管理过程涵盖了整个测试项目或任何测试阶段(例如系统测试)或测试类型(如性能测试)的测试管理过程(如项目测试管理、系统测试管理、性能测试管理)。项目的整体测试通常可分解为较小的测试子过程(如组件测试、系统测试、易用性测试、性能测试),这些子过程可以类似于整体测试项目的方式进行管理、执行和报告。测试管理过程也可应用于测试子过程。例如测试子过程计划可以是系统测试计划、验收测试计划或性能测试计划。

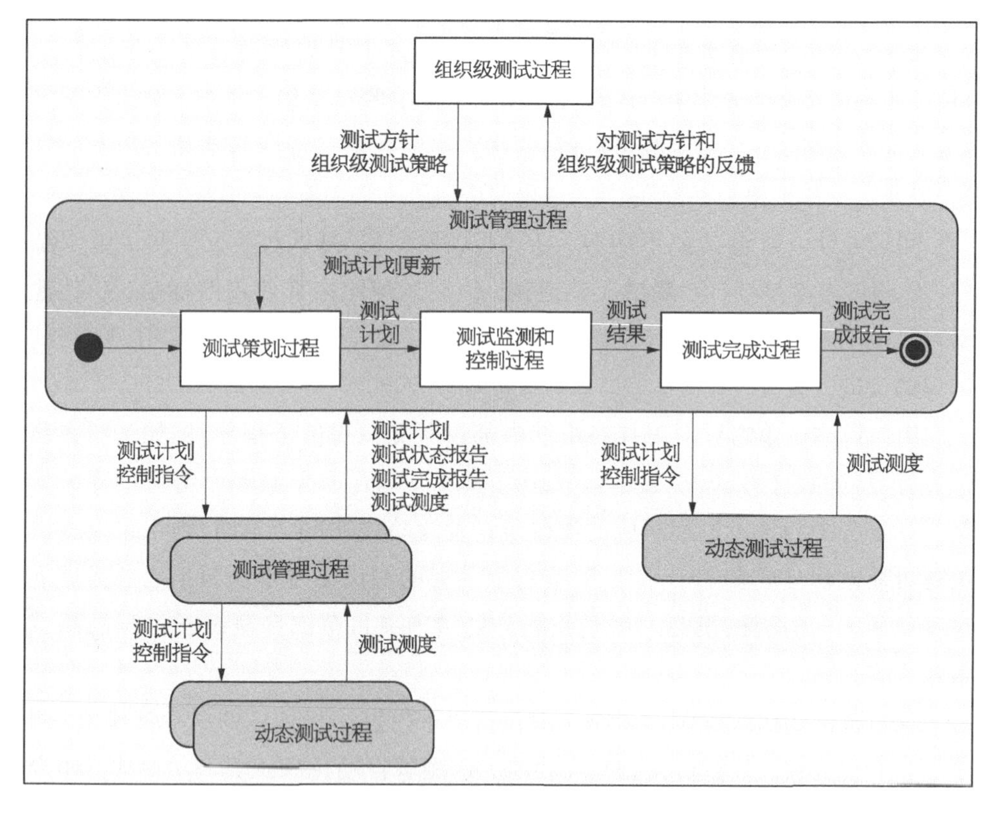

图 6-5 测试管理过程

测试管理过程需要与组织级测试过程一致,例如组织级测试方针和组织级测试策略。测试管理过程是对执行测试的过程提出管理要求。对已识别项目风险和约束条件进行分析,并考虑组织级测试策略,提出项目级测试策略。在策略中定义和详细阐述要执行的静态和动态测试、总体人员配置、平衡给定约束(资源和时间)、要完成的测试工作范围和质量要求等方面,并记录在项目测试计划中。在测试期间,执行监测活动以确保测试按计划进行,并确保风险得到正确处理。同时,如果需要对测试活动进行任何变更,则向相关测试过程或子过程发出控制指令。在监测和控制期间,可定期生成测试状态报告,以告知利益相关方测试进度。项目测试的总体结果记录在项目测试完成报告中。

1）测试策划过程

该过程用于确定测试范围和方法，识别测试资源、测试环境及其他测试要求，并制定测试计划。按照不同项目情况，测试计划可以是项目测试计划、不同阶段的测试计划（例如系统测试计划），不同测试类型的测试计划（例如性能测试计划）。在制定测试计划时，需要根据计划执行的结果及新增的信息进行变更。在制定测试计划时，可按照理解上下文（TP1）、组织测试计划开发（TP2）、识别和分析风险（TP3）、确定风险缓解方法（TP4）、设计测试策略（TP5）、确定人员配置和调度（TP6）、编写测试计划（TP7）、获得一致性测试计划（TP8）、沟通并提供测试计划（TP9）的活动进行编写。

（1）理解上下文（TP1）：可参考组织级测试规格说明、项目管理计划中影响测试的信息，例如分配的测试预算及资源、更高级别的测试计划、系统需求规格说明、GB/T 25000.10—2016 的质量特性、软件开发计划、验证和确认计划、项目风险列表等文档信息理解上下文和软件测试需求，并与利益相关方进行沟通。

（2）组织测试计划开发（TP2）：识别并安排完成测试计划所需执行的活动，并与利益相关方进行沟通讨论。

（3）识别和分析风险（TP3）：可根据项目风险登记册中的风险，评审并确定已经存在的风险。可通过研讨、访谈等方式应确定与软件测试相关的风险，确定风险类型、等级与暴露水平，并在测试计划和风险登记册中进行登记。

（4）确定风险缓解方法（TP4）：根据风险类型、等级与暴露水平，确定风险处理方法，并进行记录。

（5）设计测试策略（TP5）：考虑项目的约束条件、风险等因素，确定测试所需的各项资源（例如所需的测试数据、技术、工具、环境等）、测试监测和控制的指标、工作量及所需时间等，制定测试策略。测试策略可作为测试计划的一部分，也可为单独的文件。

（6）确定人员配置和调度（TP6）：确定执行测试工作的人员角色和技能，并根据测试项目的估计、依赖性及人员可用性进行合理安排。

（7）编写测试计划（TP7）：根据已经确定的测试策略、人员安排和进度表等内容，编写测试计划。

（8）获得一致性测试计划（TP8）：通过研讨会或访谈等方式收集利益相关方对测试计划的意见，讨论意见处理方法并更新测试计划。

（9）沟通并提供测试计划（TP9）：测试计划告知利益相关方。

2）测试监测和控制过程

该过程用于确定测试进度能否按照测试计划及组织级测试规格说明（例如组织级测试方针、组织级测试策略）进行，如果与测试计划的计划进度、活动等方面存在重大偏差，还需要采取一些措施弥补测试计划的偏差，并对测试计划进行更新。该过程包括准备（TMC1）、监测（TMC2）、控制（TMC3）、报告（TMC4）四个活动。

（1）准备（TMC1）：选择适当的测试测度指标监测测试计划的进度，例如测试执行率。确定测试状态报告和测试测度收集活动，以采集对应的测试测度指标。

（2）监测（TMC2）：采集并记录测试测度指标（可记录在测试状态报告中），监测测试计划的进度情况。可通过研讨会的形式分析与计划的测试活动的差异、记录阻碍测试进度的因素及测试中的风险，并制定相应的措施。

（3）控制（TMC3）：按照测试计划的要求进行相关监控活动。确定实际测试与计划测试之间的差异而采取的必要措施，例如测试环境、测试人员的变更。处理新发现和变更风险的方法。当测试达到完成准则时，获取测试完成的批准。

（4）报告（TMC4）：测试计划的测试进度记录在测试状态报告中，并告知利益相关方。此外，还需要对测试中发现的风险记录在风险列表中。

3）测试完成过程

该过程是对完成测试项目（包括不同阶段的测试、不同测试类型的测试、完整测试项目）的总结，可将测试中的经验教训、测试资产（例如测试计划、测试用例说明、测试脚本、测试工具，测试数据和测试环境基础设施）进行梳理供以后测试使用。包括存档测试资产（TC1）、清理测试环境（TC2）、识别经验教训（TC3）、总结测试完成情况（TC4）。

（1）存档测试资产（TC1）：确定可在其他项目上重复使用的测试资产，并进行存档。

（2）清理测试环境（TC2）：所有测试活动完成后，测试环境应恢复至初始状态。

（3）识别经验教训（TC3）：识别并记录项目执行期间的经验教训，例如顺利进行的工作、测试中遇到的问题及改进建议，可将其记录于测试完成报告中。

（4）总结测试完成情况（TC4）：编写测试完成报告，并与利益相关方进行沟通。

6.2.2.2　文档

测试管理过程的输出主要包括测试计划、测试状态报告、测试完成报告。

测试计划描述了在测试初始规划期间做的决定，并作为控制活动的一部分进行重新规划。一个测试项目可包含一个或多个测试计划。测试计划可用于多个项目，或者用于一个单一的项目（项目测试计划/主测试计划），或者用于一个特定的测试子过程（系统测试计划、集成软件测试计划、子系统测试计划、单元软件测试计划、性能测试计划等）。如果有多个软件测试计划，则需要记录各个计划之间的关系和所包含的内容。测试计划一般包括以下内容：① 测试周境，② 测试交流，③ 风险标记，④ 测试策略，⑤ 测试活动和估算，⑥ 人员配备，⑦ 进度表。

测试状态报告：提供了在特定报告期内完成的测试状态信息。包括在报告所覆盖的时间段内，所有不符合测试计划的进度、阻碍进展的因素，和消除它们的相应的解决方案。若进行测试度量，则还需整理提交与报告期结束有关的测试测度集，例如测试用例、缺陷、事件、测试覆盖、事件、活动进展和资源消耗等测度。除此之外，测试状态报告中还需列出已被确定监测和控制结果的新风险及在报告期内存在风险的变化，以及下一个报告期内计划的测试。

测试完成报告：对已执行测试的总结。主要包括对测试执行的总结、与测试计划的偏差、测试完成评价、阻碍进度的因素、测试测度、残余风险、测试交付物、可复用的测试资产、经验教训。

6.2.3　动态测试过程

6.2.3.1　过程

动态测试过程用于在特定测试阶段（例如单元测试、集成测试、系统测试和验收测试）或测试类型（例如性能测试、信息安全性测试、易用性测试）内进行动态测试。

动态测试过程包括测试设计和实现过程、测试环境构建与维护过程、测试执行过程、测试事件报告过程，如图 6－6 所示。

1）测试设计和实现过程

测试设计和实现过程（图 6－7）用于导出测试用例和测试规程，在某些情况下它可能会重用以前设计的测试资产（例如回归测试）。在该过程中，分析测试依据，组合生成特征集，导出测试条件、测试覆盖项、测试用例、测试规程，并汇集测试集。

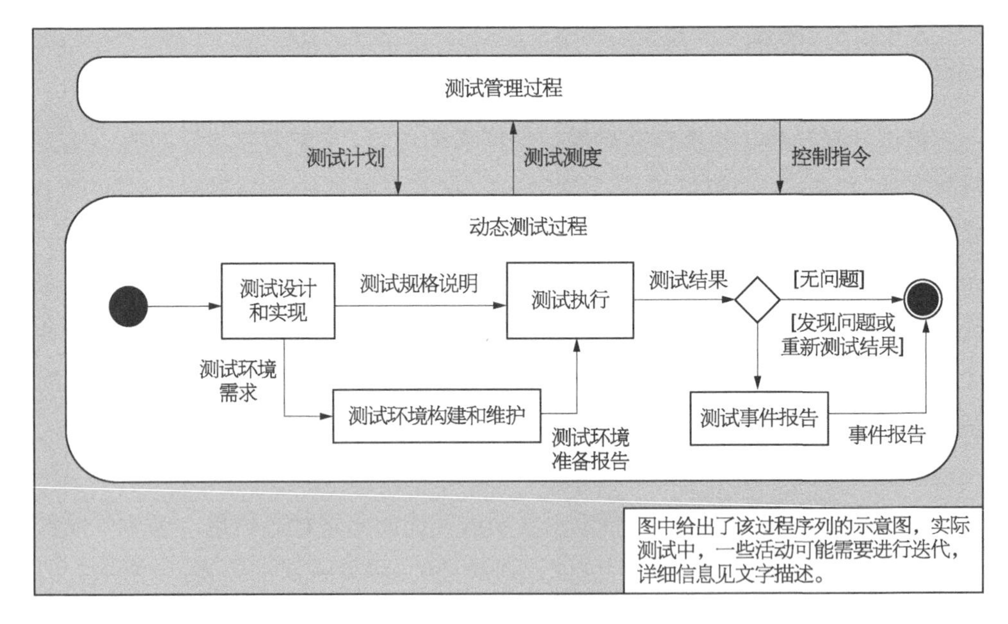

图 6－6 动态测试过程

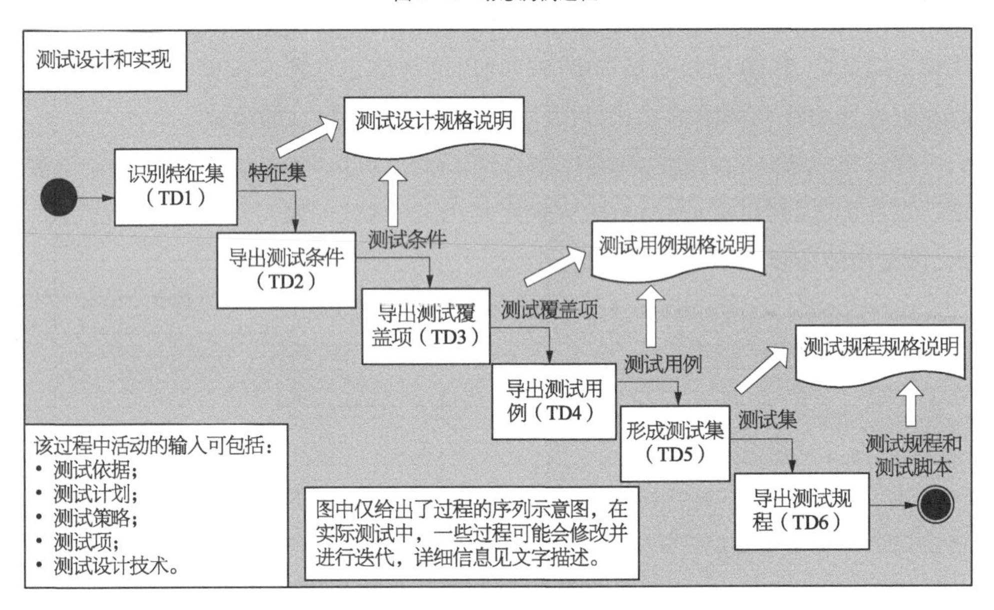

图 6－7 测试设计和实现过程

（1）识别特征集（TD1）：特征集是多个待测特征的组合，对于单元测试，特征集只可能有一个，对于系统测试，则可能包括多个特征集。

（2）导出测试条件（TD2）：测试条件是组件或系统的可测的剖面，例如：功能、事务、特征、质量属性或标识为基础测试的结构元素。可以简单地选择对将要测试的利益相关方感兴趣的那些属性或通过应用一种或多种技术来确定，例如如果指定了与状态覆盖相关的测试完成准则，那么测试条件是测试项可能所处的状态，测试条件的其他例子可以是等价类及它们之间的边界和代码中的判定条件。

（3）导出测试覆盖项（TD3）：测试覆盖项是每个测试条件的属性。例如，如果边界被标识为测试条件，那么相应的测试覆盖项就是边界本身，也可以是边界的任何一边，因此单个测试条件可以作为一个或多个测试覆盖项的基础。多个测试条件可组合成一个测试覆盖项，即单个测试覆盖项可以实现多个测试条件。

（4）导出测试用例（TD4）：当导出测试用例时，一个测试用例可以实现多个测试覆盖项，因此可在一个测试用例中组合多个测试覆盖项的覆盖范围。导出的测试用例包括前置条件、输入值及必要时执行所选测试覆盖项的操作、预期结果等。

（5）汇集测试集（TD5）：测试用例可以根据执行的约束分配到一个或多个测试集中。测试集记录在测试规程规格说明中。

（6）导出测试规程（TD6）：通过前置条件和后置条件及其他测试要求所描述的依赖性，对测试集内的测试用例进行排序而得出。

2）测试环境构建和维护

测试环境构建和维护过程用于建立和维护测试执行的环境，包括建立测试环境和维护测试环境。维护测试环境可能根据先前测试结果进行变更。在存在变更和配置管理过程的情况下，可以使用这些过程来管理对测试环境的变更。测试环境需求最初在测试计划中描述，但测试环境的详细组成通常只有在测试设计和实现过程开始后才会变得清晰。

3）测试执行过程

测试执行过程是在测试环境构建和维护过程所建立的测试环境上运行测试设计和实现过程产生的测试规程，包括执行测试规程（TE1）、比较测试结果（TE2）、记录测试执行（TE3）三个活动。如果在执行一个或多个测试用例之后，发现需要执行额外的测试用例以满足测试完成准则，则将重新进入测试执行过程。记录测试执行日志、实测结果和测试结果（例如测试通过、不通过和发生异常或意外事件的实例）。如果初测不通过，复测通过，则需要通过测试事件报告过程更新事件报告。

4）测试事件报告过程

测试事件报告过程用于报告测试事件，目的是向利益相关方报告需要通过测试执行确定进一步操作的事件。该过程将识别测试不通过、测试执行期间发生异常或意外事件，或复测通过的情况，包括分析测试结果（IR1）、创建/更新事件报告（IR2）。

对于新发现的问题，需要对测试结果进行分析，确定该事件是否需要报告，或是不需要报告就可以解决的事件，抑或不需要采取进一步的措施。如果测试结果与以前提交的事件有关，则应分析测试结果并更新事件的详情。

应确定和报告/更新需要记录的有关事件的信息，并将新的和/或更新的事件的状态传达给利益相关方。

6.2.3.2 文档

动态测试过程的输出主要是测试设计规格说明、测试用例规格说明和测试规程规格说明、测试数据需求、测试环境需求、测试数据准备报告、测试环境准备报告、实测结果、测试结果、测试执行日志、测试事件报告。

测试设计规格说明确定要测试的特征，并从每个特征的测试依据导出测试条件。在测试设计规格说明中，需包括特征集及对应的测试条件。其中，特征集是测试项需被测试的特征的逻辑分组，这些特征在测试计划中指定。测试条件主要是指可以测试什么，在何种条件下测。

测试用例规格说明标识了测试覆盖项，以及从一个或多个特征集的测试依据导出的相应测试用例。设计测试用例时，需要将测试设计技术应用于测试条件，推导出测试覆盖项。例如，等价类划分法将测试覆盖项划分为有效等价类和无效等价类。对于测试覆盖项，可定义其在测试条件下的测试优先级，优先级越高的测试覆盖项比优先级较低的测试覆盖项更早测试。除此之外，还需描述测试覆盖项所属的测试条件或特征集的可追溯性，或者列出对相关测试依据的引用，可以在测试跟踪矩阵中进行记录。对测试用例而言，通常包含目标、优先级、可追溯性、前置条件、输入、预期结果、实测结果和测试结果等内容。其中实测结果和测试结果可记录在测试规程规格说明中，也可记录在专门的实测结果、测试结果文档中。

测试规程规格说明按照执行顺序描述了所选测试集中的测试用例，以及设置初始前置条件和任何执行结束后活动所需的任何相关操作。其中，测试集描述了将测试用例组装到测试集中以测试特定的测试目标。测试规程描述从测试集导出的测试规程。包括相应测试集中的测试用例应该按照前置条件、后置条件及其他测试需求所描述的依赖关系执行的顺序。

测试数据需求描述了执行测试规程所需的测试数据的属性，包括测试数据元素的名称、所需的值或值范围。例如，数据库中至少保存 10 个用户的信息，包括完整和正确的 UserID 和所有其他必需的用户信息。除此之外，需求中应明确测试数据由谁使用，何时及多长时间需要测试数据，是否需要在测试期间重置，何时及如何在测试完成后进行归档或清除。测试数据需求的满足情况可在测试数据准备报告中体现。

测试环境需求描述了执行测试规程所需的测试环境的属性。这些信息可在该文档中描述，若在其他文档如组织级测试策略、测试计划或测试规格说明中已进行了说明，则可进行引用。测试环境需求通常可包括如下内容：硬件、中间件、软件、外围设备（例如打印机）、网络、通信方式（例如 Web 访问）、工具、安全性、场地、配件等。在实践中，测试环境通常不能完美地表示操作环境，而详细的环境需求应该反映测试环境需要表示操作环境的程度。测试环境需求的完成情况可在测试环境准备报告中体现。

测试数据准备报告：描述了每个测试数据的完成情况。

测试环境准备报告：描述了每个测试环境需求的完成情况。

实测结果是测试规程的测试用例执行结果的记录。将实测结果和预期结果两者相比较，以便能够确定测试的结果。实测结果并不总是被正式记录下来。某些类型的系统（如安全关键控管系统）可能需要完全记录实测结果，而某些系统（如那些具有高度数据完整性或可靠性要求的系统）可能选择性地对实测结果进行完整记录。在测试执行过程中，可以使用自动化工具进行记录。

一些测试用例可能包含提供结果的操作，这些结果不是执行测试用例的实测结果的一部分，而是中间结果。这些数据可以单独记录在测试日志中或与实测结果一起记录。在后一种情况下，应明确区分实测结果和中间结果。

在需要的时候，实测结果通常会被直接记录在为测试用例规格说明预留的空白框中。实测结果通常不被认为是独立的文档。

测试结果是特定测试用例执行是否通过的记录，即实际结果是否与预期结果一致，或者是否观察到偏差，或者测试用例的计划执行是否可能。测试结果通常直接记录在测试用例文档的测试结果栏中，因此测试结果通常不是独立的文档。如果测试用例通过了，可以用一个勾号或类似的标记来标记，如果测试用例执行失败了，则可以用由于观察偏差而引起的事件报告的数量来标记。也可采用一些工具，将实测结果与预期结果进行比较，并提供测试用例通过、失败或无法执行的报告。测试结果有时也被称为“通过/不通过”。

测试执行日志主要记录一个或多个测试规程执行时遇到的活动的详细信息。包括具体时间、对测试过程的影响。例如可记录测试执行时计算机性能突然下降、失效，无法执行进一步的测试；对测试环境的干扰导致实测结果不可靠等。

测试事件报告主要记录测试不通过、测试执行期间发生异常或意外事件，或复测通过的情况。测试事件记录在事件报告中。事件报告可以记录在文档中的列表或表中,也可以使用工具(例如数据库或专用 bug 跟踪工具)。

6.3 测试级别

国家标准 GB/T 38634.1—2020《系统与软件工程　软件测试　第 1 部分 概念和定义》给出了通用测试过程、测试级别和测试类型之间的关系,如图 6-8 所示。本节主要介绍测试级别相关内容,测试类型将在 6.4 节中介绍。

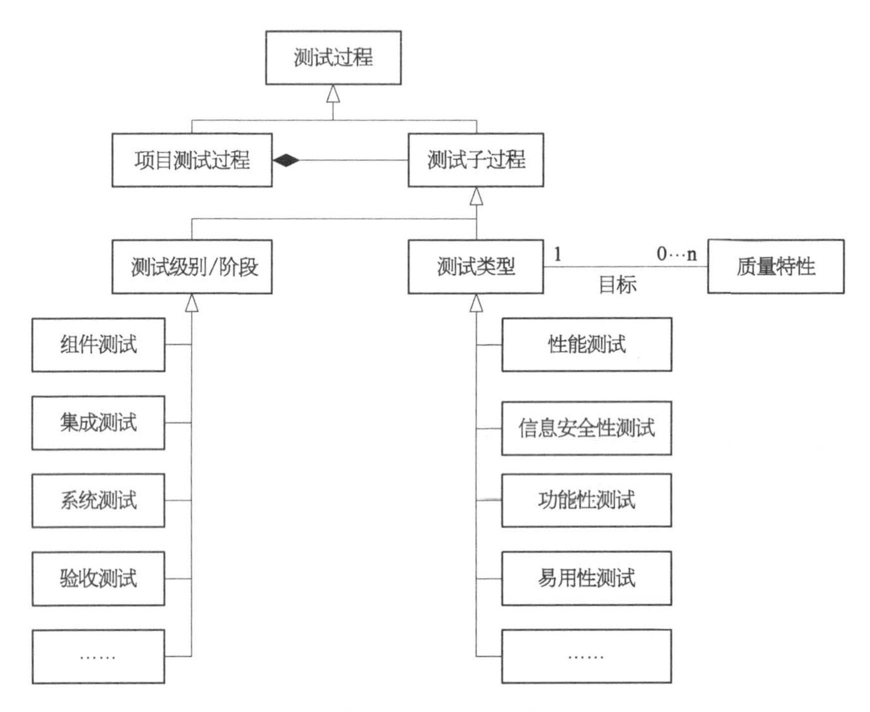

图 6-8　测试过程、测试级别和测试类型之间的关系

图片来源:GB/T 38634.1—2020 图 2

测试级别和测试阶段是测试子过程的实例化,其实际上指的是同一个概念,只是视角不同。从时间的角度来看,如按照软件工程经典的 V 模型(图 6-9),依据生存周期过程的各个阶段,可以将测试划分为单元测试、集成测试、系统测试等阶段。此时可以将这类测试子过程的实例定义为测试阶段。

如果从被测软件对象的规模来看,例如对大型信息系统进行测试,采用单元测试对单个方法或者类进行测试;采用集成测试为多个模块组合为一个子系

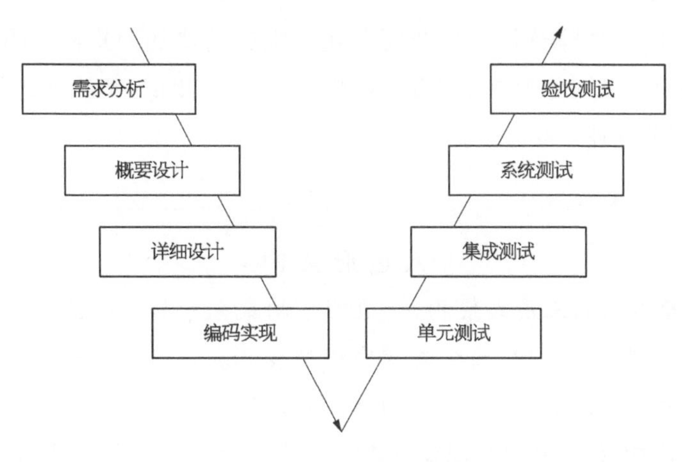

图 6－9　经典的 V 模型

统进行测试;采用系统测试为完整部署的系统进行测试。此时这类过程则称为测试级别更为合适。为了方便起见,本书下文中将统一用测试级别来表述①。

本节接下来将以微服务架构软件的测试来阐述不同测试级别的职责。与单体架构软件不同的是,微服务架构软件的测试会遇到各种外部服务依赖的问题,并且需要考虑网络通信带来的意外影响(图 6－10)。同时由于微服务架构

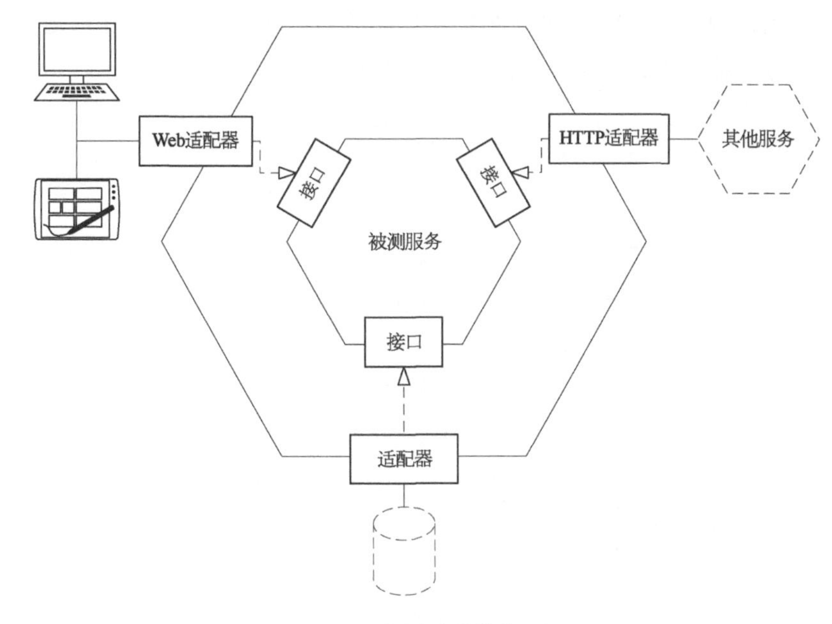

图 6－10　微服务架构软件示意图

① 国家标准 GB/T 15532—2008 中将单元测试、集成测试、配置项测试、系统测试等称为测试类别。本书作者认为测试类别的说法并不妥当,体现不出各个级别之间的先后及层次关系。读者也可以按照自身的理解进行表述。

软件的复杂性,其故障分析的复杂度会随着服务的增加而提高。因此,微服务架构软件的测试级别分为单元测试、集成测试、组件测试、契约测试和端到端测试,具体见本节详述。

六边形架构

相对于常用的三层式架构,六边形架构聚焦于领域的业务逻辑,其核心是领域模型,应用程序围绕着领域模型展开。内部六边形,即应用程序注重于领域模型业务逻辑或者用户故事的实现。应用程序的边界则是不同类型的接口,接口可以处理输入或者输出。至于接口的实现则有各个适配器来完成,领域模型及其应用程序不需要关注接口如何实现。例如一个输入接口可以通过不同的适配器接受来自浏览器、REST 或者 SOAP 的 HTTP 请求,或者来自消息中间件的 AMQP 的请求;而一个输出接口则可以通过不同的适配器在不同的存储中持久化,比如关系型数据库、键-值数据库、内存数据库或者分布式文件存储等。

六边形架构对于测试也十分友好。由于六边形架构的输入输出不依赖于实现,因此在测试中,即使没有可集成的用户方和存储,也可以通过开发不同的适配器来实现应用程序的输入输出,如图 6-11 所示。

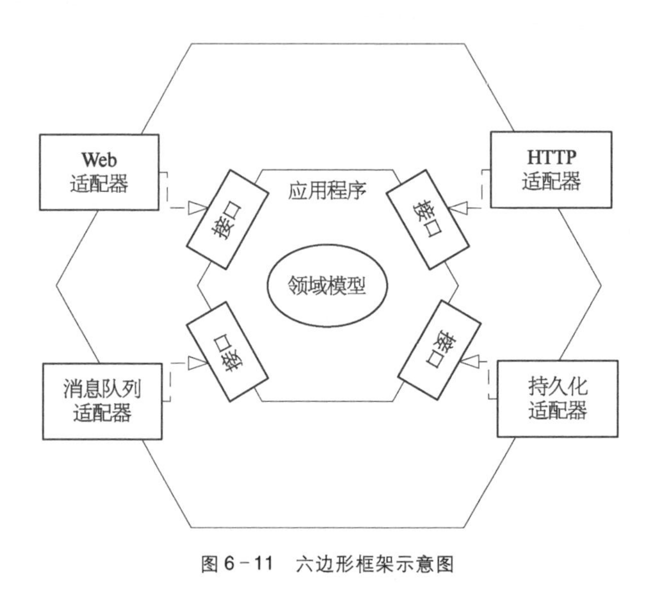

图 6-11 六边形框架示意图

6.3.1　单元测试

单元测试是测试软件最小单位代码片段是否能够正常工作的技术。其测试目标通常是一个函数、一个类、类中的方法,或者前端的一个页面、一个窗口等。

单元测试首先需要确定测试的边界,在单元测试中一般仅仅考虑被测代码,而对于其他协作部分的代码则采用 stub 和 mock 等模拟器作为测试“替身”。关于 stub 和 mock,一般来说有如下区别:

(1) stub 仅仅是对所调用方法、类的模拟替代,其定义了方法的调用,并能返回期望的结果;

(2) mock 除了模拟被调用的方法、类之外,也会记录调用的行为,并可加以验证。

确定了单元测试的边界之后,就可以开始实现单元测试了。通常来说,单元测试的实现主要分为以下几步:

(1) 设置测试数据,包括初始化被测对象,提供测试数据、实现模拟器等;

(2) 调用被测对象,执行被测的方法;

(3) 验证测试结果,对被测对象执行的结果进行验证,包括返回值、外部方法调用状态等。

以下我们用单元测试框架 Junit 和模拟器框架 Mockito 来实现一个单元测试的示例。

测试框架 Junit 和 Mockito

JUnit(https://junit.org/)是 Java 社区中最为常用的单元测试框架,用于编写可复用的测试用例,能够方便地组织和运行测试。

Mockito(https://github.com/mockito/mockito)是一个 Java 单元测试 mocking 的框架,能够较为方便地设置方法或类的行为,并在执行后对 mock 方法的调用进行校验。Mockito 和 Junit 结合使用可以快捷地展开 Java 语言项目的单元测试。

以下是被测类 UserService 的代码片段,我们仅测试 updatePasswdByUsername 方法。该方法接受用户名和用户密码两个字符串参数,并先用第一个参数去查询用户是否存在,如存在则更新用户密码并返回 true;如不存在则不执行更新操作并返回 false,见代码清单 6-1。

代码清单 6－1

```
public class UserService {

    private UserRepository userRepo;

public UserService( UserRepository userRepo) {
    this.userRepo = userRepo;
}

//待测方法,当用户名存在时,更新用户密码
    public boolean updatePasswdByUsername( String username, String password) {
      User user = userRepo.selectByUsername( username) ;
       f( user! =null) {
         user.setPassword( password) ;
         userRepo.updateUser( user) ;
         return true;
    }
    return false;
    }
}
```

接下来编写 UserServiceTest 对 UserService 类进行单元测试。按照上述单元测试的步骤，UserServiceTest 类需完成如下工作。

（1）设置测试数据。

① 用 Mockito 的 mock 注解模拟 UserRepository 类，并进行初始化。

② 定义被测类 UserService，并使用模拟的 UserRepository 类初始化。

③ 设计两个用例。

a）测试方法 shouldUpdateUserPassword：用 Mockito 的"when( ).thenReturn( )"方法设置 UserRepository. selectByUsername 方法的调用返回值。假设用户名存在的情况下 UserRepository 执行了 UpdateUser 方法来更新用户密码，updatePasswdByUsername 方法返回 true；

b）测试方法 shouldNotUpdateIfUserNotFound：设置 UserRepository. selectByUsername 方法返回值为 null，此时 UserRepository 应该不执行 UpdateUser 方法，updatePasswdByUsername 方法返回 false。

（2）调用被测方法，执行被测方法 UserService.updatePasswdByUsername。

（3）验证测试结果。

① 验证被测方法 updatePasswdByUsername 返回结果是否正确。

② 验证 UserRepository. selectByUsername 是否被正确调用。

a）在测试方法 shouldUpdateUserPassword 中，验证 UserRepository. updateUser 方法是否被正确调用，且更新的密码是否传入的“abcdef”；

b）在测试方法 shouldNotUpdateIfUserNotFound 中，验证 UserRepository. updateUser 方法是否未被调用；

c）验证 UserRepository 模拟对象在 UserService.updatePasswdByUsername 不存在其他交互。

至此对于 UserService.updatePasswdByUsername 方法的测试已完成。详细代码见代码清单 6－2。

代码清单 6－2

```
public class UserServiceTest {

    @Mock
    private UserRepository userRepo;  //模拟对象
    private UserService userService;  //被测类

    //在所有的@Test 标注的测试方法之前执行，仅会执行一次，须用 static 修饰
    @BeforeClass
    public static void beforeClass() {
    }

    //在所有的@Test 标注的测试方法之后执行，仅会执行一次，须用 static 修饰
    @AfterClass
    public static void afterClass() {
    }

    //在每个@Test 标注的测试方法之前各执行一次
    @Before
    public void before() throws Exception {
        // 初始化模拟对象
        MockitoAnnotations.openMocks(this);
        // 初始化被测类，注入模拟对象
        this.userService = new UserService(userRepo);
    }
```

```
//在每个@ Test 标注的测试方法运行之后各执行一次
@ After
public void after( ) {
}

//如用户名存在则更新用户密码
@ Test
public void shouldUpdateUserPassword( ) {
    User user = new User( "SSC" , "123456" ) ;
    // 设置模拟对象的返回预期值
    when( userRepo.selectByUsername( "SSC" ) ).thenReturn( user) ;
    // 执行测试
    boolean updated = userService.updatePasswdByUsername( "SSC" , "abcdef" ) ;
    // 验证更新是否成功
    assertTrue( updated) ;
    // 验证模拟对象的 selectByUsername 方法是否被调用了一次
    verify( userRepo).selectByUsername( "SSC" ) ;

  // 验证模拟对象的 update( )是否被调用一次,并抓取调用时传入的参数值
    ArgumentCaptor<User> userCaptor = ArgumentCaptor.forClass( User.class) ;
    verify( userRepo).update( userCaptor.capture( ) ) ;
    //获取抓取到的参数值
    User updateUser = userCaptor.getValue( ) ;
    //验证调用时的参数值
    assertEquals( "abcdef" , updateUser.getPassword( ) ) ;
    //模拟对象此时应该不存在未验证的交互
    verifyNoMoreInteractions( userRepo) ;
}

//如用户名不存在则更新失败
@ Test
public void shouldNotUpdateIfUserNotFound( ) {
    //设置模拟对象的返回预期值
    when( userRepo.selectByUsername( "SSC" ) ).thenReturn( null) ;
    //执行测试
    boolean updated = userService.update( "SSC" , "abcdef" ) ;
    //验证更新是否失败
    assertFalse( updated) ;
    //验证模拟对象的 selectByUsername 方法是否被调用了一次
```

```
        verify( userRepo).selectByUsername( "SSC" ) ;
        //模拟对象此时应该不存在未验证的交互
        verifyNoMoreInteractions( userRepo) ;
    }
}
```

6.3.2　集成测试

集成测试一般来说指的是将两个或多个通过单元测试的模块组合成一个子系统,并测试这些模块能否以预期的方式协作,检查各模块之间的交互是否正常。集成测试可以在多个级别上进行,例如类之间的集成、子系统之间的集成。对于微服务架构软件测试而言,集成测试主要是对一个微服务中对外交互模块的测试,主要包括以下两方面的测试:

(1) 验证微服务的对外通信模块与外部服务之间的交互是否正确;

(2) 验证微服务的数据访问模块与外部数据库之间的交互是否正确。

因此,在微服务的集成测试中,实际上是将微服务的对外通信模块和外部服务两个模块组合进行集成测试,检查其通信与交互;或者把数据访问模块和外部数据库进行组合,并实施集成测试。

与后续的组件测试和契约测试不同的是,微服务的集成测试主要目的是确认服务之间的通信是否正常,而不关心外部服务功能是否正确。对于外部数据库的集成测试,其主要目的是确保微服务所使用的数据结构与数据库相符。此外,微服务的访问也会受到网络故障的影响,因此在集成测试过程中也需要考虑网络出错的情况。

在集成测试阶段,外部服务可能尚未开发完成,或者由于其他原因处于不可用状态,那么为了完成测试,则需要采用模拟器来模拟外部服务。外部服务的模拟器和上一节单元测试中的模拟器类似,只是其不是对一个类或者方法的模拟,而是对 HTTP API 的模拟。

接下来讲解如何利用 WireMock 工具实现外部服务的模拟。WireMock (http://wiremock.org/)是针对 HTTP API 的模拟器,被视为一种服务虚拟化工具或者模拟服务器,其也可以用于测试极端值或者故障模式。

WireMock 可以使用 JSON 方式来配置 API 的模拟,下面我们用一段示例配置来演示如何使用 WireMock 来模拟 HTTP API,见代码清单 6-3。

代码清单 6-3

```
{
  "request": {
    "method": "POST",
    "urlPath": "/register",
    "bodyPatterns": [{
      "matchesJsonPath": "$.name",
      "matchesJsonPath": "$.password",
      "matchesJsonPath": "$.age",
      "matchesJsonPath": "$.phone",
      "matchesJsonPath": "$.email",
      "matchesJsonPath": "$.[?(@.name!= '')]",
      "matchesJsonPath": "$.[?(@.password!= '')]"
    }]
  },
  "response": {
    "status": 200,
    "headers": {
      "Content-Type": "application/json"
    },
    "body": 1,
    "delayDistribution": {
      "type": "uniform",
      "lower": 200,
      "upper": 300
    }
  }
}
```

上述代码中,首先建立外部 HTTP API 的模拟,其路径为/regsiter,拟实现用户注册功能的模拟。主要定义内容如下:

(1) 请求体需要包含 5 个字段,分别是 name、password、age、phone 和 email,同时规定了 name 和 password 不能为空;

(2) 如果请求匹配则返回 200 状态码,且响应体为 1;

(3) 响应中定义了延迟,延迟时间服从均匀分布,最大值为 300 ms,最小值为 200 ms。

然后启动 WireMock Server,当服务消费者使用到/register 接口的时候,WireMock 就可以替代服务提供者的功能,返回所需的响应;最后再通过 WireMock

验证该 API 是否被正确地请求，以及请求的内容等。

微服务集成测试的另一部分内容是验证服务的数据访问模块的外部数据库的通信。在实际测试中，服务所访问的数据库往往不便直接用于测试，以免测试数据的污染。所以需要使用一些嵌入式数据库或内存数据库来替代原本的数据库。比如 H2 Database（http://www.h2database.com/）就是一个很适合用于测试的数据库。

外部数据库的切换一般可以直接在配置文件中增加配置，在开发或者运行时使用原来的数据库，而在测试时切换至测试数据库。假设一个带有外部数据库的微服务使用 SpringBoot 开发，我们可以增加一个 H2 数据库的配置，见代码清单 6-4。

代码清单 6-4

```
spring.config.activate.on-profile: h2
spring:
  datasource:
    driver-class-name: org.h2.Driver
    url: jdbc: h2: mem: ticketsystem;MODE=MYSQL;DB_CLOSE_DELAY=-1
    username: root
    password: ssctest
    schema: classpath: db/schema.sql
    data: classpath: db/data.sql
    sql-script-encoding: utf-8
```

配置中 URL 部分"jdbc: h2: mem"表示该数据库是内存模式启动，当测试运行时建立数据库，当测试终止时销毁数据库，不会产生其他文件；"MODE=MYSQL"表示该数据库的类型、语法等兼容 MySQL 数据库；schema 部分是数据库创建时会自动执行的 SQL 文件，用于建立数据库；data 部分同样会在创建时自动执行，用于初始化数据库中的数据。测试时可以设置"spring.profiles.active: h2"切换至 H2 数据库。

完成了外部依赖服务和外部数据库的模拟，微服务的集成测试解决了两大重要的障碍，然后使用单元测试工具如 JUnit 调用服务的 HTTP Client 或者数据访问代码即可进行测试。

6.3.3 组件测试

组件测试一般而言是对大型系统中一个独立可运行的子系统进行测试。在微服务架构软件中,组件测试指的是对单个微服务进行测试,验证服务的功能及其他质量特性是否符合需求。

虽然组件测试仅对单个服务实施测试,但微服务系统中不可避免会遇到和其他服务的依赖关系。例如,一个电商系统中,订单服务在执行测试过程中,必然会和用户服务、商品服务和支付服务进行交互。因此,对于组件测试的设计,必须要考虑到这些依赖关系。

理想的情况下,被测服务所依赖的外部服务均开发完成,且已部署上线。此时可以直接利用外部服务来完成组件测试。但大部分情况下被测服务所依赖的其他服务处于未开发完成或者未部署等不可用状态,那么就需要考虑使用模拟器来替换掉这些外部服务的依赖。

组件测试的外部服务模拟有两种策略。

一种策略是将所有依赖服务的模拟器都加载在同一个进程中。此时可以编写一些模拟的适配器作为外部服务的 Stub,并用依赖注入框架替换掉真正的适配器(参考本节六边形框架的说明)。外部的数据库 H2,如 6.3.2 所述,测试时只需要替换掉数据源就可以。

另一种策略是将依赖服务模拟器的运行独立于被测系统的进程,被测系统需要通过网络调用来访问这些模拟器,其优势在于可以检测真实网络环境带来的影响。这种策略需要采用一些服务虚拟化工具来对外部服务进行模拟。

除了 WireMock 以外,还可以利用 Mountebank 实现外部服务的模拟。Mountebank(http://www.mbtest.org/)可以提供虚拟的 API 模拟,其可以支持协议 HTTP、HTTPS、TCP 和 SMTP 协议。

Mountebank 通过 JSON 格式来定义一个 imposter,并将其作为配置文件实现虚拟 API 的模拟。以下为一个登录服务的示例,其在 4545 端口提供一个 login 的路径,并限定了请求参数 uname 和 pwd 的值来验证登录是否成功。示例中简化了返回的响应,如果登录成功,响应状态码为 200,并返回“登录成功”的文本信息;反之,响应状态码为 403,并返回“禁止访问”的文本信息。

代码清单 6-5

```
{
  "port": 4545,
  "protocol": "http",
  "stubs": [{
  "responses": [{ ——————————登录成功的响应
```

```
        "is": {
          "statusCode": 200,
          "headers": {
            "Content-Type": "text/plain"
          },
            "body": "登录成功"
          }
      }],
      "predicates": [{  ——————— 登录的路径及所需参数
        "equals": {
          "path": "/login",
          "method": "POST",
          "query": { "uname": "admin",
          "pwd": "123456" }
        }
      }]
    }
  , {
      "responses": [{  ——————— 不满足谓词条件时的响应
        "is": {
          "statusCode": 403,
          "headers": {
            "Content-Type": "text/plain"
          },
          "body": "禁止访问"
        }
      }]
    }]
}
```

将该 imposter 定义作为配置文件，使用以下命令，让 mountebank 服务跑起来。

```
mb --configfile ./loginservice.ejs
```

然后用接口测试工具 Postman（https://www.postman.com/）来测试一下模拟的效果。当输入正确的登录参数时，响应码为 200，mountebank 返回了“登录成功”的文本信息，这和预设的信息一致，如图 6－12 所示。

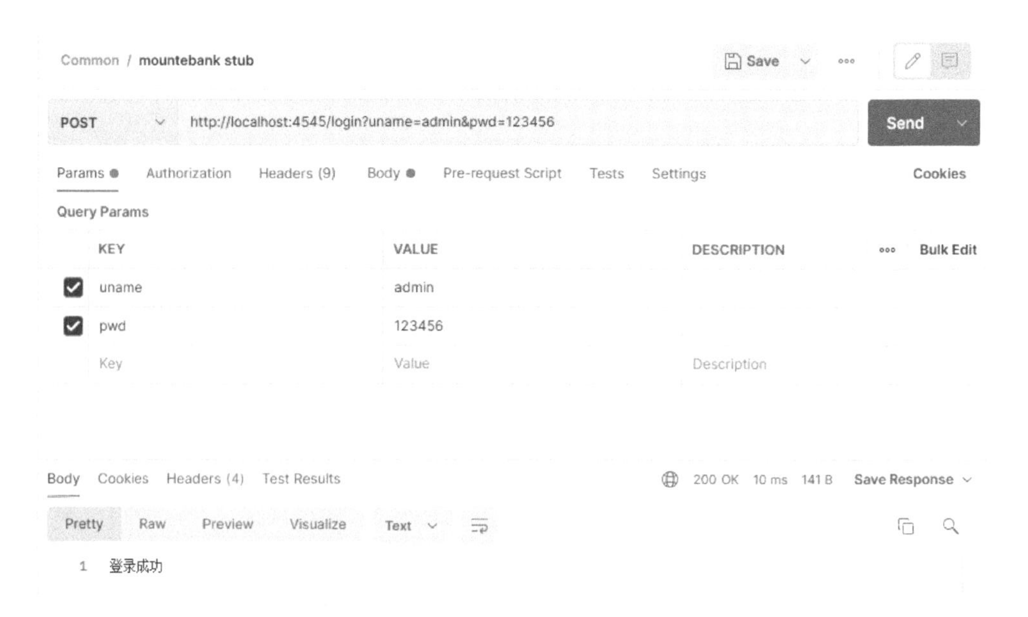

图 6-12　符合谓词条件的请求

如果少输入了密码参数，响应码则为 403，mountebank 返回了“禁止访问”的文本信息，如图 6-13 所示。

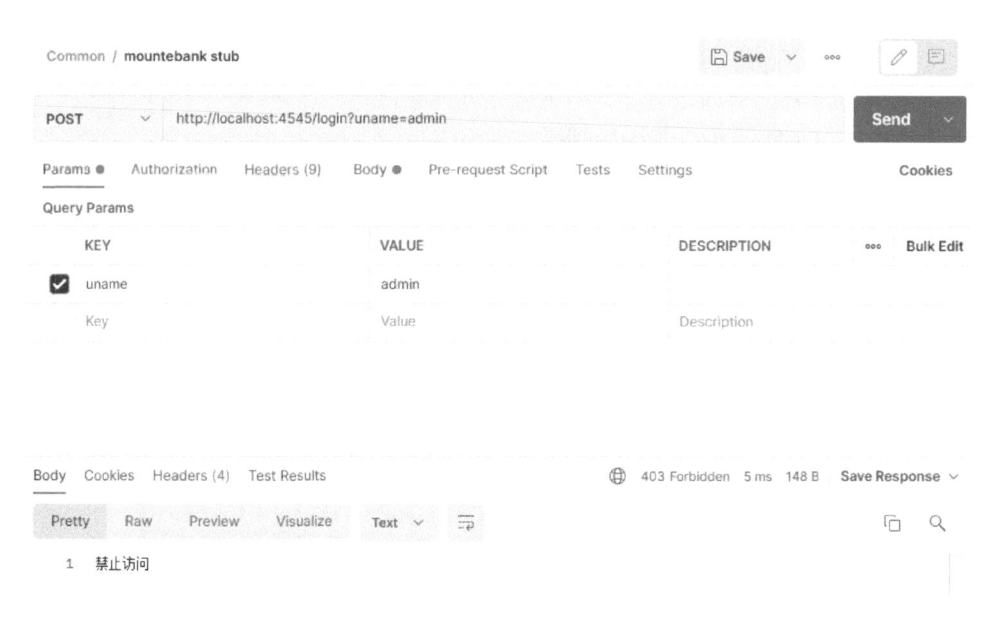

图 6-13　不符合谓词条件的请求

该示例用 mountebank 成功模拟了登录的 API，该工具可以作为外部服务模拟的利器。至此，通过单元测试、集成测试和组件测试，实现了对于一个微服务的测试,接下来需要考虑服务之间的协作关系。

6.3.4　契约测试

在单体应用中,所有的功能模块都属于同一个项目,运行在同一个进程中。此时,模块和模块之间的通信一旦不满足接口规范(契约),那么在构建时就会被编译器检测出来。而微服务架构的软件包含了大量彼此之间相互通信的服务,各个服务有着独立的运行时环境。此时一旦一个服务对契约的变更则无法被编译器检测到,从而导致服务之间的兼容性被破坏。因此需要执行契约测试来发现此类问题。

契约测试实际上也是集成测试的一种形式,其在服务之上测试服务与服务之间的交互通信是否符合需求。由于契约测试之前必须确保单个服务的功能是可以正常实现的,因此契约测试的时机应当在组件测试之后。

所谓契约,是指服务消费者与提供者之间协作的规约。契约的形式可以是多样的,通常包括以下几种情况。

(1) HTTP 的请求及响应。例如,由网关发送 HTTP 请求到具体服务的请求,其消费者是 API 网关,提供者是响应请求的服务。

(2) 命令及回复消息。例如,服务之间通过消息代理进行异步通信,发送命令消息的服务是消费者,接收命令消息并返回回复消息的服务是提供者。

(3) 领域事件。例如,聚合服务会从领域事件发布的服务中获取数据,此时事件发布者作为服务提供者,而订阅该领域事件的聚合服务作为消费者。

那么由谁来负责维护契约?

一种是由提供者来维护。提供者作为强势的一方提出契约,并让所有的消费者都遵循该契约。

另一种是由消费者维护。消费者提出其所需的契约,并交由提供者团队去实现。由于消费者契约是从消费者角度定义的,因此每个消费者都和提供者之间存在一个契约。另外还有消费者驱动的契约,其相当于是各个消费者的契约形成一个聚合契约。提供者可以创建一个满足所有消费者的契约,而消费者则可以从该契约中获取自己所需的数据。

根据契约维护角色的不同,契约测试有两种类型,一种是消费者端测试,其利用契约来配置桩,模拟提供者的行为,从而对消费者端的服务进行测试;另一种是提供者端测试,其利用契约来配置适配器,用模拟来满足适配器的依赖关系。其中最为常用的是消费者端的测试。

接下来我们来看如何采用PACT测试框架来实施契约测试。PACT(https://github.com/pact-foundation)是一个消费者驱动的契约测试框架,可支持多种语言,例如PACT JVM则支持任何能运行在JVM上的语言。

PACT进行消费者驱动的契约测试分为两部分。

(1)通过流式API定义消费者和提供者之间请求及预期的响应,编写契约。模拟提供者服务,验证消费者的行为是否符合预期。如测试通过,则生成契约文件,其中包含了消费者的名称、发送的请求、期望的响应及元数据,如图6-14所示。

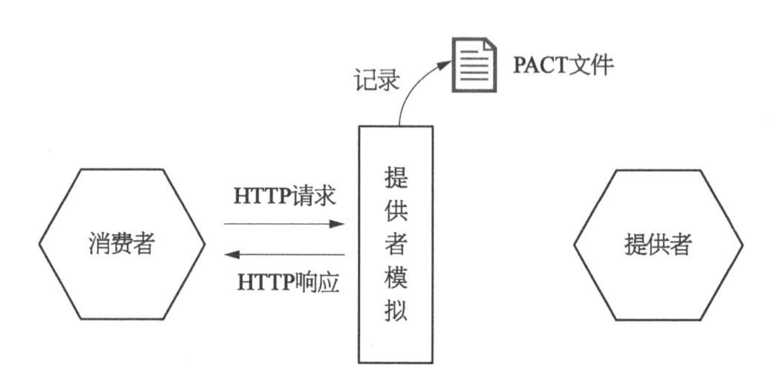

图6-14 利用PACT执行消费者端的契约测试

PACT在消费者端的测试代码通常分为两个部分。先期通过PACT的DSL(领域专用语言)定义了提供者模拟、请求和响应的路径、参数,见代码清单6-6。

代码清单6-6

```
//提供者模拟
@Pact(consumer="audience")
public RequestResponsePact findAudienceByName(PactDslWithProvider builder){
    //定义 Response body 的 DSL
    PactDslJsonBody audienceBody =   new PactDslJsonBody().
                    id("id",10L).
                    stringType("name","user1").
                    stringType("password","654321").
                    integerType("age",30).
                    stringType("phone","15661235735").
                    stringType("email", "aaa@bbb.org");
```

```
    //构建契约
    return builder.
                uponReceiving("Find a audience").
                path("/ticket/findAudience/user1").
                method("GET").
                willRespondWith().
                status(200).
                body(audienceBody).
                toPact();
}
```

再调用消费者的 HTTP Client 来访问模拟的提供者接口，如测试通过，则契约构建成功，见代码清单 6－7。

代码清单 6－7

```
@Test
@PactTestFor(pactMethod = "findAudienceByName")
public void findAudienceByNameTest(MockServer mockServer) {
        Audience audience;
        audience = tickethouseFeign.findAudience("user1"); //调用 HTTP Client 验证接口
        assert audience.getId() == 10;//以 ID 来验证接口调用是否正确
}
```

(2) 在消费者契约测试后，PACT 通过记录的契约文件，模拟消费者向提供者发送请求，并根据从提供者获得的响应结果，验证其是否和契约文件中的响应记录一致，如图 6－15 所示。至此就完成了两个服务之间的契约测试。

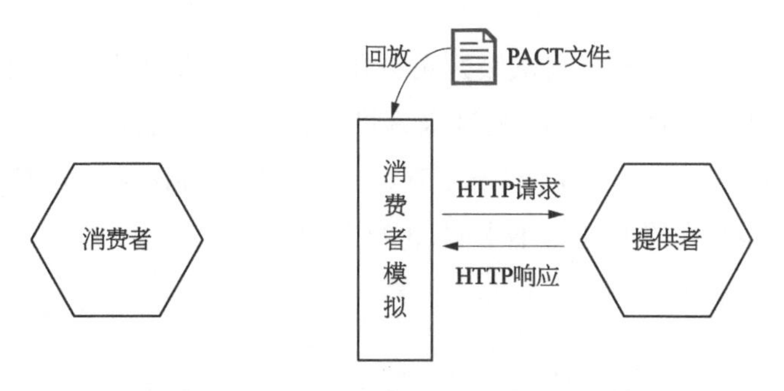

图 6－15　利用 PACT 执行提供者端的契约测试

6.3.5 端到端测试

从单元测试到契约测试,都是从开发者的角度来检测 API 是否可以正确实现,而端到端的测试,则是从用户的角度来检测整个微服务系统的功能是否符合预期。

微服务架构软件的端到端测试从测试方法上看,和其他信息系统的系统测试并无太大差异,都可以使用一些录制回放及自动化测试工具来实现,例如 Selenium、Katalon 和 Robot Framework 等。

端到端测试难点并不在测试本身,而是在于测试环境的创建和维护。要完整地部署一个大型的微服务架构软件会消耗大量的资源,而测试后的环境还原也非常耗时耗力。因此,端到端测试最需要考虑的是持续发布、自动部署、自动化测试及高效测试用例的设计。

对于测试用例的设计,可参考 6.5 节测试技术部分,采用一些经典的用例设计方法实现保证覆盖率的前提下,尽可能地减少测试用例。

6.3.6 小结

本节通过微服务架构软件的测试来阐述测试级别的概念。虽然对不同架构软件测试,可能有着不同的测试级别,但其本质相同,各个测试级别之间有着层层递进的关系。以单元测试为例,无论是大型信息系统还是嵌入式系统的开发,都需要进行单元测试。单元测试的被测对象粒度最小,其测试及修复成本最低。但假如单元测试没有达到应有的覆盖,使得本该在单元测试中解决的缺陷直到组件测试、端到端测试的时候才被发现,那么缺陷的修复成本则会成倍增长。

如图 6-16 所示,各个测试级别可以用金字塔形来描绘。下层测试级别的测试成本低、测试粒度细;上层测试级别则正好相反。上层测试级别依赖于下层测试级别,下层应修复的缺陷未发现,上层就难以对该缺陷定位和修复。如同高层建筑一般,底层的地基不牢固,上层就容易崩塌。

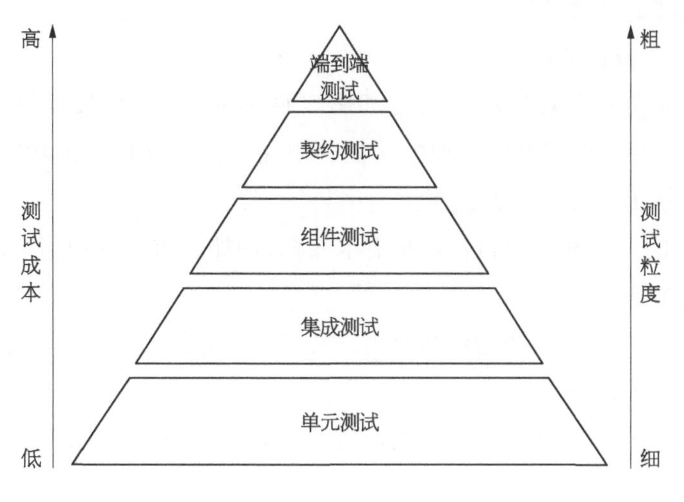

图 6－16　微服务架构软件的各个测试级别

6.4　测试类型

本节将介绍如何根据软件质量模型来指导软件测试的实施。国家标准 GB/T 25000.10—2016 中的软件质量模型有 8 个特性：功能性、性能效率、兼容性、易用性、可靠性、信息安全性、维护性和可移植性。由此可将软件测试划分为：功能测试、性能效率测试、兼容性测试、易用性测试、可靠性测试、信息安全测试、维护性测试和可移植性测试。本节主要以测试的角度展开说明，关于质量测量和质量评价的内容，可参考本书第 7 章和第 8 章。

6.4.1　功能测试

功能测试，即对系统或软件产品的各功能进行验证，根据功能测试用例逐项测试，检查被测软件是否达到用户要求的功能。功能测试也称为黑盒测试、基于规格说明的测试或数据驱动的测试。其与软件的实现细节无关，仅与软件的实际行为有关。

根据国家标准 GB/T 25000.10—2016《系统与软件工程　系统与软件质量要求和评价(SQuaRE)　第 10 部分：系统与软件质量模型》，功能性主要从功能完备性、功能正确性、功能适合性、功能性的依从性方面进行测试，其中业务流程测试纳入功能适合性中。

1）功能完备性方面

主要验证功能集对指定的任务和用户目标的覆盖程度，可测试的内容包括：对需求文档中指定的应实现的功能和被测软件实际提供的功能相比较，以确定软件对指定功能的实现程度。

① 指定的任务和用户目标可从需求文档，例如需求规格说明、计划任务书、合同等文档中获取。

② 软件实际提供的功能可结合用户文档，例如操作手册、功能清单，和被测软件的实际测试结果给出。

③ 可将应实现的功能和软件实际提供功能写入功能对照表中。如果一个需求对应多个功能，则需将对应的功能全部罗列，但视为一条对照记录；如果一个实际功能对应多个需求，则视为多条记录。

2）功能正确性方面

主要验证产品或系统提供具有所需精度的正确的结果的程度，可测试的内容包括以下方面。

（1）功能或功能集是否达到预期目标，是否正确实现。

① 针对每个功能需要设计一组或多组测试用例套，测试用例套由 2 个以上的测试用例组成，至少包含一个正面的测试用例及一个负面的测试用例。实际测试设计中，正面和负面的测试用例应满足用户测试需求。例如用户维护功能可设计“新增用户”“删除用户”“修改用户”三个测试用例套。“新增用户”测试用例套至少包含 2 个测试用例，其一为符合用户新增格式要求的用例，其二为不符合格式要求的测试用例。如用户格式有多个要求，则可针对每条不符合格式要求各设计一个测试用例。

② 测试用例的设计需考虑边界值/条件，具体测试方法可参考 6.5 节测试技术。

③ 如果测试用例套中有部分测试用例不通过，可根据测试结果中出现不通过的问题严重程度进行分析，对问题进行分级，根据问题的严重级别、优先程度决定测试用例套测试通过与否。

（2）除了用户规定的功能之外，还可对以下内容进行测试。

① 软件接口上的输入能否正确地接受，能否输出正确的结果？

② 是否有数据结构错误或外部信息（例如数据文件）访问错误？

③ 是否有初始化或终止性错误？

（3）功能正确实现，用户要求的计算精度是否达到。

计算功能已实现，但用户要求的结果精度未达到，此情况视为功能测试未通过。

3）功能适合性方面

主要验证功能促使指定的任务和目标实现的程度，可测试的内容包括以下方面。

（1）业务流程是否正确实现。

① 如完整流程需要多个用户（角色）配合完成，则设计测试用例时需考虑用户的权限，以及测试用例的前置条件、后置条件。例如，测试"审核项目"功能，审核结果为通过或退回；前置条件为具有可被审核的项目；后置条件为项目状态改变。涉及的相关操作可包括：新增用户（普通用户、审核人员）、设置用户权限（普通用户可新增/删除/修改项目；审核人员只可对项目进行审批，无法修改项目内容）、普通用户新增项目、普通用户提交项目审核、审核人员查看项目、审核人员审核项目、普通用户项目清单查看、项目状态查看等。

② 如果需要对业务流程进行多次测试，可以采用功能自动化测试工具。

（2）业务流程实现的程度如何。

如果业务流程涉及多个操作，主要根据实际测试结果是否达到预期输出结果来判断测试通过与否，如果有部分操作未能正确实现，但最终测试结果和预期输出结果相一致，则需在问题报告单及功能正确性部分进行记录。

4）功能性的依从性方面

主要验证产品或系统遵循与功能性相关的标准、约定或法规及类似规定的程度，可测试的内容包括以下方面。需求文档和产品说明中是否声明该产品或系统遵循了与功能性相关的标准、约定或法规及类似规定。

① 需求文档中是否列出应考虑的国际标准、国家标准、行业标准、企业内部规范等。

② 验证功能模块/功能点是否遵循这些标准/规范。例如金融行业软件默认遵循金融类国家标准/财务标准，测试时需对相应功能进行验证。

6.4.2　性能效率测试

性能效率测试是指测试软件在被测环境下（生产环境、测试环境）是否能达到用户要求的性能指标。性能效率与指定条件下所使用的资源量相关，性能测试可通过自动化的测试工具模拟多种正常、峰值及异常负载条件来对系统的各项性能指标进行测试。

国家标准 GB/T 39788—2021《系统与软件工程　性能测试方法》介绍了性能测试的各个类型，在执行性能测试前，需要依据性能需求选择合适的性能测试类型。性能测试类型有如下几种。

（1）负载测试：用于测试软件在预期变化负载下的性能表现。负载测试一般有需求规定预期的负载。

（2）压力测试：用于测试软件在高于预期或指定容量负载需求，或低于最少需求资源的条件下的性能表现。压力测试时，需求中的容量、资源要求仅是参考，其目的在于探测被测软件的极限，因此压力测试没有通过或不通过的说法。

（3）峰值测试：用于测试软件在短时间内负载大幅度超出通常负载时的性能表现。常见的场景例如秒杀系统，并发访问量通常在几秒内到达峰值，过了峰值之后又会急速下降。峰值测试并不要求被测软件能够在短时间内处理完成所有事务，其主要测试的是软件在峰值时能够保持不失效、不宕机、不丢失数据，而事务的处理可在峰值之后再完成。

（4）扩展性测试：用于测试软件适应外部性能需求变化（如用户负载支持、事务数量、数据量等）的性能表现。扩展性测试通常适用于微服务架构软件或者大数据系统，当硬件资源或者云资源增加后，被测软件的容量应当能按需扩展。

（5）容量测试：用于测试软件在吞吐量、存储容量或两者兼考虑的情况下处理指定数据量的能力。容量测试用于测试两方面内容：一方面是软件的存储量，比如最大数据容量、最大用户数等；另一方面是软件并发处理的能力，比如最大并发用户数，最大吞吐量等。

（6）疲劳强度测试：通常也称为稳定性测试、浸泡测试，其主要用于测试软件在指定的时间段内，能够持续维持所需的负载的能力。疲劳强度测试和软件的可靠性息息相关，需要软件能够在一定负载下长时间运行。

根据国家标准 GB/T 25000.10—2016《系统与软件工程　系统与软件质量要求和评价（SQuaRE）　第 10 部分：系统与软件质量模型》，性能效率主要从时间特性、资源利用性、容量、性能效率的依从性进行测试。

性能效率的各个子特性测试并非孤立的，通常情况下都是相互关联的。例如对于资源利用性的测试，一般需要考虑被测软件在标准/最大的容量下，满足时间特性的条件下，其资源利用情况是否符合需求。

从时间特性方面考虑，主要测试产品或系统执行其功能时，其响应时间、处理时间及吞吐率满足要求的程度。可测试的内容包括以下几方面。

（1）被测软件的响应时间、平均响应时间、响应极限时间。

（2）被测软件的周转时间、平均周转时间、周转极限时间。

（3）软件或系统的吞吐量、平均吞吐量、极限吞吐量。

（4）时间特性的测试可按照如下原则选择测试工具、方法、类型及策略：

① 根据需求，选择合适的测试工具。常用的系统负载测试工具如 SilkPerformer、LoadRunner、JMeter 等，可根据用户要求、测试的预算进行选择；

② 对于被测软件的动画、画面渲染时间、数据/图片加载、数据处理、图片识别等，可查看日志中是否具有时间戳，计算得出系统响应时间，也可以使用自动化测试工具在代码中插入时间戳的记录，例如采用 Appium 在关键操作调用的前后插入获取时间戳的代码，并依据时间差获取操作时间；

③ 测试采样点应选择关键业务、核心业务，以及吞吐量大（例如网站首页、登录）、故障频率高（根据故障记录确定）、处理动态数据的业务流程作为测试对象；

④ 测试策略应考虑并发数的选择，测试场景设计、混合业务场景设计等多方面因素，可根据需求文档或者其他类似系统的历史数据确定；

⑤ 测试时需考虑网络环境的影响。

从资源利用性方面考虑，可测试软件或系统的输入/输出设备、内存和传输资源。一般会采用工具对服务器操作系统、数据库、中间件等资源进行监控，可测试的内容包括以下方面：

① 系统测试性能的监控指标主要包括主机性能、存储设备及网络设备性能等，主要监控指标包括 CPU 占用率（Wait、Idle、Busy）、内存空闲数、磁盘 I/O、网络带宽占用等；

② 对于集群服务器，应对集群内的服务器全部进行监控，测试期间和测试结束后查看监控数据，同时验证集群是否具备负载平衡；

③ 在最大负载条件下和在规定的时间周期内，测试资源利用情况。

从容量方面考虑，可验证产品或系统参数的最大限量满足需求的程度，可测试的内容包括以下方面：

（1）被测软件支持的最大用户数/最大并发用户数；

（2）被测软件支持的最大吞吐量；

（3）被测软件单位时间可处理的最大数据量；

（4）被测软件可容纳的最大数据量、最大用户数等。

从性能效率的依从性方面考虑,主要考察产品或系统遵循与性能效率相关的标准、约定或法规及类似规定的程度,可测试的内容包括以下方面。需求文档和产品说明中是否声明该产品或系统遵循了与性能效率相关的标准、约定或法规及类似规定:

① 需求文档中是否列出应考虑的国际标准、国家标准、行业标准、企业内部规范等;

② 验证被测软件是否遵循这些标准/规范。

6.4.3 兼容性测试

兼容性测试,主要测试相同的软硬件环境下,产品、系统或组件能够与其他产品、系统或组件交换信息,执行所需功能的程度。

根据国家标准 GB/T 25000.10—2016《系统与软件工程　系统与软件质量要求和评价(SQuaRE)　第 10 部分:系统与软件质量模型》,兼容性主要从共存性、互操作性、兼容性的依从性进行测试。

从共存性方面考虑,主要验证在与其他产品共享通用的环境和资源的条件下,产品有效执行其所需的功能并且不会对其他产品造成负面影响的能力,可测试的内容包括以下方面。

1) 不同软件之间的共存

软件可能的共存性问题包括以下方面。

(1) 端口冲突,如两个软件都要求占用 8088 端口,那么势必有一个软件无法正常启动。

(2) 中间件依赖冲突,在同一中间件上部署的两个应用使用同一个名称但不同版本的依赖。

(3) 动态链接库冲突,两个软件使用名字相同但内容不同的动态链接库。

2) 同一软件不同版本之间的共存

软件更新后一般会卸载旧版本,如有特殊需求需要在同一环境在安装同一软件多个版本的,应当检验其共存性。

从互操作性方面考虑,主要验证系统、产品或软件与一个或更多的规定系统、产品或软件进行交互的能力。可测试的内容包括以下方面。

(1) 数据格式的交互。

① 文件格式交互。例如被测软件可以读取 Excel 文件格式 xlsx,并导入数

据库中。测试时应考虑 xlsx 文件的各种情况，如包含公式、图片或者其他对象的 xlsx 文件能否被正确处理。

② 粘贴板交互。例如，Word 中带格式的文本可以复制粘贴至 WPS 中，且保证其文本格式保持不变；Visio 中的作图可以对象的形式粘贴至 Word 中，保持其可编辑的功能，而不会变为位图。

（2）数据传输接口的交互，测试对外接口的正确性。

① 接口协议的正确性。接口采用的协议是否和需求文档、设计文档、产品说明中的一致。

② 请求参数的校验。可以考虑参数类型错误、参数数量错误的情况下，被测接口能否对参数进行校验，并确保系统不会被不正确的请求引起失效。

③ 响应参数的正确性。当请求正确时，检验被测接口响应参数是否正确。

从兼容性的依从性方面考虑，主要考察产品或系统遵循与兼容性相关的标准、约定或法规及类似规定的程度。可测试的内容包括需求文档和产品说明中是否声明该产品或系统遵循了与兼容性相关的标准、约定或法规及类似规定：

① 需求文档中是否列出应考虑的国际标准、国家标准、行业标准、企业内部规范等；

② 验证被测软件是否遵循这些标准/规范。

6.4.4　易用性测试

易用性测试，主要测试在指定的使用周境中，软件或系统在有效性、效率和满意度特性方面为了达成指定的目标可为指定用户使用的程度。简单来说，是为了测试软件是否方便使用。易用性测试不仅是针对应用程序的测试，也包括对用户手册系统文档等的测试。

根据国家标准 GB/T 25000.10—2016《系统与软件工程　系统与软件质量要求和评价（SQuaRE）　第 10 部分：系统与软件质量模型》，易用性主要从可辨识性、易学性、易操作性、用户差错防御性、用户界面舒适性、易访问性及易用性的依从性进行测试。

1）可辨识性方面

主要考察用户能够辨识产品或系统是否适合他们的要求的程度，可测试的内容包括以下方面。

（1）被测软件的各项功能是否容易被识别和被理解。

① 新用户在没有受到培训情况下是否能顺利使用被测软件系统。

② 用户在演示指导之后，是否可以正确使用软件的核心功能或流程。例如，新用户登录网站，可以凭借网站页面信息正确使用软件的核心功能或流程。

（2）要求具有演示能力的功能，确认演示是否容易被访问、演示是否充分和有效。被测软件是否有核心功能或流程的演示功能，比如在线演示、离线演示或使用的 Tips 等。

2）易学性方面

主要考察在指定的使用周境中，产品或系统在有效性、效率、抗风险和满意度特性方面为了学习使用该产品或系统这一指定的目标可为指定用户使用的程度。简言之，软件是否提供多种途径供用户学习使用，可测试的内容包括以下方面。

（1）被测软件是否提供帮助功能。

① 检查被测软件核心功能模块是否有对应的帮助文档。

② 检查被测软件是否提供在线帮助功能确认在线帮助是否容易定位、是否有效。

（2）对照用户手册或操作手册执行功能，测试用户文档的有效性，检查阅读帮助文档后是否可以正确操作相应的功能。

（3）被测软件是否有完整的操作手册。

3）易操作性方面

主要考察产品或系统具有操作和控制的属性的程度，可测试的内容包括以下方面。

① 用户是否能方便地定制界面的布局。例如：以正确操作模式、误操作模式、非常规操作模式、快速操作模式为框架设计。

② 用户是否能方便地定制界面的元素，如配色风格、字体大小等。

③ 被测软件是否支持快捷方式操作。

④ 要求具有界面提示能力的界面元素，确认它们是否有效，例如对要求输入的内容有详细的解释或提示，比如信用卡的安全码等。

⑤ 是否提供辅助功能，例如语音输入、手写输入等。

⑥ 是否包含参数设置的功能，确认参数是否易于选择、是否有缺省值。

⑦ 要求具有运行状态监控能力的功能，确认它们的有效性。

4）用户差错防御性方面

主要考察系统预防用户犯错的程度，可测试的内容包括以下方面。

（1）软件系统是否有对数据长度、类型、输入说明等进行提示。输入框对数据长度、类型均有一定的规则、要求，当输入不符合规则的内容时进行提示。例如，输入 10 个字符以上，提示超出最长字符串；身份证输入超过 18 位，系统提示身份证输入错误，超出正常长度范围。

（2）被测软件是否能够在输入错误语法时进行提示。例如，当“温度”一栏中输入中文或英文字母，系统提示输入错误，仅限输入数字。

5）界面舒适性方面

主要考察用户界面提供令人愉悦和满意的交互的程度，可测试的内容包括以下方面。

（1）是否能够对界面格式进行自由调整。

（2）是否能够对分辨率进行自由调整。

（3）被测软件是否通过多窗体、单窗体或资源管理器风格进行展示。

6）易访问性方面

主要考察在指定的使用周境中，为了达到指定的目标，产品或系统被具有最广泛的特征和能力的个体所使用的程度，可测试的内容包括以下方面。

（1）被测软件是否支持多语言信息。

（2）被测软件是否支持语音提示。

（3）被测软件是否支持对残疾人进行辅助操作功能。例如，支持语音输入、手写输入等功能，可通过语音进行操作的确认。

7）易用性的依从性方面

主要考察产品或系统遵循与易用性相关的标准、约定或法规及类似规定的程度，可测试的内容包括需求文档和产品说明中是否声明该产品或系统遵循了与易用性相关的标准、约定或法规及类似规定：

① 需求文档中是否列出应考虑的国际标准、国家标准、行业标准、企业内部规范等；

② 验证被测软件是否遵循这些标准/规范。

6.4.5　可靠性测试

可靠性测试是为了评估产品在规定的寿命期间内，在预期的使用、运输或储存等所有环境下，保持功能可靠性而进行的活动。

根据国家标准 GB/T 25000.10—2016《系统与软件工程　系统与软件质量要求和评价(SQuaRE)　第 10 部分：系统与软件质量模型》，可靠性主要从成熟性、可用性、容错性、易恢复性、可靠性的依从性进行测试。

1）成熟性方面

主要考察系统、产品或组件在正常运行时满足可靠性要求的程度，可测试的内容包括以下方面。

（1）控制失效的频率。

① 基于软件配置项操作剖面设计测试用例，根据实际使用的概率分布随机选择输入、运行软件配置项，测试软件配置项满足需求的程度并获取失效数据，例如对重要输入变量值的覆盖、对相关输入变量可能组合的覆盖、对设计输入空间与实际输入空间之间区域的覆盖、对各种使用功能的覆盖、对使用环境的覆盖。

② 在有代表性的使用环境中及可能影响软件配置项运行方式的环境中运行软件配置项，验证可靠性需求是否正确实现。对一些特殊的软件配置项，如容错、实时嵌入式等，由于在一般的使用环境下常常很难在软件配置项植入差错，应考虑多种测试环境。

（2）测试软件配置项平均无故障时间。选择可靠性增长模型，通过检测到的失效数和故障数，对软件配置项的可靠性进行预测。

2）可用性方面

主要考察系统、产品或组件在需要使用时能够进行操作和访问的程度，可测试的内容包括以下方面。

（1）查看系统高可用配置。例如大数据系统是否配置了 ZooKeeper 集群实现 HDFS 和 Yarn 的高可用。

（2）通过失效模拟的方法验证被测软件的可用性。

① 异常关闭某个节点所在容器。

② 断开某个节点的网络。

③ 终止某个节点的计算任务，验证任务最终是否可以完成。

④ 需要注意，失效模拟具有一定的破坏性，应尽量在测试环境中进行。如在生产环境中进行，应当做好环境恢复预案。

3）容错性方面

主要考察在存在硬件或软件故障时，系统、产品或组件的运行符合预期的程度,可测试的内容包括以下方面。

(1) 避免宕机。测试过程中,软件的失效应不会引起整个运行环境宕机。

(2) 抵御误操作。

① 关键操作必须具有再次确认功能。

② 输入数据为保存关闭页面或软件时给出确认提示。

③ 操作需要具备幂等性,例如在不刷新表单的情况下,多次点击提交按钮,应当只执行一次提交操作。

④ 重要核心数据操作需再次验证用户密码后才能进行。

(3) 发生故障时,查看软件的反应。

① 对中断发生的反应。

② 在边界条件下的反应。

③ 功能、性能的降级情况。

④ 各种误操作模式。

⑤ 各种故障模式(如数据超范围、死锁等)。

(4) 系统冗余。

① 重要关键子系统需要有冗余机制。

② 重要数据需要实现多点热备或者异地灾备。

③ 在多机系统出现故障需要切换时的功能和性能的连续平稳性。

4) 易恢复性方面

主要考察在发生中断或失效时,产品或系统能够恢复直接受影响的数据并重建期望的系统状态的程度,可测试的内容包括以下方面。

(1) 发生故障的频率及恢复速度。

① 特定的时间范围内的平均宕机时间。

② 特定的时间范围内的平均恢复时间。

(2) 发生中断或失效时,产品或系统恢复的能力。

① 软件失效后是否可自动重启并继续提供服务的能力。

② 要求具有还原能力(数据库的事务回滚能力)的功能,确认它们能否在动作完成之后被撤销。

③ 要求具有容错能力的功能和操作,确认软件或系统能否提示差错的风险、能否容易纠正错误的输入、能否从错误中恢复。

5) 可靠性的依从性方面

主要考察产品或系统遵循与可靠性相关的标准、约定或法规及类似规定的程度，可测试的内容包括需求文档和产品说明中是否声明该产品或系统遵循了与可靠性相关的标准、约定或法规及类似规定：

① 需求文档中是否列出应考虑的国际标准、国家标准、行业标准、企业内部规范等；

② 验证被测软件是否遵循这些标准/规范。

6.4.6 信息安全性测试

信息安全性测试，主要验证产品或系统保护信息和数据的程度，以使用户、系统产品或系统具有与其授权类型和授权级别一致的数据访问度。

根据国家标准 GB/T 25000.10—2016《系统与软件工程 系统与软件质量要求和评价(SQuaRE) 第 10 部分：系统与软件质量模型》，信息安全性主要从保密性、完整性、抗抵赖性、可核查性、真实性、信息安全性的依从性进行测试。

1）保密性方面

主要目的是确保数据只有在被授权时才能被访问，可测试的内容包括以下方面。

（1）访问控制功能。

① 是否设计了权限控制模块，有专门系统管理员进行权限管理。

② 是否进行权限分离，系统管理员和业务操作分开，系统管理员不具有业务操作权限。

③ 是否遵守最小权限原则。不同账户享有完成各自承担任务所需的最小权限，并在它们之间形成相互制约的关系。

（2）通信过程中的数据进行加密。

对通信过程中的整个报文或会话过程进行加密。

（3）授权访问。

① 以不同权限用户登录系统，判断用户是否可以访问被授权的模块。

② 各权限用户不能访问未授权模块。

③ 各权限用户不能进行越权操作。

2）完整性方面

主要验证系统、产品或组件防止未授权范围、篡改计算机程序或数据的程度，可测试的内容包括以下方面。

输入数据时是否具备完整性约束。

① 采用下拉列表、可选框、必选框等选择。

② 批量导入数据时，可采用摘要、校验码等进行完整性校验。

③ 采用关系型数据库的数据约束，实现唯一键、外键、可选值约束。

④ 数据保存的完整性：采用关系型数据库保存数据。

⑤ 数据传输的完整性，在传输过程中采用多种数据防篡改措施。

3）抗抵赖性方面

主要考虑活动或事件发生后可以被证实且不可被否认的程度，可测试的内容包括以下方面。

（1）日志是否不能被篡改，软件是否能识别对日志的任何修改或删除，并能阻止该操作。

（2）重要的用户操作是否具有数字签名。

4）可核查性方面

主要考察实体的活动可以被唯一地追溯到该实体的程度，可测试的内容包括以下方面。

（1）是否对重要事件进行安全审计，是否提供覆盖到每个用户的安全审计功能，对应用系统重要安全事件进行审计。

（2）是否提供安全审计日志记录，活动是否有详细的日志记录，记录内容至少应包括事件日期、时间、发起者信息、类型、描述和结果等。

（3）如日志信息从多台设备（服务器）获取，设备之间是否做到时钟同步。

5）真实性方面

主要考察对象或资源的身份标识能够被证实符合其声明的程度，可测试的内容包括以下方面。

（1）是否提供身份鉴别模块。

① 系统是否有专用的登录控制模块对登录用户进行身份标识和鉴别。

② 系统是否提供用户身份标识唯一和鉴别信息复杂度检查功能。

③ 用户身份鉴别是否提供两种或以上的鉴别技术。

（2）登录失败处理方式。

提供登录失败处理功能，常见措施例如：结束会话、限制非法登录次数和自动退出。

6）信息安全性的依从性方面

主要考察产品或系统遵循信息安全性相关的标准、约定或法规及类似规定的程度。可测试的内容包括需求文档和产品说明中是否声明该产品或系统遵循了与信息安全性相关的标准、约定或法规及类似规定：

① 需求文档中是否列出应考虑的国际标准、国家标准、行业标准、企业内部规范等；

② 验证被测软件是否遵循这些标准/规范。

6.4.7 维护性测试

维护性测试，主要测试产品或系统可被预期的维护人员修改的有效程度及效率。

根据国家标准 GB/T 25000.10—2016《系统与软件工程　系统与软件质量要求和评价(SQuaRE)　第10部分：系统与软件质量模型》，维护性主要从模块化、可重用性、易分析性、易修改性、易测试性、维护性的依从性进行测试。

1）模块化方面

主要考察系统是否有多个独立组件组成，独立组件的修改对其他组件的影响小，可测试的内容包括以下方面。

（1）被测软件是否采用了合理的架构来避免高耦合性，例如，一个良好设计的微服务架构软件耦合性较低。

（2）软件的内聚性和耦合性，可通过本书第4章软件复杂性度量获取。

2）可重用性方面

主要考察资产能被用于多个系统，或其他资产建设的程度，可测试的内容包括以下方面。

（1）编码规则的符合性，检查被测软件源码是否符合所要求的代码规范。

（2）文档的齐备性，检查被测软件的文档是否齐全、充分，便于重用。

3）易分析性方面

主要考察软件的预期变更对软件或系统的影响、诊断产品的缺陷或失效原因，识别待修改部分的有效性和效率，可测试的内容包括以下方面。

检查软件是否具有如下诊断功能。

① 是否具有可识别软件的版本号/名称。

② 被测软件运行过程中发生异常或失效时，会给出明确的提示信息。例如：登录系统时发生断网，系统提示“登录超时，请检查网络是否可用”；断开数据库，执行查询操作，系统提示“无法连接到数据库”。如果被测软件仅给出的信息为“ERROR”，则信息不明确，无法帮助错误分析及定位。

③ 用户可标识引起失效的具体操作，在用户文档中是否列出可能引起该失效的相关操作。

④ 被测软件是否具有系统日志、操作日志、错误日志等。日志文件是否可帮助诊断引起失效的操作。

⑤ 被测软件应具备错误日志记录功能。尝试触发相关故障，检查是否记录在错误日志中。

⑥ 错误日志应具备良好的可读性，是否包含报错时间、错误描述、异常模块、出错时用户操作等信息。

⑦ 被测软件是否提供状态监测功能，包括资源使用情况等，并查看监视功能是否正确。

4）易修改性方面

主要考察产品或系统是否能被有效修改，且不会引入缺陷或其他降低现有产品的质量，可测试的内容包括以下方面。

（1）被测软件是否支持软件升级、数据更新。

① 版本更新。软件是否可以通过在线自动等方式更新。

② 数据更新。版本更新是否会涉及数据更新，如果会，则以何种方式进行数据更新，手动还是自动？

（2）被测软件是否支持参数配置，是否方便扩充系统应用，增加新的功能模块。

① 通过配置参数的方式实现功能模块的扩充。

② 软件被修改后，查看软件的运行情况，是否存在异常或部分功能失效。

（3）用户、流程、权限等定制化。

① 系统参数配置。通过系统参数的设置，能修改与参数相关的功能。例如系统或软件支持新建用户角色、修改角色权限等，配置成功并生效。

② 用户权限配置。给用户配置权限，根据权限操作授权范围内的模块。例如，系统支持用户权限配置功能，配置成功并生效。

③ 流程定制。给用户、角色指定对应的工作流程，流程设定可在系统设置或参数配置中完成。

④ 软件变更控制的能力。用户文档集中应包含维护后的版本及修订内容，维护后的版本及修订内容是否能够在用户文档集中查阅到。

5）易测试性方面

主要考察是否能为软件、系统或组件设立测试准则，通过测试执行来确定测试准则是否被满足,可测试的内容包括以下方面。

(1) 被测软件文档描述是否充分,是否能够按文档对修改后的软件进行测试,是否需要附加的测试措施。

(2) 修改后的被测软件是否容易选择检测点执行测试。

6) 维护性的依从性方面

产品或系统遵循与维护性相关的标准、约定或法规及类似规定的程度,可测试的内容包括需求文档和产品说明中是否声明该产品或系统遵循了与维护性相关的标准、约定或法规及类似规定:

① 需求文档中是否列出应考虑的国际标准、国家标准、行业标准、企业内部规范等;

② 验证被测软件是否遵循这些标准/规范。

6.4.8 可移植性测试

可移植性测试,测试软件是否可以被成功移植到指定的硬件或软件平台上。

根据国家标准 GB/T 25000.10—2016《系统与软件工程　系统与软件质量要求和评价(SQuaRE)　第 10 部分:系统与软件质量模型》,可移植性主要从适合性、易安装性、易替换性、可移植性的依从性进行测试。

1) 适应性方面

主要考察软件运行的软硬件环境是否符合用户文档集中可移植性的要求,可测试的内容包括以下方面。

(1) 被测软件对操作系统的适应能力。

① 32 位和 64 位系统的适应性。

② 不同操作系统内核版本的适应性,例如是否可提供支持 Android 10、Android 11 的安装包;可否同时支持 Linux 4.19 和 Linux 5.16 内核的操作系统。

③ 不同操作系统发行版本的适应性,例如是否可提供支持 Ubuntu、CentOS、银河麒麟、统信 UOS 的多个安装包。

(2) 被测软件对支撑软件的适应能力。

① 关系型数据库的适应性,例如,是否对常用的关系型数据库(Oracle、MySQL、PostgreSQL、达梦 DM、KingbaseES)提供不同的 DDL,便于用户选择。

② 中间件的适应性,例如,是否针对不同中间件(Tomcat、Weblogic、Tongweb、ApusicAS)提供待部署的安装包或者安装手册。

③ 浏览器的适应性，例如，使用常用浏览器及其各个版本访问，如 Internet Explorer，Firefox，Chrome 等均不会出现界面错乱或者功能无法使用等情况。

(3) 被测软件对硬件环境的适应能力。

屏幕分辨率，例如，支持 1680×1050（宽屏）或 1600×1200（4 : 3）的屏幕分辨率，不会出现大量黑边、界面错乱的情况。

2) 易安装性方面

主要考察在指定的环境中，产品或系统能够成功地安装/卸载的有效性和效率的程度，可测试的内容包括以下方面。

(1) 安装/卸载的工作量、消耗时间。

(2) 安装/卸载的可定制性。

① 在安装时，是否提供完整安装、典型安装、自定义安装等方式。

② 验证软件安装/卸载时是否能选择安装/卸载的内容（组件）、是否能安装到指定目录下，卸载时相关文件是保留还是删除。

(3) 安装/卸载操作的难易性。

① 在安装时，是否具备安装向导，如果根据安装向导进行自动安装，是否提供手动配置方式？如果是手动配置，检查是否为选择框等可令操作变得简便的方式；如果是文件解压的绿色安装方式，配置文件、环境变量是否需要人为修改？

② 软件应提供卸载说明，如采用卸载向导进行自动卸载、从控制面板中的添加/删除中进行卸载或直接删除对应的文件夹等。

(4) 安装/卸载过程中是否会影响其他软件的正常运行。

(5) 安装后文件、功能、数据是否完整。

(6) 卸载是否完全，是否会存在残余文件。

3) 易替换性方面

主要考察在相同的环境中，产品能够替换另一个相同用途的指定软件产品的程度，可测试的内容包括以下方面。

(1) 被测软件替代安装是否会产生其他负面影响。

(2) 替换后，被测软件是否可继续使用被替代软件使用过的数据。

(3) 替换后，被测软件能够代替原软件的功能是否符合需求。

(4) 替换后，被测软件的新功能是否能被用户接受。

4) 可移植性的依从性方面

主要考察产品或系统遵循与可移植性相关的标准、约定或法规及类似规定的程度，可测试的内容包括需求文档和产品说明中是否声明该产品或系统遵循了与可移植性相关的标准、约定或法规及类似规定：

① 需求文档中是否列出应考虑的国际标准、国家标准、行业标准、企业内部规范等；

② 验证被测软件是否遵循这些标准/规范。

6.5 测试技术

国家标准 GB/T 38634.4—2020《系统与软件工程　软件测试　第4部分：测试技术》将测试技术分为基于规格说明的测试设计技术、基于结构的测试设计技术和基于经验的测试设计技术三种类型。该标准中的测试技术，其本质上是测试用例设计的技术，即如何设计测试用例，以期达到满足需求的测试覆盖率。

（1）基于规格说明的测试，即黑盒测试，测试需求、测试规格说明、测试模型或用户需求是设计测试用例的主要信息来源。

（2）基于结构的测试，即白盒测试，测试项的结构，如源代码或模型是设计测试用例的主要信息来源。

（3）基于经验的测试，测试者的知识和经验是设计测试用例的主要信息来源。

在实际测试过程中，测试技术本身并非独立的，而是可以结合起来使用。例如对于一个组件模块的测试，可以先采用基于结构的测试方法，对代码做分支覆盖测试，再用其他基于规格说明的测试技术进行测试。再例如，对于一个复杂的业务系统，可以使用场景测试对其业务流设计测试用例；其中的部分复杂控制界面的测试，则可以采用组合测试的方法生成测试用例；而组合测试中的某个参数，其取值如果过多或者是连续值，则可以采用等价类划分的方法对其离散化。

GB/T 38634.4—2020 依据 GB/T 38634.2—2020 动态测试过程中的测试设计和实现过程中步骤 TD2（导出测试条件）、TD3（导出测试覆盖项）和 TD4（导出测试用例）来描述各自测试技术。

（1）测试条件。

根据 GB/T 38634.1—2020 定义，测试条件定义为“组件或系统可测的方面，如作为测试依据的功能、事务、特征、质量属性或者结构元素”。在不同的测试用例设计方法中,测试条件的描述方式也不尽相同。例如,边界值方法中,测试条件是依据边界划分的等价类;语法测试中,测试条件是每一条规则;组合测试中,测试条件是由参数和其允许值组成的“键-值对”。

(2) 测试覆盖项。

根据 GB/T 38634.1—2020 定义,测试覆盖项定义为“在使用测试设计技术从一个或多个测试条件导出的属性或属性组合,可以用于测量测试执行的充分性”。在相同的测试条件下,如果对测试覆盖率的要求不同,其测试覆盖项也不同。以组合测试为例,2 强度组合仅要求测试覆盖项覆盖到各个参数之间具备成对组合即可,而 3 强度组合则要求各个参数之间形成三三组合,具体可见 6.5.1.5 组合测试章节。

(3) 测试用例。

根据 GB/T 38634.1—2020 定义,测试用例定义为“前置条件、输入(包括操作,如果适用)和预期结果的集合,用于驱动测试项的执行以满足测试目标,测试目标包括正确实现、错误识别、检查质量和其他有价值的信息”。一个测试用例需要至少覆盖一个测试覆盖项,也可以覆盖多个测试覆盖项。例如,在场景测试中,一个测试用例可以覆盖一个场景;而组合测试中,一个多参数的测试用例可以覆盖多个测试覆盖项。

本节后续基于规格说明和基于结构的测试设计技术将围绕这三个步骤来进行阐述。

6.5.1 基于规格说明的测试设计技术

6.5.1.1 等价类划分

等价类划分是一种经典的测试用例设计方法,其将被测软件的整个输入域划分成若干部分(等价类),并从中选取了少数有代表性的输入数据作为测试输入,从而减少了测试用例数,提高了软件测试的效率。

等价类可以分为有效等价类和无效等价类。有效等价类符合需求规格说明中输入的要求,是合理有意义的输入元素的集合。无效等价类是不合理无意义的输入元素的集合。无效等价类可用于检测被测软件在异常输入情况下的可靠性。

等价类划分方法的主要技术难点在于如何划分出合适的等价类。一般来说,等价类划分有如下几种方法。

(1) 按区间划分:输入数据如果是连续的,那么可以按照区间来划分等价

类。例如,某技能考试成绩满分为 100 分,最低为 0 分,划为四个等级:

优秀: 90 分≤成绩<100 分。

良好: 75 分≤成绩<90 分。

合格: 60 分≤成绩<75 分。

不合格: 0 分≤成绩<60 分。

那么我们可以按照成绩的区间划分等价类,如图 6-17 所示。另外,成绩<0 和成绩>100 的无效等价类同样也需要考虑。

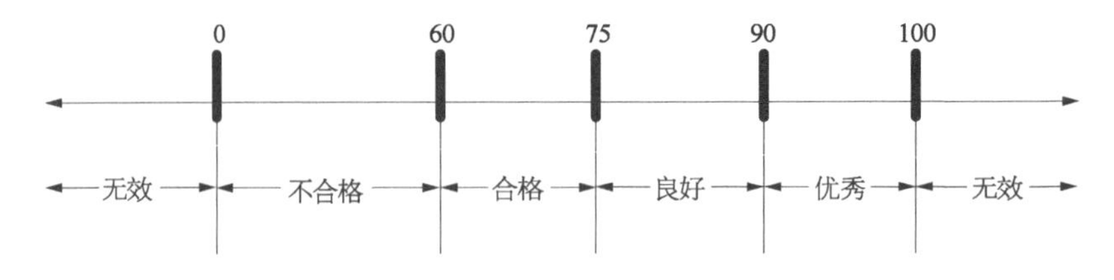

图 6-17 成绩划分等价类示例

(2) 按集合划分: 输入数据如果是离散的集合,那么可以按照不同的类别来划分。例如,第五套人民币纸币共有 1 元、5 元、10 元、20 元、50 元和 100 元六种面额,而某自动售货机只能接受 5 元、10 元和 20 元的纸币,那么利用等价类划分,可以分为有效面额{5 元、10 元、20 元}和无效面额{1 元、50 元、100 元}两个等价类。

(3) 按规则划分: 输入数据如果具有某种规则的约束,那么可以按照规则划分。例如,某文本框需要输入电子邮件地址,那么符合正则表达式:“^[a-zA-Z0-9_-]+@[a-zA-Z0-9_-]+(\.[a-zA-Z0-9_-]+)+”的元素为有效等价类,其余则为无效等价类。

等价类划分完成后,我们需要检验等价类是否遵循以下原则:

(1) 各等价类应互斥,即不存在一个元素同时属于两个等价类;

(2) 等价类的全集应是整个输入域;

(3) 一个等价类中的所有元素应该有着相同的处理逻辑。

下面我们根据一个案例来演示如何用等价类划分设计测试用例。

某网站注册时需要用户设置密码并确认(图 6-18),规则如下:

(1) 密码和确认密码均为必填项;

(2) 密码长度 8~16 位字符;

(3) 密码需包含字母和数字;

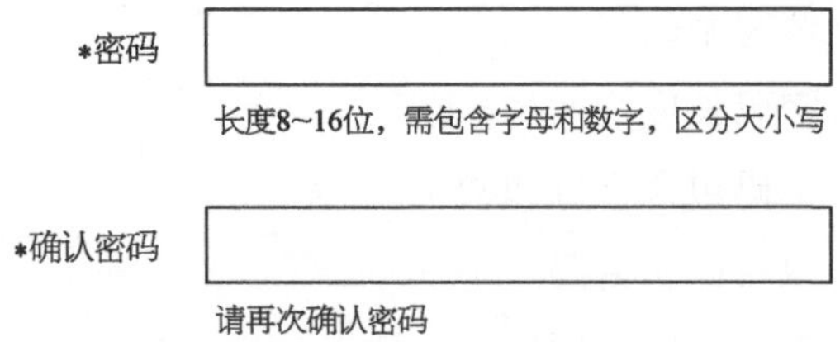

*密码

长度8~16位，需包含字母和数字，区分大小写

*确认密码

请再次确认密码

图 6－18　密码设置界面

（4）密码区分大小写；

（5）确认密码需和密码一致。

当用户提交表单后，系统会根据表单内容返回提示信息：

（1）密码为空时，提示“密码不能为空”；

（2）密码位数不为 8～16 位时，提示“密码长度应为 8～16 位”；

（3）密码只有字母或者数字或者其他特殊符号，提示“密码需包含字母和数字”；

（4）密码和确认密码不一致时，提示“确认密码与密码不一致”；

（5）当所有条件都符合时，提示“信息提交成功”。

我们首先列举出各项规则的有效等价类和无效等价类，见表 6－1。

表 6－1　密码规则的等价类表

输入项	规　则	有效等价类	无效等价类
密　码	必填	填写密码	密码为空
	长度为 8～16 位	密码长度为 8～16 位	密码长度小于 8 位
			密码长度大于 16 位
	需包含字母和数字	密码包含字母和数字	只有字母
			只有数字
			只有特殊符号（既无字母也无数字）
确认密码	必填	填写确认密码	确认密码为空
	与原密码一致	确认密码与原密码一致	确认密码与原密码不一致
	密码区分大小写	确认密码与原密码大小写一致	确认密码将原密码某位字母大小写互换，其余与原密码一致

导出测试条件：

等价类划分方法的测试条件就是每个等价类。

有效等价类如下：

TCOND1：填写密码

TCOND2：密码长度为 8~16 位

TCOND3：密码包含字母和数字

TCOND4：填写确认密码

TCOND5：确认密码与原密码一致

TCOND6：确认密码与原密码大小写一致

无效等价类如下：

TCOND7：密码为空

TCOND8：密码长度小于 8 位

TCOND9：密码长度大于 16 位

TCOND10：密码只有数字

TCOND11：密码只有字母

TCOND12：密码只有特殊符号

TCOND13：确认密码为空

TCOND14：确认密码与原密码不一致

TCOND15：确认密码将原密码某位字母大小写互换，其余与原密码一致

导出测试覆盖项：

等价类划分的测试覆盖项和测试条件一一对应，此处不再列举。测试覆盖项的编号与测试条件对应，例如测试覆盖项 TCOVER1 的测试条件为 TCOND1。

导出测试用例：

等价类的测试用例可以按照划分的等价类一对一地设计。但根据上述划分的等价类，不同规则的等价类实际上可以进行合并，例如在验证“TCOND4 密码长度为 8~16 位”时，已同时验证了“TCOND 填写密码”。因此我们应当在保证覆盖的前提下，尽可能地将测试用例集最小化。表 6－2 提供了一组满足本案例等价类划分覆盖的测试用例。

表 6－2　密码规则等价类测试用例

用例序号	输　入		预期输出	测试覆盖项
	密　码	确认密码		
1	abcd1234	abcd1234	信息提交成功	TCOVER1、2、3、4、5、6
2	a	a	密码长度应为 8~16 位	TCOVER1、8

续　表

用例序号	输　　入		预期输出	测试覆盖项
	密　　码	确认密码		
3	abcdefghijklmn opqrstuvwxyz	abcdefghijklmn opqrstuvwxyz	密码长度应为 8~16 位	TCOVER1、9
4	123456789	123456789	密码需包含字母和数字	TCOVER1、10
5	abcdefghijk	abcdefghijk	密码需包含字母和数字	TCOVER1、11
6	~!@#$%^&*	~!@#$%^&*	密码需包含字母和数字	TCOVER1、12
7	abcd1234	(null)	确认密码与密码不一致	TCOVER1、13、14
8	abcd1234	abcd	确认密码与密码不一致	TCOVER1、14
9	abcd1234	ABCD1234	确认密码与密码不一致	TCOVER1、15
10	(null)	(null)	密码不能为空	TCOVER7、13

6.5.1.2　边界值法

根据软件测试业界的经验，软件大量的错误是发生在输入范围的边界，如果针对性地对边界设计测试用例，能够有更大的概率发现缺陷。边界值法就是针对输入边界设计测试用例的方法，其可看作为等价类划分的补充。与等价类划分不同的是，边界值法测试用例并不是从等价类中随便挑一个元素作为代表，而是要覆盖该等价类的所有边界元素。

使用边界值法设计测试用例，先需要识别边界，通常以输入等价类的临界点作为边界。再使用略高于边界及略低于边界的元素作为测试用例的输入。边界值法按照取值的方法可分为二值边界值法和三值边界值法。

二值边界值法只考虑边界及边界一侧的元素作为用例输入，其按照取值范围区间开闭分为三种情况。

(1) 闭区间二值边界值法，例如取值范围为[0,100]。其取值包含了边界点和边界外侧的点，如图 6-19(a)所示。

(2) 半开半闭区间二值边界值法，例如取值范围为(0,100]。其闭区间取值包含了边界点和边界外侧的点，开区间取值包含了边界点和边界内侧的点，如图 6-19(b)所示。

(3) 开区间二值边界值法，例如取值范围为(0,100)。其取值包含了边界点和边界内侧的点，如图 6-19(c)所示。

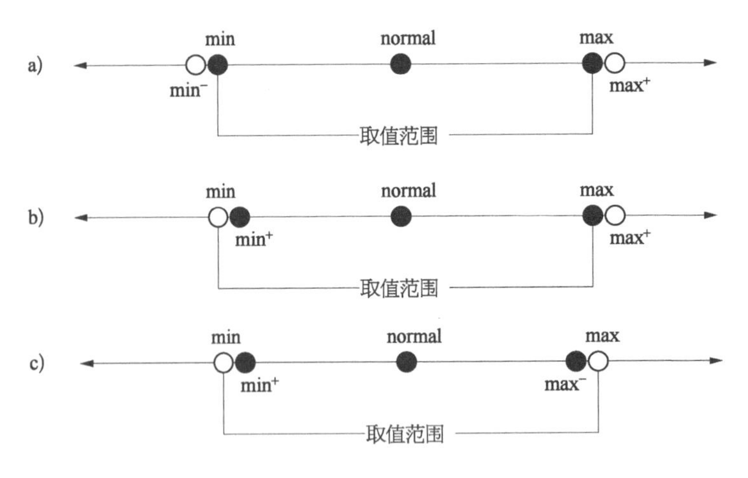

图 6-19 二值边界值法

a）闭区间二值边界值法；b）半开半闭区间二值边界值法；c）开区间二值边界值法

三值边界值法需考虑边界两侧的元素作为测试输入。无论取值范围区间开闭的情况，其均包含了边界点及边界内外侧的点，如图 6-20 所示。

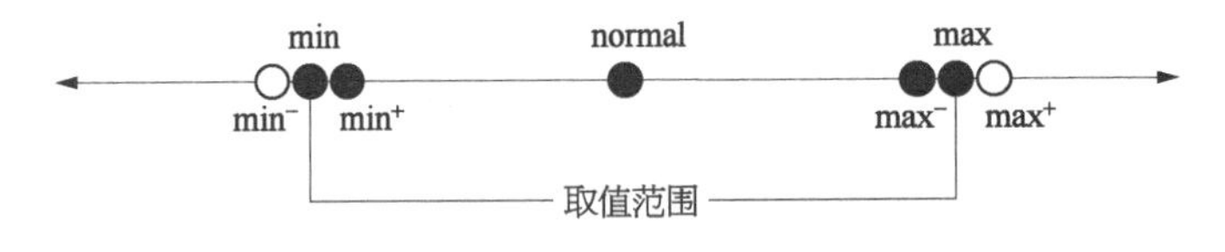

图 6-20 三值边界值法

除此之外，边界值法还应该考虑一些数值的极端情况。例如，假设输入数据是一个 32 位的整型数，除了输入域各个等价类的边界之外，还需要考虑整型数的最大值和最小值情况：-2147483648 和 2147483647。

下面我们根据一个案例来看如何使用边界值法设计测试用例。

某企业对年终给营销人员发放的奖金根据利润提成，提成按以下规则计算：

(1) 利润低于或等于 10 万元时，奖金可提 10%；

(2) 利润高于 10 万元，低于或等于 20 万元时，低于 10 万元的部分按 10% 提成，高于 10 万元的部分，可提成 7.5%；

(3) 20 万到 40 万（含 40 万）之间时，高于 20 万元的部分，可提成 5%；

(4) 40 万到 60 万（含 60 万）之间时，高于 40 万元的部分，可提成 3%；

(5) 高于 60 万时，60 万以上部分按 1% 提成。

被测软件输入为正整数利润，输出为正整数奖金提成。

首先我们依据需求划分等价类，需要注意整型数的范围为：[-2147483648，2147483647]，如图 6-21 所示。

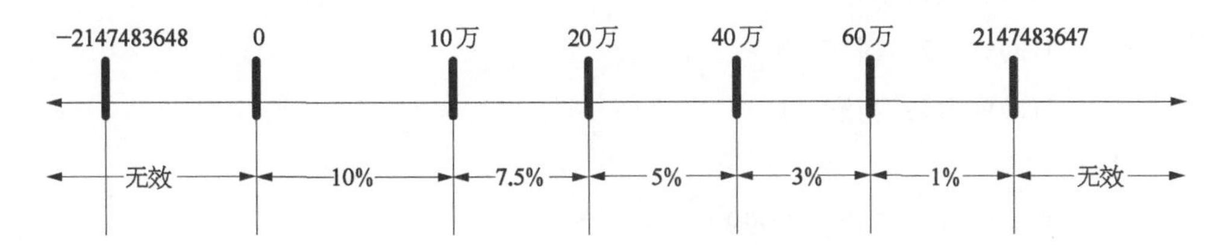

图 6-21　提成计算等价类划分

有效等价类：

EP1：0≤利润≤100000

EP2：100000<利润≤200000

EP3：200000<利润≤400000

EP4：400000<利润≤600000

EP5：600000<利润≤2147483647

无效等价类：

EP6：-2147483648≤利润<0

EP7：利润输入为浮点数

EP8：利润输入为字母或特殊符号

根据等价类，我们可以确定输入的边界，并由此导出测试条件。

1）导出测试条件

TCOND1：利润=0

TCOND2：利润=100000

TCOND3：利润=200000

TCOND4：利润=400000

TCOND5：利润=600000

TCOND6：利润=2147483647

TCOND7：利润=-2147483648

非法输入 EP7 和 EP8 不是有边界的等价类，因此不需要在边界值分析中考虑，只需添加相应的测试用例即可。

2）导出测试覆盖项

这里我们采用三值边界值法来设计测试用例。根据测试条件中的边界，可导出测试覆盖项如下。

TCOND1：

TCOVER1：利润=-1

TCOVER2：利润=0

TCOVER3：利润=1

TCOND2：

TCOVER4：利润=99999

TCOVER5：利润=100000

TCOVER6：利润=100001

TCOND3：

TCOVER7：利润=199999

TCOVER8：利润=200000

TCOVER9：利润=200001

TCOND4：

TCOVER10：利润=399999

TCOVER11：利润=400000

TCOVER12：利润=400001

TCOND5：

TCOVER13：利润=599999

TCOVER14：利润=600000

TCOVER15：利润=600001

TCOND6：

TCOVER16：利润=2147483646

TCOVER17：利润=2147483647

TCOVER18：利润=2147483648

TCOND7：

TCOVER19：利润=-2147483647

TCOVER20：利润=-2147483648

TCOVER21：利润=-2147483649

3）导出测试用例

根据测试覆盖项，我们可以设计如下测试用例，见表6-3。

表 6－3　提成计算测试用例

用例序号	输　入	预期输出	测试覆盖项
1	－1	非法输入	TCOVER1
2	0	0	TCOVER2
3	1	0.1	TCOVER3
4	99999	9999	TCOVER4
5	100000	10000	TCOVER5
6	100001	10000	TCOVER6
7	199999	17499	TCOVER7
8	200000	17500	TCOVER8
9	200001	17500	TCOVER9
10	399999	27499	TCOVER10
11	400000	27500	TCOVER11
12	400001	27500	TCOVER12
13	599999	33499	TCOVER13
14	600000	33500	TCOVER14
15	600001	33500	TCOVER15
16	2147483646	21502336	TCOVER16
17	2147483647	21502336	TCOVER17
18	2147483648	非法输入	TCOVER18
19	－2147483647	非法输入	TCOVER19
20	－2147483648	非法输入	TCOVER20
21	－2147483649	非法输入	TCOVER21
22	100000.02	非法输入	无效等价类 EP7
23	a@ bc$de	非法输入	无效等价类 EP8

6.5.1.3　判定表

判定表，也称决策表，是分析和表达多逻辑条件下执行不同动作的测试方法。其针对复杂的逻辑关系，按照各种可能情况全部列举出来，避免了测试覆

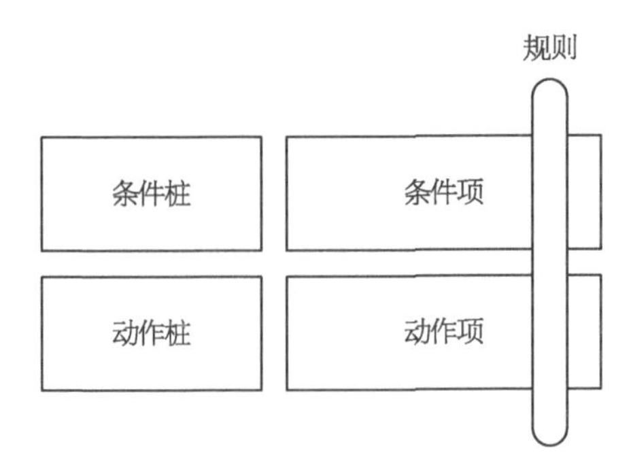

图 6-22　判定表示意图

盖的遗漏。

判定表通常由条件桩、条件项、动作桩和动作项组成,如图 6-22 所示。

(1) 条件桩:列出被测软件的所有输入。

(2) 条件项:列出被测软件输入的取值,即在所有情况下的真假值。

(3) 动作桩:列出被测软件可能采取的操作/表现。

(4) 动作项:列出在各个输入项的组合下,被测软件相应采取的动作/表现。

任何一个输入组合的取值及其相应要执行的动作称为规则。在判定表中贯穿条件项和动作项的一列就是一条规则。

在判定表中有多少组输入(条件桩)取值,就有多少条规则。如果有 n 个输入,那么规则一共有 2^n 个。例如 n 为 3 时,规则数为 $2^3=8$ 个。因此,如果被测软件的输入项非常多,判定表就会变得非常庞大。

如果判定表中有两条或多条规则具有相同的动作,并且其条件项之间存在极为相似的关系,即可将其合并,合并方法如下。

(1) 如图 6-23 所示,A1 的取值都是 T,且 C1 和 C2 的取值相同,C3 的取值不同,那么可以得出,只要 C1 和 C2 取值为 T 和 F,无论 C3 怎么取值,结果都是 T。此时可将 C3 不同取值的两条规则合并为一条规则。

				→	
条件	C1	T	T		T
	C2	F	F		F
	C3	T	F		—
动作	A1	T	T		T

图 6-23　判定表化简方法(一)

(2) 如图 6-24 所示,A1 的取值都是 Y,C1 和 C3 的取值相同,且第一列的 C2 取值包含了第二列的 C2 取值范围。此时可将 C2 取值为 F 的规则删除。

下面我们根据一个案例来看如何使用判定表设计测试用例。

某停车场收费规则如下:

(1) 大型车辆首小时收费 8 元,以后每 30 min 收费 5 元,不足 30 min 按 30 min 计;

<table>
<tr><td rowspan="3">条件</td><td>C1</td><td>T</td><td>T</td></tr>
<tr><td>C2</td><td>-</td><td>F</td></tr>
<tr><td>C3</td><td>F</td><td>F</td></tr>
<tr><td>动作</td><td>A1</td><td>T</td><td>T</td></tr>
</table>

→

T
-
F
T

图 6-24 判定表化简方法(二)

(2) 小型车辆首小时收费 6 元,以后每 30 min 收费 4 元,不足 30 min 按 30 min 计;

(3) 进入停车场不足 15 min 不收费。

1) 导出测试条件

测试条件依据需求中的条件和动作。

条件(C):

TCOND1(C1):入场车辆是大型车辆。

TCOND2(C2):停车超过 15 min。

TCOND3(C3):停车超过 1 h。

动作(A):

TCOND4(A1):不收费。

TCOND5(A2):收费 8 元。

TCOND6(A3):收费 6 元。

TCOND7(A4):收费 $8+5\times\lceil(h-1)\times2\rceil$元。

TCOND8(A5):收费 $6+4\times\lceil(h-1)\times2\rceil$元。

2) 导出测试覆盖项

按照测试条件给出判定表。判定表中条件的取值用 T/F 表示,T 表示条件为真,F 表示条件为假。判定表中的动作取值也用 T/F 表示,T 表示执行该动作,F 表示不执行该动作。判定表见表 6-4。按照条件的组合应有 8 条规则,其中第 3、7 条是无效规则,因此共有 6 个测试覆盖项。

表 6-4 停车场收费规则判定表

判 定 规 则	1	2	3	4	5	6	7	8
C1:入场车辆是大型车辆	T	T	T	T	F	F	F	F
C2:停车超过 15 min	T	T	F	F	T	T	F	F

续 表

判 定 规 则	1	2	3	4	5	6	7	8
C3：停车超过 1 h	T	F	T	F	T	F	T	F
A1：不收费	F	F	*	T	F	F	*	T
A2：收费 8 元	F	T	*	F	F	F	*	F
A3：收费 6 元	F	F	*	F	F	T	*	F
A4：收费 8+5×⌈(*h*−1)×2⌉元	T	F	*	F	F	F	*	F
A5：收费 6+4×⌈(*h*−1)×2⌉元	F	F	*	F	T	F	*	F

3）导出测试用例

测试用例可依据判定表中的规则来设计。一个测试用例可以对应一条或者多条规则。表 6－4 对应的测试用例见表 6－5。

表 6－5　停车场收费规则测试用例

用例序号	条件/输入		动作/输出		测试覆盖项 TCOVER
	是否大型车辆	停车时长	收费规则	停车费用	
1	是	2.2 h	8+5×⌈(*h*−1)×2⌉	23 元	1
2	是	45 min	8 元	8 元	2
3	是	10 min	不收费	不收费	4
4	否	2.2 h	6+4×⌈(*h*−1)×2⌉	18 元	5
5	否	45 min	6 元	6 元	6
6	否	10 min	不收费	不收费	8

6.5.1.4　因果图

因果图是利用图解法来分析输入输出之间逻辑关系的测试方法。其可以用来描述输入与输入、输入与输出间存在的依赖关系。本节前面介绍的等价类划分和边界值法也是依靠对被测软件输入分析来设计测试用例，但等价类的原则就是各输入条件必须相互独立，无法对输入条件之间的关系加以考虑。因果图和判定表方法思想类似，因果图最终形成的也是判定表，但因果图利用输入条件之间的依赖和约束可以直接简化导出判定表，而不必在形成判定表之后再进行简化。

因果图的图例包括因果关系和条件约束两类。因果关系包括如下情况，其图例如图 6－25 所示。

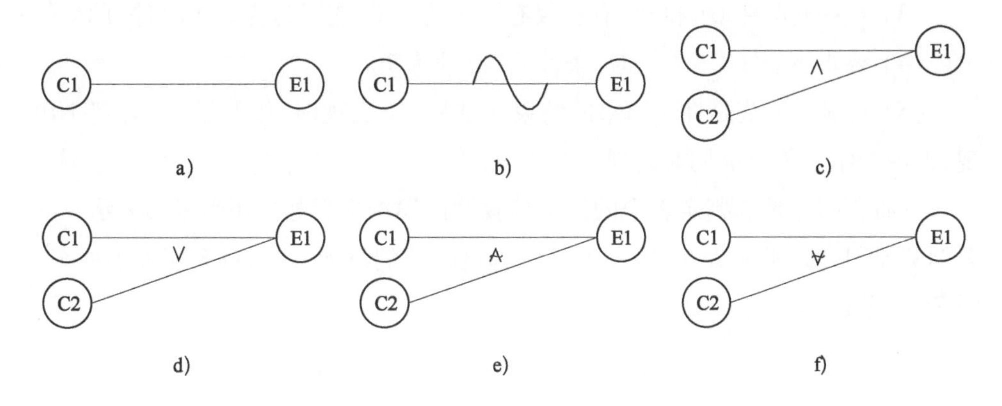

图 6－25　因果关系

a）恒等；b）非；c）与；d）或；e）与非；f）或非

（1）恒等：当 C1＝1，则 E1＝1，否则 E1＝0。当原因出现，结果必定出现，当原因不出现，结果必定不出现。

（2）非：当 C1＝0，则 E1＝1，否则 E1＝0。当原因出现，结果必定不出现，当原因不出现，结果必定出现。

（3）与：当 C1＝1 且 C2＝1 时，则 E1＝1，否则 E1＝0。当所有原因都出现，结果出现，当原因中有一个不出现，结果不出现。

（4）或：当 C1＝0 且 C2＝0 时，则 E1＝0，否则 E1＝1。当原因中有一个出现，结果出现，当所有原因都不出现，结果不出现。

（5）与非：当 C1＝1 且 C2＝1 时，则 E1＝0，否则 E1＝1。当所有原因都出现，结果不出现，当原因中有一个不出现，结果出现。

（6）或非：当 C1＝0 且 C2＝0 时，则 E1＝1，否则 E1＝0。当所有原因都不出现，结果出现，当原因中有一个出现，结果不出现。

因果图的条件有如下约束关系，其图例如图 6－26 所示。

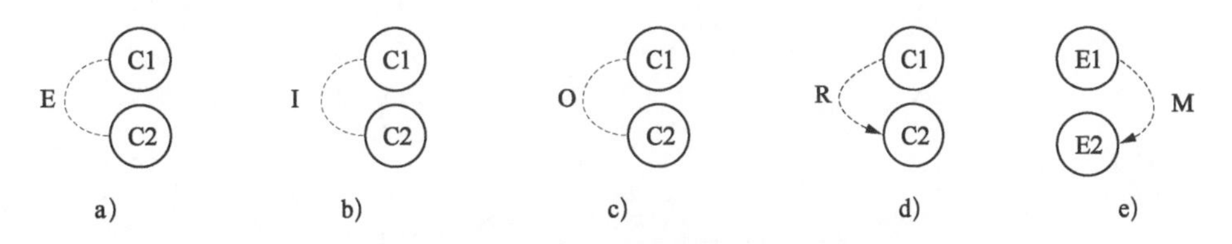

图 6－26　条件约束

a）互斥；b）包含；c）唯一；d）要求；e）屏蔽

(1) 互斥：条件 C1 和 C2 只能有一个为 1，不能同时为 1。

(2) 包含：条件 C1 和 C2 至少要有一个为 1，不能同时为 0。

(3) 唯一：条件 C1 和 C2 有且仅有一个为 1，不能同时为 0 或同时为 1。

(4) 要求：条件 C1 为 1 时，条件 C2 必须为 1。

(5) 屏蔽：屏蔽是针对结果的约束。结果 E1 出现时，则结果 E2 必定不出现，即两个结果不可能同时出现。

下面我们还是以判定表中的停车场收费的案例来看如何用因果图表示。该案例的原因和结果见表 6－6。为了作图方便，我们添加了“入场车辆为小型车”的条件（原因）。

表 6－6 停车场收费规则案例的原因和结果

原 因	结 果
C1：入场车辆为大型车	E1：不收费
C2：入场车辆为小型车	E2：收费 8 元
C3：停车超过 15 min	E3：收费 6 元
C4：停车超过 1 h	E4：收费 8+5×⌈(*h*−1)×2⌉元
–	E5：收费 6+4×⌈(*h*−1)×2⌉元

图 6－27 为该案例的因果图。条件 C1 和 C2 有着唯一约束，即入场车辆不可能既是大型车又是小型车，也不可能既不是大型车又不是小型车。条件 C4

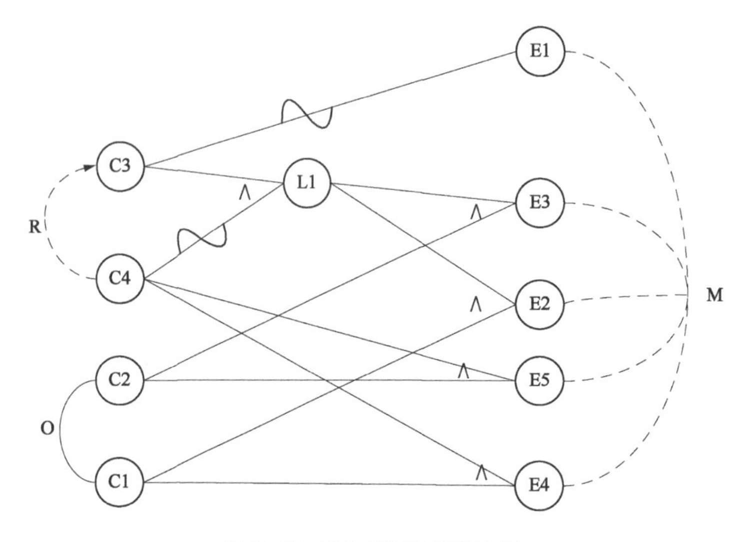

图 6－27 停车场收费规则因果图

对条件 C3 有着要求约束,即停车时间超过 1 h 则必定超过 15 min。中间状态 L1 表示停车时间超过 15 min 但未超过 1 h。E1 至 E5 五种结果是相互屏蔽的关系,即收费方案只会是其中的一种。

根据图 6-27 我们可以得到对应的判定表。由于 C1 和 C2 存在唯一约束,可以直接剔除 C3 为 F 且 C4 为 T 的规则,最终得到的判定见表 6-7。根据判定表可设计对应的测试用例,其结果和表 6-5 一致,此处不再赘述。

表 6-7　因果图导出的判定表

规　则		1	2	3	4	5	6
原　因	C1:入场车辆是大型车	T	T	T	F	F	F
	C2:入场车辆是小型车	F	F	F	T	T	T
	C3:停车超过 15 min	T	T	F	T	T	F
	C4:停车超过 1 h	T	F	-	T	F	-
中间状态	L1:停车超过 15 min 但未超过 1 h	F	T	F	F	T	F
结　果	E1:不收费	F	F	T	F	F	T
	E2:收费 8 元	F	T	F	F	F	F
	E3:收费 6 元	F	F	F	F	T	F
	E4:收费 $8+5\times\lceil(h-1)\times 2\rceil$ 元	T	F	F	F	F	F
	E5:收费 $6+4\times\lceil h-1)\times 2\rceil$ 元	F	F	F	T	F	F

6.5.1.5　组合测试

组合测试是一种黑盒测试方法,该方法假设软件的失效是由少数几个参数交互导致的,可通过多个参数的组合交互设计测试用例,从而达到检测缺陷的目的。组合测试方法采用取样机制,从各个输入参数的完全组合中提取出一个输入子集,该子集与原集合具有相同的错误检测能力,因此组合测试可以在不降低测试集错误检测的能力上,提高测试效率和降低测试成本。美国国家研究院研究发现,超过 70%的错误是由某两参数交互触发的,而超过 90%的错误由三参数交互触发,六参数交互几乎可以检测到 100%的错误。

组合测试的输入要求是所有参数的取值范围必须是离散的。当部分参数为连续值或者数量过多时,必须将其进行离散化预处理。离散化处理的方法可以参考等价类或者边界值法。例如,某个参数定义为考试成绩,取值范围为 0~

100,60以上合格,60以下不合格。那么按照等价类划分的方法,可以将考试成绩离散化为4个值:-1(无效输入)、59(不合格)、60(合格)、101(无效输入),然后再作为组合测试的输入。

组合强度是组合测试中的一个重要概念,也决定了所输出测试用例的覆盖率。通常来说,组合测试有如下几种常见的组合强度。

(1) 单一选择:单一选择仅需要保证任意一个输入参数的有效取值都能出现在至少一个测试用例中。可见单一选择的测试用例数就是有效取值最多的参数的值的数量。单一选择的测试覆盖率较低,对于有测试覆盖率要求的测试项目,一般都不会采用单一选择。

(2) 基本选择:和单一选择一样,基本选择首先需要保证任意一个输入参数的有效取值都能出现在至少一个测试用例中。在此基础上,基本选择的测试用例集中,相邻的两个测试用例只能有一个输入参数的值发生变化。

(3) 成对组合:成对组合需要保证输入参数中的任意两个参数,其取值范围的任意一对有效取值至少被一个测试用例所覆盖。成对组合也是最为常用的一种组合强度,其兼顾了测试效率和测试覆盖率。

(4) 全组合:全组合需要保证所有输入参数的任意有效取值的组合至少被一个测试用例所覆盖。假设现有P1、P2、P3三个参数,分别包含了n_1、n_2、n_3个有效取值,那么全组合需要$n_1 \times n_2 \times n_3$个测试用例。全组合实际上是穷举了所有输入的可能性,除非参数及其有效取值数量均比较少,否则测试成本会极为高昂,也使得组合测试失去了意义。

(5) K-强度组合:任意K个参数取值范围的任意有效值的组合至少被一个测试覆盖项所覆盖。成对组合就是K=2的一种特殊情况,即2强度组合;如果K等于所有参数数量,那么K强度组合等同于全组合。

(6) 变强度组合:前面几种组合都是固定强度的组合,即所有参数的组合强度都是相同的。实际上在组合测试使用过程中不同的参数可以采用不同的组合强度。假设现有P1、P2、P3、P4、P5五个参数,默认是2强度组合,但其中P2、P3、P4三个参数比较重要,那么可以令这三个参数达到3强度组合,用以提升测试覆盖率。

除了组合强度之外,组合测试还需要考虑约束条件。例如参数P1取值为“a”时,参数P2就不能取值为“b”。组合测试在实际使用过程中,带约束的情况非常常见。国家标准GB/T 38639—2020《系统与软件工程　软件组合测试方法》详细介绍了组合测试的使用方法,读者可自行参考。

接下来我们以 Linux 的 touch 命令为例，该命令用来创建文件和修改文件时间戳。其命令格式如下：

touch [OPT] [DATE] FILENAME

其中 OPT 选项参数有如下几种常用的取值（部分非常用的参数这里未做考虑）。

-a：修改文件的访问时间。

-c：修改文件的访问时间、存取时间和修改时间参数，如果文件不存在，则不建立新文件。

-d：可跟欲修订的日期，即把文件的存取时间和修改时间改为指定的时间。

-m：修改文件的修改时间。

-t：可跟欲修订的时间，时间书写格式为 YYMMDDhhmm。

假设我们需要用组合测试方法来测试 touch 命令。

1）导出测试条件

对于组合测试来说，测试条件就是各参数的值域。因此，我们需要设计参数，来确定 touch 命令测试的测试条件，此处我们未考虑无效输入的情况。

（1）参数 OPT：该参数取值包含了-a、-c、-d、-m、-t 五个值，另外由于该参数是可选参数，所以存在为空的情况，我们用 null 代替。最终该参数的取值范围为{-a、-c、-d、-m、-t、null}。

（2）参数 DATE：该参数取值为一个时间，其取值可以是多种日期格式，也可以为空。为了简化起见，我们假设其存在两种情况，一是为空值，取值为 null；二是为有效值，取值 2022 年 1 月 10 日 15 点 38 分，取值为 202201101538。最终该参数的取值范围为{202201101538、null}。

（3）参数 FILENAME：该参数取值为一个文件的路径，有两种情况，一是已经存在的文件，取值为 existed；二是该路径的文件不存在，取值为 ~ existed。因为该参数为必选参数，因此不考虑为空的情况。最终该参数的取值范围为{existed、~ existed}。

（4）除了参数之外，我们还需要考虑约束条件。根据 touch 命令的说明，当 OPT 取值为-d 和-t 时，才需要 DATE 参数（不是必须）。因此，我们定义约束条件，当 OPT 取值在{-a、-c、-m、null}中时，DATE 取值不为 202201101538。

2）导出测试覆盖项

现假设我们需要达到成对组合（2 强度组合）的测试覆盖率，那么测试覆盖项如下。

TCOVER1：OPTION＝"-a"，DATE＝"null"

TCOVER2：OPTION＝"-c"，DATE＝"null"

TCOVER3：OPTION＝"-d"，DATE＝"null"

TCOVER4：OPTION＝"-m"，DATE＝"null"

TCOVER5：OPTION＝"-t"，DATE＝"null"

TCOVER6：OPTION＝"null"，DATE＝"null"

~~违反约束：OPTION＝"-a"，DATE＝" 202201101538"~~

~~违反约束：OPTION＝"-c"，DATE＝" 202201101538"~~

TCOVER7：OPTION＝"-d"，DATE＝" 202201101538"

~~违反约束：OPTION＝"-m"，DATE＝" 202201101538"~~

TCOVER8：OPTION＝"-t"，DATE＝" 202201101538"

~~违反约束：OPTION＝"null"，DATE＝" 202201101538"~~

TCOVER9：OPTION＝"-a"，FILENAME＝" existed"

TCOVER10：OPTION＝"-c"，FILENAME＝" existed"

TCOVER11：OPTION＝"-d"，FILENAME＝" existed"

TCOVER12：OPTION＝"-m"，FILENAME＝" existed"

TCOVER13：OPTION＝"-t"，FILENAME＝" existed"

TCOVER14：OPTION＝"null"，FILENAME＝" existed"

TCOVER15：OPTION＝"-a"，FILENAME＝" ~existed"

TCOVER16：OPTION＝"-c"，FILENAME＝" ~existed"

TCOVER17：OPTION＝"-d"，FILENAME＝" ~existed"

TCOVER18：OPTION＝"-m"，FILENAME＝" ~existed"

TCOVER19：OPTION＝"-t"，FILENAME＝" ~existed"

TCOVER20：OPTION＝"null"，FILENAME＝" ~existed"

TCOVER21：DATE＝" 202201101538"，FILENAME＝" existed"

TCOVER22：DATE＝"null"，FILENAME＝" existed"

TCOVER23：DATE＝" 202201101538"，FILENAME＝" ~existed"

TCOVER24：DATE＝"null"，FILENAME＝" ~existed"

这里，我们已经剔除了违反约束的情况，最终得到了 24 个测试覆盖项。

3）导出测试用例

然后我们可以依据测试覆盖项来设计测试用例，测试用例见表 6－8，可见已覆盖了所有的测试覆盖项。

表 6－8　touch 命令参数 2 强度组合用例

用例序号	参　数			所覆盖的测试覆盖项
	OPTION	DATE	FILENAME	
1	-c	null	existed	TCOVER2、TCOVER10、TCOVER22
2	-m	null	existed	TCOVER4、TCOVER12、TCOVER22
3	-d	202201101538	existed	TCOVER7、TCOVER11、TCOVER21
4	-t	202201101538	existed	TCOVER8、TCOVER13、TCOVER21
5	null	null	existed	TCOVER6、TCOVER14、TCOVER22
6	-t	null	existed	TCOVER5、TCOVER13、TCOVER22
7	-a	null	existed	TCOVER1、TCOVER9、TCOVER22
8	-d	null	existed	TCOVER3、TCOVER11、TCOVER22
9	-d	202201101538	~existed	TCOVER7、TCOVER17、TCOVER23
10	-t	null	~existed	TCOVER5、TCOVER19、TCOVER24
11	-a	null	~existed	TCOVER1、TCOVER15、TCOVER24
12	null	null	~existed	TCOVER6、TCOVER20、TCOVER24
13	-m	null	~existed	TCOVER4、TCOVER18、TCOVER24
14	-c	null	~existed	TCOVER2、TCOVER16、TCOVER24

4）组合测试工具

组合测试虽然是一个非常有效的测试用例设计方法，但随着参数数量及其有效取值数量的增长，测试用例设计的复杂度也会成倍增加。这里我们介绍一个常用的组合测试的开源工具 PICT(https://github.com/microsoft/pict)。

PICT 的使用十分简单，只需要定义文件中给出参数、组合强度及约束条件即可。上文对于 touch 命令参数的组合测试可用下面的格式给出定义：

```
# --------------------------------------------------------------------
# Touch 参数定义
# --------------------------------------------------------------------
OPTION:      -a,-c,-d,-m,-t,null
DATE:        202201101538,null
FILENAME:    existed,~existed
```

```
# ----------------------------------------------------------------------
# 默认为 2 强度组合
# ----------------------------------------------------------------------
{OPTION,DATE, FILENAME } @ 2

# ----------------------------------------------------------------------
# 定义约束,当 OPTION 参数在[-a、-c、-m、null]中时,
#DATE 取值不为 202201101538
# ----------------------------------------------------------------------
IF [OPTION] in {"-a","-c","-m","null"} THEN [DATE] <> "202201101538";
```

假设该文件命名为“touch.txt”,则可采用如下命令执行 PICT:

```
>pict.exe .\\touch.txt
```

随后便会输出用例结果。

最后,我们可以尝试一下,上述示例的组合强度调整为 3 强度组合,看看 PICT 会给出多少用例,结果见表 6-9。

表 6-9 touch 命令参数 3 强度组合用例

用例序号	参数		
	OPTION	DATE	FILENAME
1	-m	null	existed
2	-t	202201101538	existed
3	-c	null	existed
4	-t	null	existed
5	-d	null	existed
6	-a	null	existed
7	null	null	existed
8	-d	202201101538	existed
9	-m	null	~existed
10	-d	null	~existed
11	-d	202201101538	~existed

续　表

用例序号	参　数		
	OPTION	DATE	FILENAME
12	-c	null	~existed
13	-a	null	~existed
14	-t	202201101538	~existed
15	null	null	~existed
16	-t	null	~existed

6.5.1.6　状态转移测试

状态转移测试是基于有限状态机的理论形成的测试用例设计方法。该方法首先将软件的状态抽象出来,并对抽象状态相互之间切换的事件、动作和路径进行标记,设计形成状态图。然后依据不同的覆盖要求设计测试用例。

状态转移模型如图 6-28 所示,其包含如下要素。

状态：可以被观察到的软件行为模式。

转移：从一个状态到另一个状态的转换。

事件：在某个状态下对软件进行的动作,会引起软件从一个状态转移到另一个状态。可理解为输入。

动作：软件在发生状态转移时产生的行为。可理解为输出。

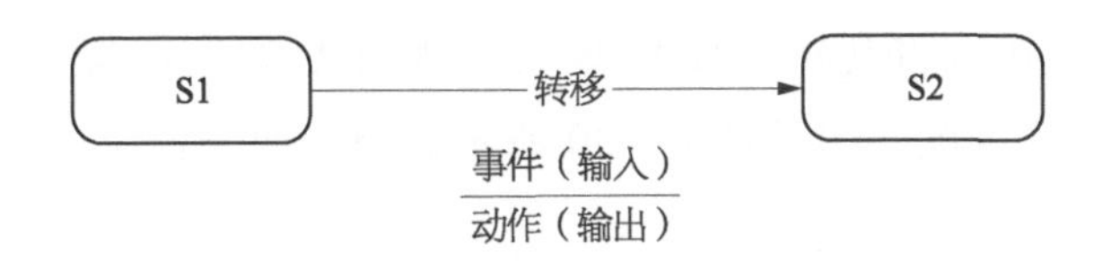

图 6-28　状态转移模型

状态转移测试的用例设计取决于所需的测试覆盖率要求。一般来说,状态转移测试的覆盖有如下几种要求。

状态覆盖：要求状态图中所有的状态都能被覆盖到。

0-switch：要求状态图中每个有效的单步转移都能被覆盖到。

N-switch：要求状态图中每个有效的 N+1 步转移序列都能被覆盖到。

下面我们根据一个案例来演示如何使用状态转移测试来设计测试用例。

现有一个车票订票网站,其需求如下：

(1) 用户提交订单信息预定车票,支付后订单进入已支付状态;

(2) 车票在预定未支付的状态下可以取消支付,取消后订单流程结束;

(3) 已支付的订单可以申请退票,退票后订单流程结束;

(4) 已支付的订单可以申请改签,改签后进入已改签状态,不能再次改签;

(5) 改签后的订单可以申请退票,退票后订单流程结束;

(6) 车票在使用后变更为已出行状态,行程结束后订单流程结束。

导出测试条件:状态转移测试的测试条件为被测功能的状态图。根据上述需求,我们可以画出车票订票功能的状态图,如图 6-29 所示。

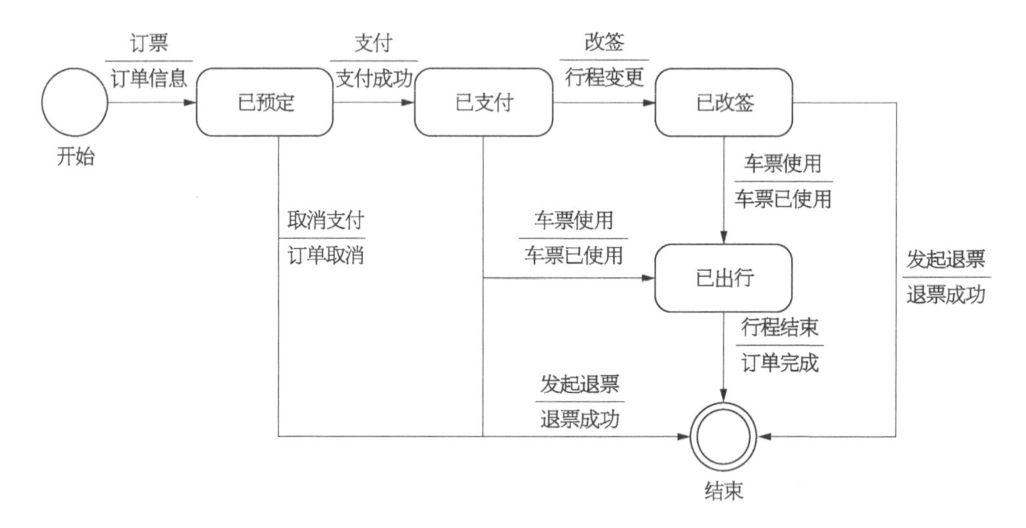

图 6-29　车票订票功能状态图(TCOND1)

根据状态图,可以将其转换成状态树,以便于后续测试覆盖项及测试用例的设计。图 6-29 的状态树见图 6-30 所示。为了便于演示,图 6-30 中未加入事件和动作。

根据图 6-30,我们分别按照 0-switch 和 1-switch 的覆盖要求设计测试覆盖项和测试用例。

1) 0-switch

(1) 导出测试覆盖项。

0-switch 的测试覆盖项如下:

TCOVER1:开始→已预定

TCOVER2:已预定→结束

TCOVER3:已预定→已支付

TCOVER4:已支付→结束

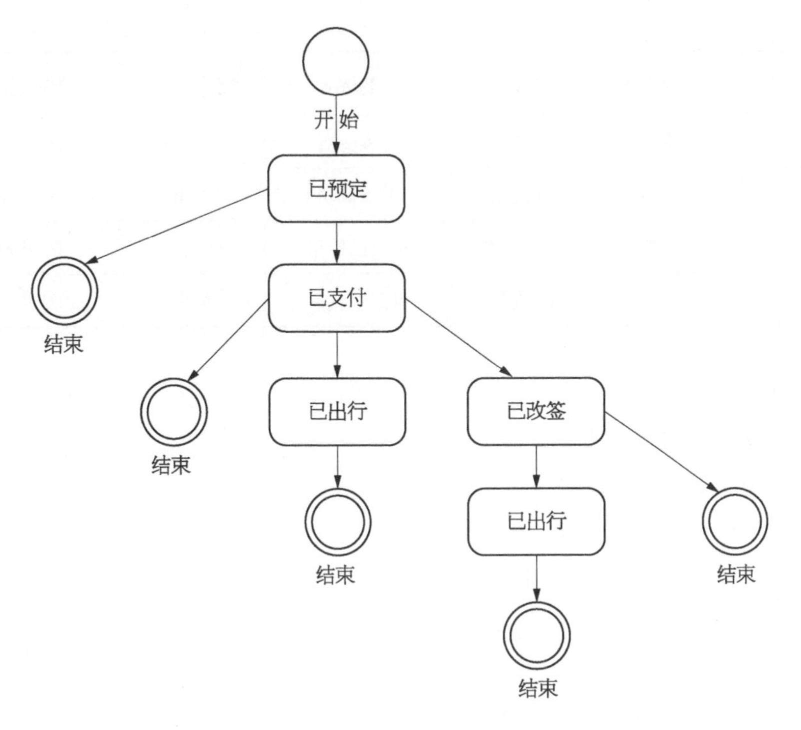

图 6－30　车票预定功能的状态树

TCOVER5：已支付→已出行

TCOVER6：已支付→已改签

TCOVER7：已改签→结束

TCOVER8：已改签→已出行

TCOVER9：已出行→结束

（2）导出测试用例。

根据测试覆盖项，0－switch 的测试用例如表 6－10 所示。

表 6－10　0－switch 测试用例

用例序号	开始状态	输入	预期输出	结束状态	测试覆盖项
1	开始	订票	订票信息	已预订	TCOVER1
2	已预订	取消支付	订单取消	结束	TCOVER2
3	已预订	支付	支付成功	已支付	TCOVER3
4	已支付	发起退票	退票成功	结束	TCOVER4
5	已支付	车票使用	车票已使用	已出行	TCOVER5

续 表

用例序号	开始状态	输入	预期输出	结束状态	测试覆盖项
6	已支付	改签	行程变更	已改签	TCOVER6
7	已改签	发起退票	退票成功	结束	TCOVER7
8	已改签	车票使用	车票已使用	已出行	TCOVER8
9	已出行	行程结束	订单完成	结束	TCOVER9

2）1－switch

（1）导出测试覆盖项。

1－switch 的测试覆盖项如下：

TCOVER1：开始→已预定→结束

TCOVER2：开始→已预定→已支付

TCOVER3：已预定→已支付→结束

TCOVER4：已预定→已支付→已出行

TCOVER5：已预定→已支付→已改签

TCOVER6：已支付→已出行→结束

TCOVER7：已支付→已改签→结束

TCOVER8：已支付→已改签→已出行

TCOVER9：已改签→已出行→结束

（2）导出测试用例。

根据测试覆盖项，1－switch 的测试用例如表 6－11 所示。

表 6－11　1－switch 测试用例

用例序号	开始状态	输入	预期输出	下一状态	输入	预期输出	结束状态	测试覆盖项
1	开始	订票	订票信息	已预订	取消支付	订单取消	结束	TCOVER1
2	开始	订票	订票信息	已预订	支付	支付成功	已支付	TCOVER2
3	已预订	支付	支付成功	已支付	发起退票	退票成功	结束	TCOVER3
4	已预订	支付	支付成功	已支付	车票使用	车票已使用	已出行	TCOVER4
5	已预订	支付	支付成功	已支付	改签	行程变更	已改签	TCOVER5
6	已支付	车票使用	车票已使用	已出行	行程结束	订单完成	结束	TCOVER6

续　表

用例序号	开始状态	输入	预期输出	下一状态	输入	预期输出	结束状态	测试覆盖项
7	已支付	改签	行程变更	已改签	发起退票	退票成功	结束	TCOVER7
8	已支付	改签	行程变更	已改签	车票使用	车票已使用	已出行	TCOVER8
9	已改签	车票使用	车票已使用	已出行	行程结束	订单完成	结束	TCOVER9

6.5.2　基于结构的测试设计技术

6.5.2.1　基于控制流的方法

基于控制流的方法是白盒测试中的一类方法，主要依据程序内部逻辑结构相关信息，设计或选择测试用例，对程序所有逻辑路径进行测试。基于控制流的方法注重的是程序中的判定语句，通过设计测试用例对判定语句进行覆盖，以期能达到检测出程序中的逻辑缺陷。

基于控制流的方法包含了语句测试、分支测试、判定测试、分支条件测试、分支条件组合测试和修正判定条件测试等多种方法。其中语句测试、分支测试、判定测试等方法逻辑覆盖能力较弱，而分支条件组合测试和修正判定条件测试等方法逻辑覆盖能力较强。但由于测试成本的原因，当被测程序逻辑非常复杂时，分支条件组合测试等方法会产生大量的测试用例，从而导致不可承受的测试成本。因此采用哪种方法来设计测试用例，需要综合考虑测试覆盖率和测试成本。

下面我们以一个示例来演示如何采用基于控制流的方法设计测试用例。

示例代码可输入三个整型数，作为三角形的三条边，然后判断并输出是否该三角形为一般三角形、等边三角形、等腰三角形，或者无法构成三角形。具体代码见代码清单 6 - 8。

代码清单 6 - 8

```
public static String triangle(int a, int b, int c) {                1
  if (c < a + b && a < b + c && b < a + c) {                        2
      if (a != b && b != c && a != c)                               3
          return "一般三角形";                                       4
      else if (a == b && b == c)                                    5
          return "等边三角形";                                       6
```

```
        else   return "等腰三角形";                                  7
    }
  return "不是三角形";                                               8
}
```

其对应流程图如图 6－31 所示。

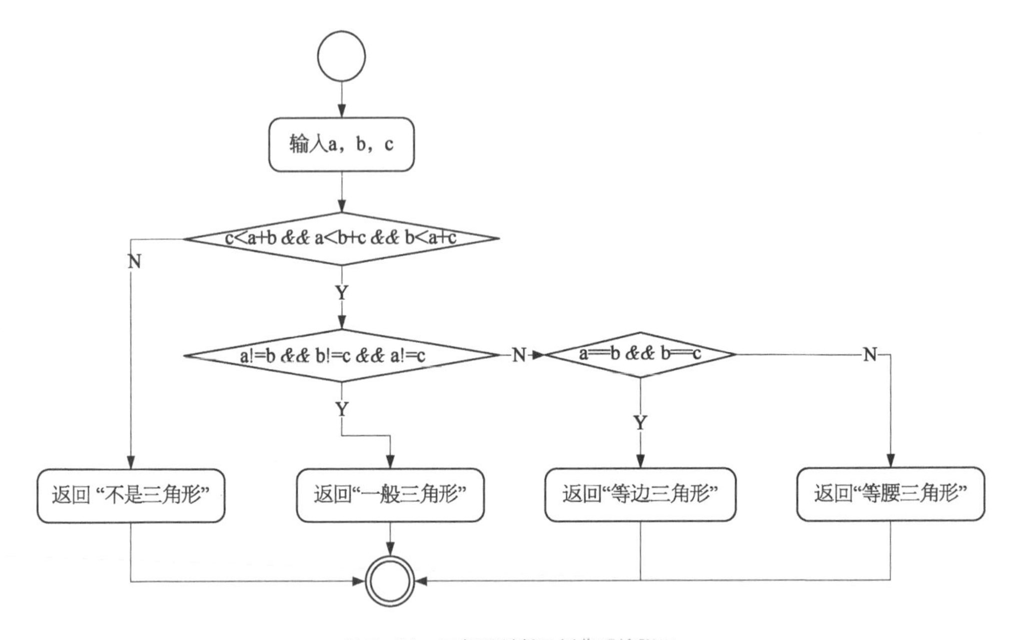

图 6－31　三角形判断示例代码流程图

我们依然按照测试条件→测试覆盖项→测试用例的步骤来说明各种不同控制流覆盖要求的用例设计方法。

1）语句测试

语句覆盖需要保证被测程序中的每条语句都至少执行了一次。

（1）导出测试条件。

对于语句测试，测试条件就是被测程序中的每一条语句。

（2）导出测试覆盖项。

语句测试的测试覆盖项和测试条件一一对应，每条语句对应一个测试覆盖项。

（3）导出测试用例。

根据语句测试的定义，我们可以得出如下测试用例，见表 6－12。

表 6－12　语句测试的测试用例

用例序号	输　入			预期输出	覆盖语句
	a	b	c		
1	3	4	5	一般三角形	1、2、3、4
2	1	2	3	不是三角形	1、2、8
3	1	1	1	等边三角形	1、2、3、5、6
4	2	2	1	等腰三角形	1、2、3、5、7

语句测试虽然执行了每一条语句，但对程序中的逻辑判断并未进行检查，因此语句测试的逻辑覆盖能力比较弱。

2）分支测试

分支覆盖需要保证程序中的每一个分支都至少执行了一次。

（1）导出测试条件。

对于分支测试，测试条件是被测程序中的每条分支。依据示例代码及流程图，我们可以得出测试条件如下：

TCOND1：2→3

TCOND2：2→8

TCOND3：3→4

TCOND4：3→5

TCOND5：5→6

TCOND6：5→7

（2）导出测试覆盖项。

分支测试的测试覆盖项和测试条件一一对应，每个分支对应一个测试覆盖项：

TCOVER1：TCOND1

TCOVER2：TCOND2

TCOVER3：TCOND3

TCOVER4：TCOND4

TCOVER5：TCOND5

TCOVER6：TCOND6

（3）导出测试用例。

根据判定测试的测试覆盖项，我们可以得出如下测试用例，见表 6－13。

表 6-13 条件测试的测试用例

用例序号	输入			预期输出	覆盖的测试覆盖项
	a	b	c		
1	3	4	5	一般三角形	TCOVER1、TCOVER3
2	1	1	1	等边三角形	TCOVER1、TCOVER4、TCOVER5
3	1	2	3	不是三角形	TCOVER2
4	2	2	3	等腰三角形	TCOVER1、TCOVER5、TCOVER6

分支测试覆盖到了被测程序的每一个分支，但对于分支判定语句中的判定条件并未检查，因此分支测试的逻辑覆盖能力并不强。

3）判定测试

判定测试需要保证程序中的每一个判定语句的取值都应当被遍历到。

（1）导出测试条件。

判定测试的每个测试条件对应程序中的判定语句，见表 6-14。

表 6-14 判定测试的测试条件

测试条件序号	判 定 语 句
TCOND1	c<a+b && a<b+c && b<a+c
TCOND2	a!=b && b!=c && a!=c
TCOND3	a==b && b==c

（2）导出测试覆盖项。

判定测试的每个测试覆盖项对应每个判定语句的不同取值，见表 6-15。

表 6-15 判定测试的测试覆盖项

测试条件序号	测试覆盖项序号	判 定 语 句	取 值
TCOND1	TCOVER1	c<a+b && a<b+c && b<a+c	T
	TCOVER2	c<a+b && a<b+c && b<a+c	F
TCOND2	TCOVER3	a!=b && b!=c && a!=c	T
	TCOVER4	a!=b && b!=c && a!=c	F

续　表

测试条件序号	测试覆盖项序号	判　定　语　句	取　值
TCOND3	TCOVER5	a= =b && b= =c	T
	TCOVER6	a= =b && b= =c	F

（3）导出测试用例。

根据判定测试的测试覆盖项，我们可以得出如下测试用例，见表 6－16。

表 6－16　判定测试的测试用例

用例序号	输　　入			预期输出	覆盖的测试覆盖项
	a	b	c		
1	3	4	5	一般三角形	TCOVER1、TCOVER3、TCOVER6
2	1	1	1	等边三角形	TCOVER1、TCOVER4、TCOVER5
3	1	2	3	不是三角形	TCOVER2

判定测试虽然对每个判定式的逻辑进行了检查，但对于每个判定式中的条件未做逻辑检查，无法检测出每个判定式中各个条件的逻辑错误。

4）分支条件测试

分支条件测试需要保证程序中的每一判定语句的取值及判定语句中的每一个判定条件的取值都能被覆盖到。

（1）导出测试条件。

同判定测试一样，分支条件测试的测试条件也是程序中的判定语句。因分支条件测试的用例会随着判定语句数量急剧增长，这里我们简化处理了一下，仅考虑语句②中的判定。测试条件见表 6－17。

表 6－17　分支条件测试的测试条件

测试条件序号	判　定　语　句
TCOND1	c<a+b && a<b+c && b<a+c
……	……

（2）导出测试覆盖项。

分支条件测试的每个测试覆盖项对应每个判定条件和判定语句的不同取值，见表 6－18。

表 6－18　分支条件测试的测试覆盖项

测试条件序号	测试覆盖项序号	判　定　条　件	取　值
TCOND1	TCOVER1	c<a+b	T
	TCOVER2	c<a+b	F
	TCOVER3	a<b+c	T
	TCOVER4	a<b+c	F
	TCOVER5	b<a+c	T
	TCOVER6	b<a+c	F
	TCOVER7	c<a+b && a<b+c && b<a+c	T
	TCOVER8	c<a+b && a<b+c && b<a+c	F

（3）导出测试用例。

根据分支条件测试的测试覆盖项，我们可以得出如下测试用例，见表 6－19。

表 6－19　分支条件测试的测试用例

用例序号	输　入			预期输出	覆盖的测试覆盖项
	a	b	c		
1	3	4	5	一般三角形	TCOVER1、TCOVER3、TCOVER5、TCOVER7
2	1	2	3	不是三角形	TCOVER2、TCOVER8
3	3	1	2	不是三角形	TCOVER4、TCOVER8
4	1	3	2	不是三角形	TCOVER6、TCOVER8
……	……	……	……	……	……

分支条件测试虽然测试了所有判定条件的取值，但是实际上某些判定条件掩盖了另一些判定条件，其对于程序的逻辑依然没有完整的覆盖。

5）分支条件组合测试

分支条件组合测试需要保证每个判定语句中的所有判定条件的组合至少出现过一次。

（1）导出测试条件。

分支条件组合测试的测试条件也是程序中的判定语句。同样为了避免测试用例的爆炸性增长，我们还是对测试条件进行了简化，可直接参考表 6－17。

（2）导出测试覆盖项。

对于一个判定语句而言，其测试覆盖项相当于是对该判定语句下的所有判定条件的取值做了一次全组合，见表 6－20。

表 6－20　分支条件组合测试的测试覆盖项

测试条件序号	测试覆盖项序号	判定语句取值		
		c<a+b	a<b+c	b<a+c
TCOND1	TCOVER1	T	T	T
	TCOVER2	T	T	F
	TCOVER3	T	F	T
	TCOVER4	T	F	F
	TCOVER5	F	T	T
	TCOVER6	F	T	F
	TCOVER7	F	F	T
	TCOVER8	F	F	F

（3）导出测试用例。

根据分支条件组合测试的测试覆盖项，我们可以得出如下测试用例，见表 6－21。

表 6－21　分支条件组合测试的测试用例

用例序号	输　入			预期输出	覆盖的测试覆盖项
	a	b	c		
1	3	4	5	一般三角形	TCOVER1
2	1	3	2	不是三角形	TCOVER2
3	3	2	1	不是三角形	TCOVER3
4	1	1	0	不是三角形	TCOVER4
5	1	2	3	不是三角形	TCOVER5
6	0	1	1	不是三角形	TCOVER6

续 表

用例序号	输入			预期输出	覆盖的测试覆盖项
	a	b	c		
7	1	0	1	不是三角形	TCOVER7
8	0	0	0	不是三角形	TCOVER8
……	……	……	……	……	……

分支条件组合测试虽然很全面,但其所需的测试用例数量也很庞大,测试成本高昂。

6）修正条件判定测试

修正条件判定测试需要满足以下三种情况：判定语句中每个判定条件的所有取值至少出现一次;每个判定的所有结果至少出现一次;每个判定条件都能独立影响判定结果。

（1）导出测试条件。

修正条件判断测试的测试条件也是程序中的判定语句。同样为了避免测试用例的爆炸性增长,我们还是对测试条件进行了简化,可直接参考表 6 - 17。

（2）导出测试覆盖项。

修正条件判断测试中,对于一个判定语句而言,我们只需要考虑能够单独影响判定结果的判定条件。

以判定语句 c<a+b && a<b+c && b<a+c 为例,其中有三个判定条件 c<a+b、a<b+c 和 b<a+c,可按照以下步骤得到测试覆盖项。

假设 a<b+c 和 b<a+c 不变,当 c<a+b 的取值变换,会导致判定结果,这种情况测试覆盖项如下：

TCOVER1：c<a+b = TRUE, a<b+c = TRUE, b<a+c = TRUE,判定结果 = TRUE。

TCOVER2：c<a+b = FALSE, a<b+c = TRUE, b<a+c = TRUE,判定结果 = FALSE。

假设 c<a+b 和 b<a+c 不变,当 a<b+c 的取值变换,会导致判定结果,这种情况测试覆盖项如下：

TCOVER3：c<a+b = TRUE, a<b+c = TRUE, b<a+c = TRUE,判定结果 = TRUE。

TCOVER4：c<a+b = TRUE, a<b+c = FALSE, b<a+c = TRUE,判定结果 =

FALSE。

假设 $c<a+b$ 和 $a<b+c$ 不变，当 $b<a+c$ 的取值变换，会导致判定结果，这种情况测试覆盖项如下：

TCOVER5：$c<a+b$ = TRUE，$a<b+c$ = TRUE，$b<a+c$ = TRUE，判定结果 = TRUE。

TCOVER6：$c<a+b$ = TRUE，$a<b+c$ = TRUE，$b<a+c$ = FALSE，判定结果 = FALSE。

同时，我们可以看到 TCOVER1、TCOVER3 和 TCOVER5 相同，在设计测试用例的时候可以不考虑。

（3）导出测试用例。

根据修正条件判定测试的测试覆盖项，我们可以得出如下测试用例，见表 6－22。

表 6－22　修正条件判定测试的测试用例

用例序号	输　入			判 定 条 件			预期输出	覆盖的测试覆盖项
	a	b	c	$c<a+b$	$a<b+c$	$b<a+c$		
1	3	4	5	TRUE	TRUE	TRUE	一般三角形	TCOVER1、3、5
2	1	2	3	FALSE	TRUE	TRUE	不是三角形	TCOVER2
3	3	2	1	TRUE	FALSE	TRUE	不是三角形	TCOVER4
4	1	3	2	TRUE	TRUE	FALSE	不是三角形	TCOVER6
……	……	……	……	……	……	……	……	……

相对于分支条件组合测试来说，修正条件判定测试可以在不降低测试覆盖的前提下，减少测试用例，降低测试成本。

6.5.2.2　基于数据流的方法

基于数据流的方法是通过选择程序中变量的定义-使用对的路径来设计测试用例。不同的覆盖准则要求执行不同的定义-使用对的子路径。这里的“定义”指的是对变量的赋值，“使用”分为谓词使用和计算使用。谓词使用指的是变量在判定语句中作为判定条件出现，而计算使用则是变量作为其他变量的定义的计算输入。

我们以下面这段二次方程求根的代码来演示如何使用基于数据流的方法设计测试用例。该段代码用以求解形如 $ax^2+bx+c=0$ 二次方程的根，输入参数为

a、b、c 三个参数。当方程存在实数解则 Is_Complex 为 false,并计算两个实根 R1 和 R2;当方程不存在实数解则 Is_Complex 为 true。为了方便演示,我们简化了输入输出的代码,见代码清单 6-9。

代码清单 6-9

```
public void solve_quadratic(float A, float B, float C) {      1
  boolean Is_Complex;                                          2
    float Discrim = B * B - 4 * A * C;                         3
    double R1, R2;                                             4
    if (Discrim < 0.0) {                                       5
      Is_Complex = true;                                       6
    } else {                                                   7
      Is_Complex = false;                                      8
  }                                                            9
  if (! Is_Complex) {                                         10
    R1 = (-B + Math.sqrt(Discrim)) / 2.0 * A;                 11
    R2 = (-B - Math.sqrt(Discrim)) / 2.0 * A;                 12
  }                                                           13
}                                                             14
```

首先我们列出代码中使用到的变量,并一一列举变量定义及其计算使用和谓词使用,从而得到变量使用分类表,见表 6-23。

表 6-23 变量使用分类表

行	类别		
	定义	计算使用	谓词使用
1	A,B,C		
2	Discrim	A,B,C	
3			
4			
5			Discrim
6	Is_Complex		
7			
8	Is_Complex		

续　表

行	类　别		
	定　义	计算使用	谓词使用
9			
10			Is_Complex
11	R1	A,B,Discrim	
12	R2	A,B,Discrim	
13			
14		R1,R2,Is_Complex	

基于数据流方法的测试条件是各个变量的定义-使用对。我们需确定表 6-23 中每一个变量的定义和使用的路径,形成测试条件,见表 6-24。

表 6-24　各个变量的定义-使用路径(测试条件)

定义使用对(起始行→结束行)	变　量		测试条件
	计算使用	谓词使用	
1→2	A		TCOND1
	B		TCOND2
	C		TCOND3
1→11	A		TCOND4
	B		TCOND5
1→12	A		TCOND6
	B		TCOND7
2→5		Discrim	TCOND8
2→11	Discrim		TCOND9
2→12	Discrim		TCOND10
6→10		Is_Complex	TCOND11
8→10		Is_Complex	TCOND12

续 表

定义使用对（起始行→结束行）	变 量		测试条件
	计算使用	谓词使用	
11→14	R1		TCOND13
12→14	R2		TCOND14
6→14	Is_Complex		TCOND15
8→14	Is_Complex		TCOND16

接下来我们可以根据不同的覆盖要求导出测试覆盖项并设计测试用例。

1）全定义测试

（1）导出测试覆盖项。

全定义测试中，测试覆盖项是从变量定义到使用（计算使用或谓词使用）的控制流子路径，见表 6－25。

表 6－25 全定义测试的测试覆盖项

测试覆盖项	全 定 义		
	变 量	定义-使用对	测试条件
TCOVER1	A	1→2	TCOND1
TCOVER2	B	1→2	TCOND2
TCOVER3	C	1→2	TCOND3
TCOVER4	Discrim	2→5	TCOND8
TCOVER5	Is_Complex	6→10	TCOND11
TCOVER6	Is_Complex	8→10	TCOND12
TCOVER7	R1	11→14	TCOND13
TCOVER8	R2	12→14	TCOND14

（2）导出测试用例。

根据测试覆盖项中的定义-使用对，设计测试用例满足所有定义到使用子路径的覆盖。测试用例见表 6－26。

表 6-26　全定义测试的测试用例

<table>
<tr><th rowspan="2">用例序号</th><th colspan="4">全　定　义</th><th colspan="3">输入</th><th colspan="3">预期结果</th></tr>
<tr><th>变量</th><th>定义使用对</th><th>子路径</th><th>测试覆盖项</th><th>A</th><th>B</th><th>C</th><th>Is_Complex</th><th>R1</th><th>R2</th></tr>
<tr><td rowspan="3">1</td><td>Is_Complex</td><td>8→10</td><td>8-9-10</td><td>TCOVER6</td><td rowspan="3">1</td><td rowspan="3">2</td><td rowspan="3">1</td><td rowspan="3">FALSE</td><td rowspan="3">-1</td><td rowspan="3">-1</td></tr>
<tr><td>R1</td><td>11→14</td><td>11-12-13-14</td><td>TCOVER7</td></tr>
<tr><td>R2</td><td>12→14</td><td>12-13-14</td><td>TCOVER8</td></tr>
<tr><td rowspan="2">2</td><td>A,B,C,
Discrim</td><td>1→2
2→5</td><td>1-2
2-3-4-5</td><td>TCOVER1
TCOVER2
TCOVER3
TCOVER4</td><td rowspan="2">1</td><td rowspan="2">1</td><td rowspan="2">1</td><td rowspan="2">TRUE</td><td rowspan="2">未定义</td><td rowspan="2">未定义</td></tr>
<tr><td>Is_Complex</td><td>6→10</td><td>6-9-10</td><td>TCOVER5</td></tr>
</table>

2）全计算使用测试

（1）导出测试覆盖项。

全计算使用测试中，测试覆盖项是从变量定义到该定义所有计算使用的控制流子路径，见表 6-27。

表 6-27　全计算使用测试的测试覆盖项

测试覆盖项	全计算使用			
	变　量	定义使用对	子　路　径	测试条件
TCOVER1	A	1→2	1-2	TCOND1
TCOVER2	B	1→2	1-2	TCOND2
TCOVER3	C	1→2	1-2	TCOND3
TCOVER4	A	1→11	1-2-3-4-5-7-8-9-10-11	TCOND4
TCOVER5	B	1→11	1-2-3-4-5-7-8-9-10-11	TCOND5
TCOVER6	A	1→12	1-2-3-4-5-7-8-9-10-11-12	TCOND6
TCOVER7	B	1→12	1-2-3-4-5-7-8-9-10-11-12	TCOND7
TCOVER8	Discrim	2→11	2-3-4-5-7-8-9-10-11	TCOND9
TCOVER9	Discrim	2→12	2-3-4-5-7-8-9-10-11-12	TCOND10
TCOVER10	R1	11→14	11-12-13-14	TCOND13
TCOVER11	R2	12→14	12-13-14	TCOND14

续　表

测试覆盖项	全计算使用			
	变　量	定义使用对	子　路　径	测试条件
TCOVER12	Is_Complex	6→14	6 - 9 - 10 - 13 - 14	TCOND15
TCOVER13	Is_Complex	8→14	8 - 9 - 10 - 11 - 12 - 13 - 14	TCOND16

(2) 导出测试用例。

根据测试覆盖项中的定义-使用对，设计测试用例满足所有定义到计算使用子路径的覆盖。测试用例见表 6 - 28。

表 6 - 28　全计算使用测试的测试用例

用例序号	全计算使用				输入			预 期 结 果		
	变 量	定义使用对	子 路 径	测试覆盖项	A	B	C	Is_Complex	R1	R2
	A,B,C	1→2	1 - 2	TCOVER1 TCOVER2 TCOVER3						
	A,B	1→11	1 - 2 - 3 - 4 - 5 - 7 - 8 - 9 - 10 - 11	TCOVER4 TCOVER5						
	A,B	1→12	1 - 2 - 3 - 4 - 5 - 7 - 8 - 9 - 10 - 11 - 12	TCOVER6 TCOVER7						
1	Discrim	2→11	2 - 3 - 4 - 5 - 7 - 8 - 9 - 10 - 11	TCOVER8	1	2	1	FALSE	-1	-1
		2→12	2 - 3 - 4 - 5 - 7 - 8 - 9 - 10 - 11 - 12	TCOVER9						
	R1	11→14	11 - 12 - 13 - 14	TCOVER10						
	R2	12→14	12 - 13 - 14	TCOVER11						
	Is_Complex	8→14	8 - 9 - 10 - 11 - 12 - 13 - 14	TCOVER13						
	Is_Complex	6→14	6 - 9 - 10 - 13 - 14	TCOVER12	1	1	1	TRUE	未定义	未定义

3) 全谓词使用测试

(1) 导出测试覆盖项。

全谓词使用测试中，测试覆盖项是从变量定义到该定义所有谓词-使用的控制流子路径，见表 6－29。

表 6－29　全谓词使用测试的测试覆盖项

测试覆盖项	全谓词使用		
	变　量	定义使用对	测试条件
TCOVER1	Discrim	2→5	TCOND9
TCOVER2	Is_Complex	6→10	TCOND11
TCOVER3	Is_Complex	8→10	TCOND12

（2）导出测试用例。

根据测试覆盖项中的定义–使用对，设计测试用例满足所有定义到谓词使用子路径的覆盖。测试用例见表 6－30。

表 6－30　全谓词使用测试的测试用例

用例序号	全谓词使用				输入			预 期 结 果		
	变 量	定义使用对	子 路 径	测试覆盖项	A	B	C	Is_Complex	R1	R2
1	Is_Complex	8→10	8－9－10	TCOVER3	1	2	1	FALSE	－1	－1
2	Discrim	2→5	2－3－4－5	TCOVER1	1	1	1	TRUE	未定义	未定义
	Is_Complex	6→10	6－9－10	TCOVER2						

4）全使用测试

（1）导出测试覆盖项。

全使用测试中，测试覆盖项是从变量定义到该定义的所有使用（包括谓词使用和计算使用）的控制流子路径，见表 6－31。

表 6－31　全使用测试的测试覆盖项

测试覆盖项	全使用/全定义使用路径			
	变　量	定义使用对	子　路　径	测试条件
TCOVER1	A	1→2	1－2	TCOND1
TCOVER2	B	1→2	1－2	TCOND2
TCOVER3	C	1→2	1－2	TCOND3
TCOVER4	A	1→11	1－2－3－4－5－7－8－9－10－11	TCOND4

续　表

测试覆盖项	全使用/全定义使用路径			
	变　量	定义使用对	子　路　径	测试条件
TCOVER5	B	1→11	1-2-3-4-5-7-8-9-10-11	TCOND5
TCOVER6	A	1→12	1-2-3-4-5-7-8-9-10-11-12	TCOND6
TCOVER7	B	1→12	1-2-3-4-5-7-8-9-10-11-12	TCOND7
TCOVER8	Discrim	2→5	2-3-4-5	TCOND8
TCOVER9	Discrim	2→11	2-3-4-5-7-8-9-10-11	TCOND9
TCOVER10	Discrim	2→12	2-3-4-5-7-8-9-10-11-12	TCOND10
TCOVER11	Is_Complex	6→10	6-9-10	TCOND11
TCOVER12	Is_Complex	8→10	8-9-10	TCOND12
TCOVER13	R1	11→14	11-12-13-14	TCOND13
TCOVER14	R2	12→14	12-13-14	TCOND14
TCOVER15	Is_Complex	6→14	6-9-10-13-14	TCOND15
TCOVER16	Is_Complex	8→14	8-9-10-11-12-13-14	TCOND16

（2）导出测试用例。

根据测试覆盖项中的定义-使用对，设计测试用例满足所有变量定义到该变量所有使用（包括谓词使用和计算使用）子路径的覆盖。测试用例见表6-32。

表6-32　全使用测试的测试用例

用例序号	全　使　用				输入			预　期　结　果		
	变　量	定义使用对	子　路　径	测试覆盖项	A	B	C	Is_Complex	R1	R2
1	A,B,C	1→2	1-2	TCOVER1 TCOVER2 TCOVER3	1	2	1	FALSE	-1	-1
	A,B	1→11	1-2-3-4-5-7-8-9-10-11	TCOVER4 TCOVER5						
	A,B	1→12	1-2-3-4-5-7-8-9-10-11-12	TCOVER6 TCOVER7						

续　表

用例序号	全使用				输入			预期结果		
	变量	定义使用对	子路径	测试覆盖项	A	B	C	Is_ Complex	R1	R2
1	Discrim	2→5	2 - 3 - 4 - 5	TCOVER8	1	2	1	FALSE	-1	-1
		2→11	2 - 3 - 4 - 5 - 7 - 8 - 9 - 10 - 11	TCOVER9						
		2→12	2 - 3 - 4 - 5 - 7 - 8 - 9 - 10 - 11 - 12	TCOVER10						
	Is_Complex	8→10	8 - 9 - 10	TCOVER12						
	R1	11→14	11 - 12 - 13 - 14	TCOVER13						
	R2	12→14	12 - 13 - 14	TCOVER14						
	Is_Complex	8→14	8 - 9 - 10 - 11 - 12 - 13 - 14	TCOVER16						
2	Is_Complex	6→10	6 - 9 - 10	TCOVER11	1	1	1	TRUE	未定义	未定义
	Is_Complex	6→14	6 - 9 - 10 - 13 - 14	TCOVER15						

5）全定义-使用测试

（1）导出测试覆盖项。

全定义-使用测试中，测试覆盖项是从每个变量的定义到该定义的每次使用（包括谓词使用和计算使用）的控制流子路径，见表 6 - 33。

表 6 - 33　全定义-使用测试的测试覆盖项

测试覆盖项	全定义使用路径			
	变量	定义使用对	子路径	测试条件
TCOVER1	A	1→2	1 - 2	TCOND1
TCOVER2	B	1→2	1 - 2	TCOND2
TCOVER3	C	1→2	1 - 2	TCOND3
TCOVER4	A	1→11	1 - 2 - 3 - 4 - 5 - 7 - 8 - 9 - 10 - 11	TCOND4
TCOVER5	B	1→11	1 - 2 - 3 - 4 - 5 - 7 - 8 - 9 - 10 - 11	TCOND5
TCOVER6	A	1→12	1 - 2 - 3 - 4 - 5 - 7 - 8 - 9 - 10 - 11 - 12	TCOND6

续 表

测试覆盖项	全定义使用路径			
	变 量	定义使用对	子 路 径	测试条件
TCOVER7	B	1→12	1-2-3-4-5-7-8-9-10-11-12	TCOND7
TCOVER8	Discrim	2→5	2-3-4-5	TCOND8
TCOVER9	Discrim	2→11	2-3-4-5-7-8-9-10-11	TCOND9
TCOVER10	Discrim	2→12	2-3-4-5-7-8-9-10-11-12	TCOND10
TCOVER11	Is_Complex	6→10	6-9-10	TCOND11
TCOVER12	Is_Complex	8→10	8-9-10	TCOND12
TCOVER13	R1	11→14	11-12-13-14	TCOND13
TCOVER14	R2	12→14	12-13-14	TCOND14
TCOVER15	Is_Complex	6→14	6-9-10-13-14	TCOND15
TCOVER16	Is_Complex	8→14	8-9-10-11-12-13-14	TCOND16

（2）导出测试用例。

根据测试覆盖项中的定义-使用对，设计测试用例满足每个变量的定义到该定义的每次使用（包括谓词使用和计算使用）子路径的覆盖。测试用例见表6-34。

表6-34 全定义-使用测试的测试用例

<table>
<tr><th rowspan="2">用例序号</th><th colspan="4">全定义使用路径</th><th colspan="3">输入</th><th colspan="3">预 期 结 果</th></tr>
<tr><th>变 量</th><th>定义使用对</th><th>子 路 径</th><th>测试覆盖项</th><th>A</th><th>B</th><th>C</th><th>Is_Complex</th><th>R1</th><th>R2</th></tr>
<tr><td rowspan="5">1</td><td>A,B,C</td><td>1→2</td><td>1-2</td><td>TCOVER1
TCOVER2
TCOVER3</td><td rowspan="5">1</td><td rowspan="5">2</td><td rowspan="5">1</td><td rowspan="5">FALSE</td><td rowspan="5">-1</td><td rowspan="5">-1</td></tr>
<tr><td rowspan="2">A,B</td><td>1→11</td><td>1-2-3-4-5-7-8-9-10-11</td><td>TCOVER4
TCOVER5</td></tr>
<tr><td>1→12</td><td>1-2-3-4-5-7-8-9-10-11-12</td><td>TCOVER6
TCOVER7</td></tr>
<tr><td rowspan="2">Discrim</td><td>2→5</td><td>2-3-4-5</td><td>TCOVER8</td></tr>
<tr><td>2→11</td><td>2-3-4-5-7-8-9-10-11</td><td>TCOVER9</td></tr>
</table>

续 表

用例序号	全定义使用路径				输入			预期结果		
	变量	定义使用对	子路径	测试覆盖项	A	B	C	Is_Complex	R1	R2
1	Is_Complex	2→12	2-3-4-5-7-8-9-10-11-12	TCOVER10	1	2	1	FALSE	-1	-1
		8→10	8-9-10	TCOVER12						
	R1	11→14	11-12-13-14	TCOVER13						
	R2	12→14	12-13-14	TCOVER14						
	Is_Complex	8→14	8-9-10-11-12-13-14	TCOVER16						
2	Is_Complex	6→10	6-9-10	TCOVER11	1	1	1	TRUE	未定义	未定义
	Is_Complex	6→14	6-9-10-13-14	TCOVER15						

6.5.3　基于经验的测试设计技术(错误推测法)

错误推测法主要根据测试工程师的经验或直觉推测被测软件中可能存在的各种错误,从而有针对性地编写检查这些错误的测试用例的方法。错误推测法设计的测试用例所得效果非常依赖于测试工程师的经验,从而无法估算错误推测法的测试覆盖率。因此错误推测法适合于作为其他测试方法的补充。

例如,对于一个搜索的文本框,除了根据需求规格说明设计测试用例以外,还可以考虑如下易出错的情况:

(1) 输入单个或多个空格,不输入其他任何字符;

(2) 检索字符串前面加空格;

(3) 检索字符串后面加空格;

(4) 输入转义符“\n”;

(5) 尝试 SQL 注入,如“'or 1 = 1 - and ……'”;

(6) 尝试跨站脚本攻击,如“<script>alert('hello')'</script>”;

(7) 输入通配符 *;

(8) 输入长度超过 250 位的字符串。

第 7 章　软件质量测量

软件质量测量旨在通过测量研制过程中的质量属性(典型的是对中间产品的测度)来提升最终产品的质量,使产品在指定的使用周境下具有所需的效用。利益相关方明示的和隐含的要求在标准中以质量模型的形式进行了阐述,这些质量模型将产品的质量自上而下地划分成不同的质量特性,并进一步划分为子特性或子子特性,最终细化成质量测度。通过逐个测量这些质量测度指标,并将测量结果进行计算,进而得到针对某个质量特性和子特性的质量测量结果。

本章在第 2 章的基础上,重点对质量模型(产品质量模型、使用质量模型、数据质量模型)、质量测量的标准进行了详细阐述,分析了不同质量模型质量测度之间的关系。最后以具体案例给出了如何通过软件质量相关标准构建质量模型,开展软件质量测量和分析。

7.1　质量模型

7.1.1　产品质量模型

质量模型的应用范围包括从获取、需求、开发、使用、评价、支持、维护、质量保证和审核等不同视角,对软件和软件密集型计算机系统的确定和评价支持。例如该模型可以被开发者、需方、质量保证与控制人员及独立评价者,特别是那些对确定和评价软件产品质量负责的人员所使用。从质量模型的使用中能够获得好处的产品开发期间的活动包括：① 标识系统与软件需求，② 确认详细的需求定义，③ 标识系统与软件设计目标，④ 标识系统与软件测试目标，⑤ 标识作为质量保证一部分的质量控制准则，⑥ 标识软件产品和/或软件密集型计算机系统的验收准则，⑦ 建立支持这些活动的质量特性的测度。

GB/T 16260—1996 及 GB/T 16260.1—2006 标准中定义的产品质量模型分为功能性、可靠性、易用性、效率、维护性、可移植性六个特性。为适应软件工程技术的发展和应用，GB/T 25000.10—2016 标准对 GB/T 16260.1—2006 中的产品质量模型进行了修订，将系统/软件产品质量划分为八个特性：功能性、性能效率、兼容性、易用性、可靠性、信息安全性、维护性和可移植性。每个特性由一组相关子特性组成（图 7－1）。

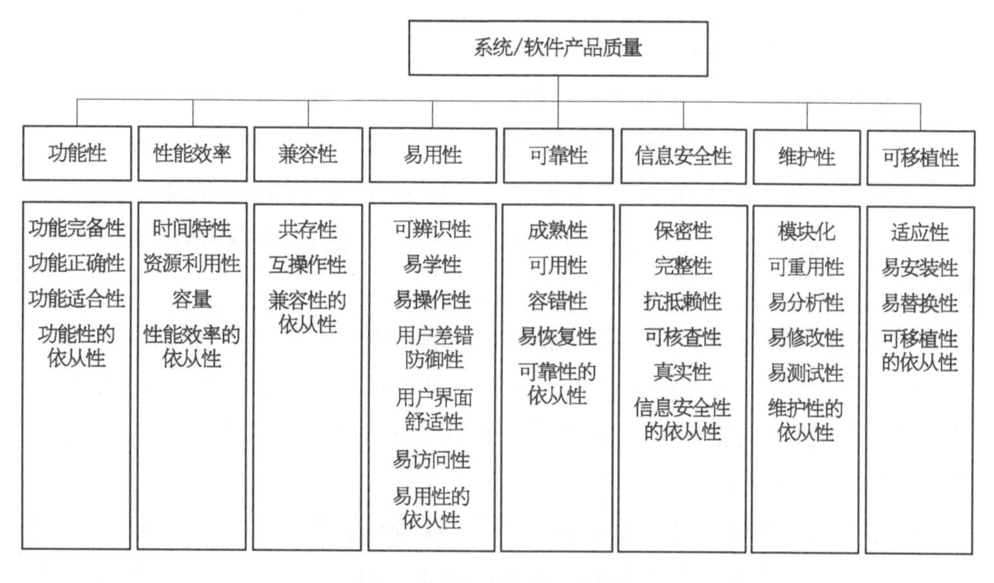

图 7－1　系统/软件产品质量模型

功能性：在指定条件下，产品或系统提供满足明确和隐含要求的功能的程度，包括功能完备性、功能正确性、功能适合性和功能性的依从性。例如：测试系统可删除除内置系统管理员外的用户。

性能效率：与在指定条件下所使用的资源量有关，主要包括时间特性、资源利用性、容量、性能效率的依从性，反映了系统与软件在有限的资源下所达到的水平。例如：最大并发用户数为 100；处理器利用率均值不超过 80%。

兼容性：在共享相同的硬件或软件环境的条件下，产品、系统或组件能够与其他产品、系统或组件交换信息，和/或执行其所需的功能的程度。主要包括共存性、互操作性、兼容性的依从性。例如：系统与杀毒软件的共存性；系统支持导入 doc、xls、pdf 文件。

易用性：在指定的使用周境中，产品或系统在有效性、效率和满意度特性方面为了达成指定的目标可为指定用户使用的程度。包括可辨识性、易学性、易操作性、用户差错防御性、用户界面舒适性、易访问性和易用性的依从性。例如：系统提供在线演示功能；系统界面元素配色风格、字体大小可定制。

可靠性：系统、产品或组件在指定条件下、指定时间内执行指定功能的程度。包括成熟性、可用性、容错性、易恢复性、可靠性的依从性。例如：系统支持 7×24 h 不间断运行；修改和删除数据操作具有再次确认功能。

信息安全性：产品或系统保护信息和数据的程度，以使用户、其他产品或系统具有与其授权类型和授权级别一致的数据访问度。包括保密性、完整性、抗抵赖性、可核查性、真实性、信息安全性的依从性。例如对通信过程中的整个报文或会话过程进行加密；采用摘要、校验码等进行完整性校验。

维护性：产品或系统能够被预期的维护人员修改的有效性和效率的程度。包括模块化、可重用性、易分析性、易修改性、易测试性、维护性的依从性。例如系统具备错误日志记录功能；可扩充系统应用，易增加新的功能模块。

可移植性：系统、产品或组件能够从一种硬件、软件或者其他运行（或使用）环境迁移到另一种环境的有效性和效率的程度。包括适应性、易安装性、易替换性、可移植性的依从性。例如操作系统的适应性、中间件、浏览器的适应性；软件易安装和卸载。

产品质量模型可以只应用于软件产品，或者包含软件的计算机系统，因为大多数子特性与软件和系统相关。例如产品质量模型中定义了功能性，它是指在指定条件下使用时，产品或系统提供满足明确和隐含要求功能的程度。功能性只关注功能是否满足明确和隐含要求，而不是功能规格说明。

7.1.2 使用质量模型

GB/T 16260.4—2006 标准的使用质量包括有效性、生产率、安全性和满意度四个方面。2016 年发布的 GB/T 25000.10 标准对 GB/T 16260.4—2006 中的使用质量模型进行了升级，由四个特性扩展至五个特性，包括有效性、效率、满意度、抗风险和周境覆盖(图 7－2)。每个特性都可以被赋予到利益相关方的不同的活动中,例如操作人员的交互或开发人员的维护。

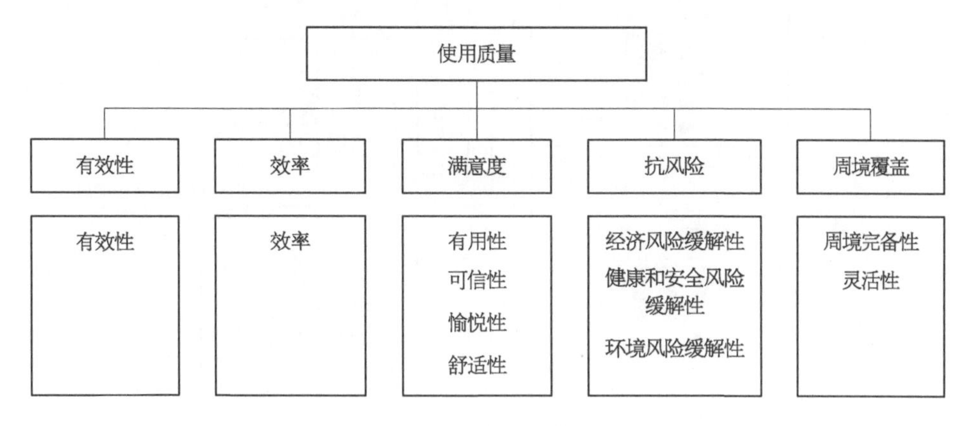

图 7－2　使用质量模型

系统的使用质量描述了产品(系统或软件产品)对利益相关方造成的影响。它是由软件、硬件和运行环境的质量,以及用户、任务和社会环境的特性所决定的。所有这些因素均有利于系统的使用质量。

(1) 有效性:用户实现指定目标的准确性和完备性。

(2) 效率:与用户实现目标的准确性和完备性相关的资源消耗。相关的资源可包括完成任务的时间(人力资源)、原材料或使用的财务成本。

(3) 满意度:产品或系统在指定的使用周境中使用时,用户的要求被满足的程度。

(4) 抗风险:产品或系统在经济现状、人的生命、健康或环境方面缓解潜在风险的程度。

(5) 周境覆盖:在指定的使用周境和超出最初设定需求的周境中,产品或系统在有效性、效率、抗风险和满意度特性方面能够被使用的程度。

7.1.3　数据质量模型

数据是信息的可再解释的形式化表示,以适用于通信、解释或处理。GB/T 25000.12—2017 为计算机系统中以某种结构化形式保存的数据定义了一种通用的数据质量模型,从固有的及依赖系统的角度划分了质量特性及对应属性,包括 15 个特性 63 个属性,如图 7－3 所示。

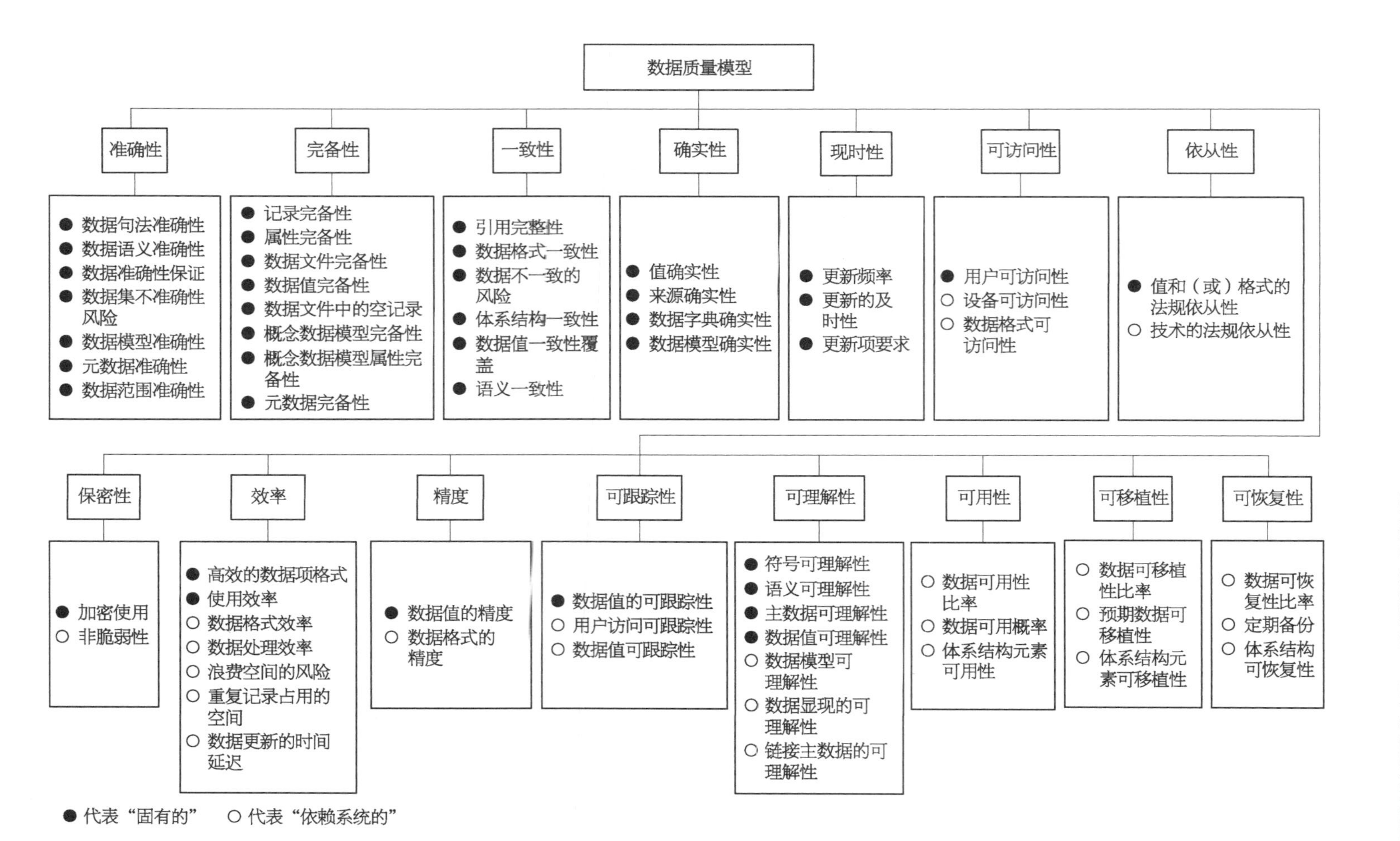

数据质量模型
准确性
● 数据句法准确性
● 数据语义准确性
● 数据准确性保证
● 数据集不准确性风险
● 数据模型准确性
● 元数据准确性
● 数据范围准确性
完备性
● 记录完备性
● 属性完备性
● 数据文件完备性
● 数据值完备性
● 数据文件中的空记录
● 概念数据模型完备性
● 概念数据模型属性完备性
● 元数据完备性
一致性
● 引用完整性
● 数据格式一致性
● 数据不一致的风险
● 体系结构一致性
● 数据值一致性覆盖
● 语义一致性
确实性
● 值确实性
● 来源确实性
● 数据字典确实性
● 数据模型确实性
现时性
● 更新频率
● 更新的及时性
● 更新项要求
可访问性
● 用户可访问性
○ 设备可访问性
○ 数据格式可访问性
依从性
● 值和（或）格式的法规依从性
○ 技术的法规依从性
保密性
● 加密使用
○ 非脆弱性
效率
● 高效的数据项格式
● 使用效率
○ 数据格式效率
○ 数据处理效率
○ 浪费空间的风险
○ 重复记录占用的空间
○ 数据更新的时间延迟
精度
● 数据值的精度
○ 数据格式的精度
可跟踪性
● 数据值的可跟踪性
○ 用户访问可跟踪性
○ 数据值可跟踪性
可理解性
● 符号可理解性
● 语义可理解性
● 主数据可理解性
● 数据值可理解性
○ 数据模型可理解性
○ 数据显现的可理解性
○ 链接主数据的可理解性
可用性
○ 数据可用性比率
○ 数据可用概率
○ 体系结构元素可用性
可移植性
○ 数据可移植性比率
○ 预期数据可移植性
○ 体系结构元素可移植性
可恢复性
○ 数据可恢复性比率
○ 定期备份
○ 体系结构可恢复性
● 代表“固有的” ○ 代表“依赖系统的”

图 7－3 数据质量模型

表 7－1 给出了数据质量特性的所属分类。

表 7－1　数据质量模型特性

特　性	数 据 质 量	
	固有的	依赖系统的
准确性	●	—
完备性	●	—
一致性	●	—
确实性	●	—
现时性	●	—
可访问性	●	●
依从性	●	●
保密性	●	●
效　率	●	●
精　度	●	●
可跟踪性	●	●
可理解性	●	●
可用性	—	●
可移植性	—	●
可恢复性	—	—

图 7－4 给出了数据生存周期(DLC)的举例,包括从数据设计、收集、集成、处理、存储、呈现、删除等过程。在数据生存周期的每个阶段,通过测量目标实

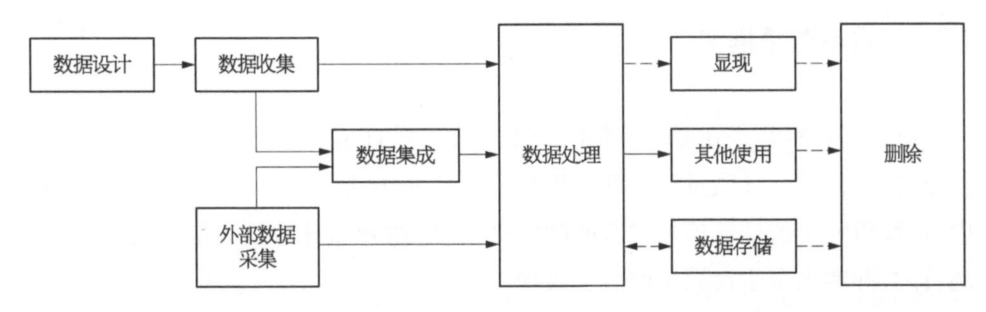

图 7－4　数据生存周期

体的数据评估数据质量。目标实体由不同的形式表现(例如:框架、模型、文件、字典、元数据、格式、形式)并能使用不同的技术进行管理和存储,有时也可以书面形式。

7.1.4 质量模型的使用

质量模型对确定质量需求、建立质量测度及执行质量评价均是有用的。各个质量模型所定义的质量特性可作为检查表使用,以便确保质量需求得到处理,由此为估算以后系统开发期间所需要的工作和活动奠定基础。在确定或评价系统或软件的产品质量时,可以将产品质量模型和使用质量模型中的特性,作为一个集合使用。

对大型的系统或软件产品而言,确定或测量所有部分的所有子特性是不切实际的,不可能针对所有可能的用户任务场景确定或测量使用质量。质量特性相对重要性取决于项目的高层目标和宗旨。因此,在将模型作为需求分解的一部分使用之前,建议依据利益相关方的产品目标和宗旨,对模型进行剪裁,以便标识最重要的、作为在不同类型测量之间分配的资源的那些特性和子特性。例如对于可靠性、信息安全性要求比较高的系统或软件,依据其特点,我们可以突出可靠性、信息安全性相关子特性及质量测度指标,对于其他指标可根据情况适当进行裁剪。

以下给出了裁剪时需要考虑的准则:① 与划分了优先级的质量需求的相关性,② 能够阐明所有相关质量特性和子特性的能力,③ 所选取的指标在具体测试过程中易于获取、易于实现。

7.2 质量测量

7.2.1 质量测量框架

质量测量实际是在需求分析阶段把软件质量自顶向下逐步分解为一系列质量测度,从而把软件质量从定性分析转变为定量分析。在进行后续的质量管理中,可针对特定的任务选择对应的测度测量,以达到软件缺陷的早发现、早修复的目的,并实现全生命周期的质量管理。

图 7-5 给出了新修订的 ISO/IEC 25020(GB/T 25000.20—2021)标准中的

质量测量参考模型，该模型描述了质量模型与质量测度元素（QME）构建质量测度（QM）之间的关系。系统与软件产品质量、使用质量、数据质量及 IT 服务质量是满足不同利益相关方所明确的或隐含的要求的程度，并由此提供了相应的价值。用户对质量的要求包括特定使用周境中系统使用质量的需求。这些明确的和隐含的要求是通过 ISO/IEC 25000 系列标准中的质量模型表示，质量模型将质量分成一些特性，并在某些情况中进一步细分为子特性。一个系统可测量的、与质量相关的属性称为与质量测度相关联的量化属性，量化属性通过测量方法来测量。测量方法是一种逻辑操作序列，用来量化关于特定标度的属性。使用测量方法的结果称为质量测度元素。质量特性和子特性可以通过测量函数来量化。测量函数是一个用来结合质量测度元素的算法。应用测量函数的结果被称为质量测度。质量测度用于对质量特性和子特性的量化，可以使用多个质量测度来测量一个质量特性或子特性。

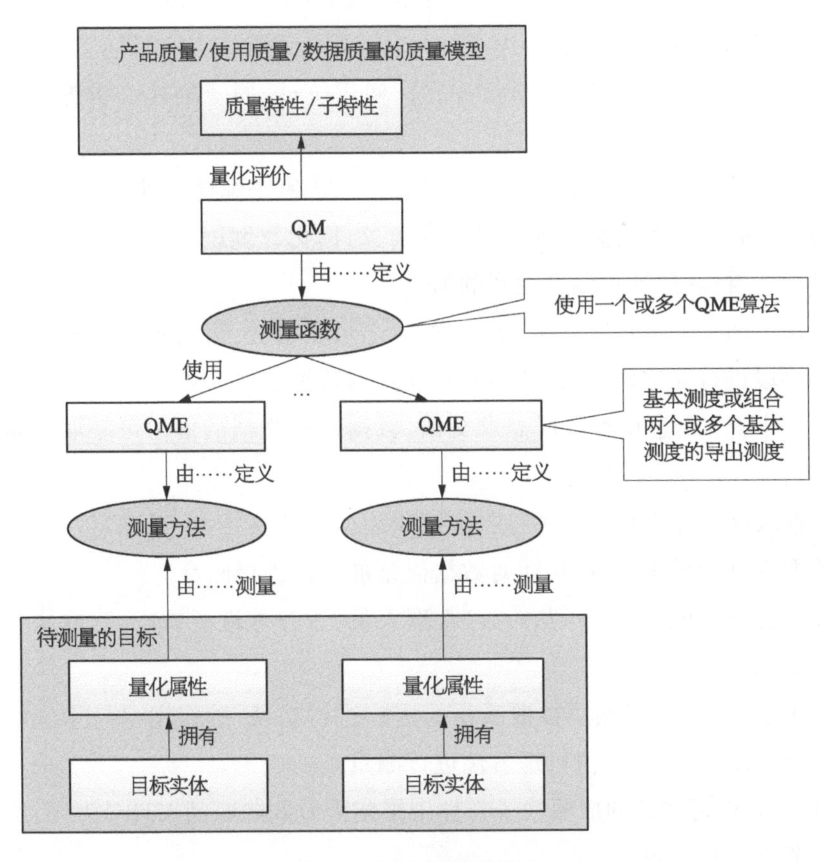

图 7－5　质量测量参考模型

注：目标实体可以是一个系统，一个软件产品，数据或 IT 服务。

选择质量测度时，考虑以下因素：

（1）与划分了优先级的信息需要的相关性；

（2）在组织单位收集数据的可行性；

（3）用于收集和管理数据的人力资源的可用性；

（4）收集数据的难易程度。

对于产品质量，质量测度元素值的获取可通过多种方式获取，例如审查、测试、运行监控。

（1）审查：可以通过审查文档的方法获取期望的质量测度元素值。

（2）测试：可以利用软件测试的方法验证相关指标是否在被测软件中加以实现，并可以统计绝大多数的软件测度元素值，例如通过软件问题单统计缺失功能数。

（3）运行监控：软件实际运行的监控记录可用于获取软件长时间运行中所出现诸如故障、失效、宕机等可靠性问题相关的度量指标的测量值。

对于使用质量，质量测度元素值的获取与产品质量有所不同，它主要通过调查问卷、用户表现测量、用户行为测量、使用统计、周境描述分析等方式进行获取。

对于数据质量，质量测度元素值可通过检查、审查和访谈进行获取。

（1）检查：采用观察或通过测试脚本、结构化查询语言对所需测量的目标实体进行查看，获取质量测度元素的值。

检查示例：检查关系型数据库中表的记录完整性，可通过结构化查询语言对特定字段进行非空值计数，从而确定非空的数据项的个数。

（2）审查：通过审查数据需求文档、数据设计文档的方法可获取质量测度元素的值。

审查示例：通过审查数据需求文档和数据设计文档，可以确定准确描述系统的数据模型的元素个数，从而对数据模型准确性进行测量。

（3）访谈：通过数据开发人员、管理人员、用户等进行访谈，获取质量测度元素的值。

访谈示例：通过对被测数据系统的用户进行访谈，确定用户易于理解的数据值的个数，从而对数据值可理解性进行测量。

图7-6以可靠性的成熟性子特性中平均失效间隔时间MTBF为例，给出了质量参考模型的示例。

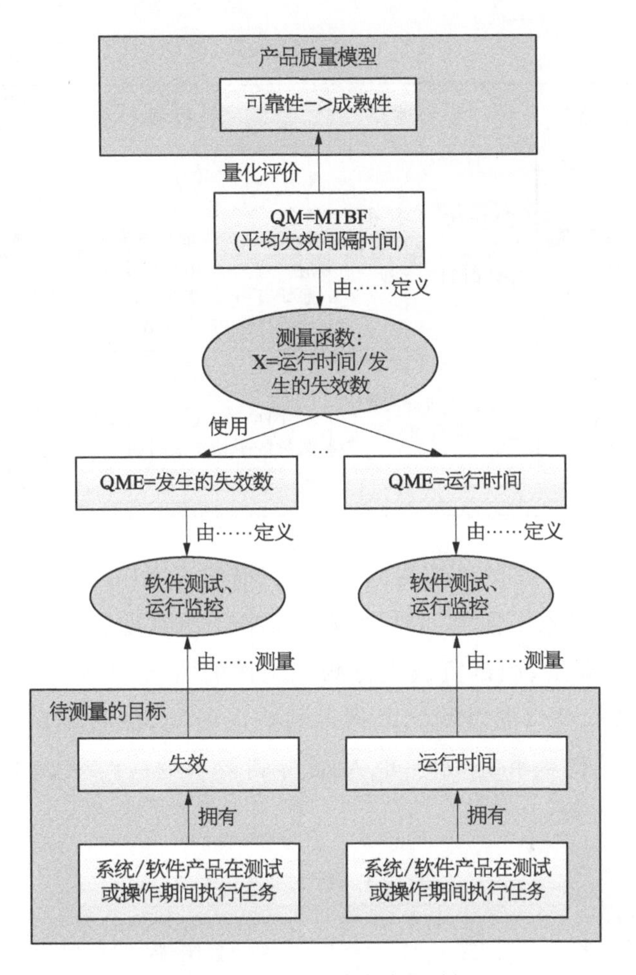

图 7-6　质量测量参考模型示例

7.2.2　产品质量测量

GB/T 25000.23—2019 对于 GB/T 25000.10—2016 中产品质量模型中的每个质量特性和子特性给出了一组质量测度的基本集合，对于如何应用软件产品和系统质量测度给出了解释。用户可以修改已定义的质量测度，也可以定义、使用尚未在标准中定义的质量测度。表 7-2 和表 7-3 分别给出了 GB/T 25000.23—2019 定义的性能效率特性中时间特性及可靠性中成熟性的测度示例。时间特性测度用于评估产品或系统执行其功能时，其响应时间、处理时间及吞吐率满足需求的程度。成熟性测度用于评估系统、产品或组件在正常运行时满足可靠性要求的程度。

表7－2　时间特性测度示例

ID	名称	描述	测量函数	方法
PTb－1－G	平均响应时间	系统响应一个用户任务或系统任务的平均时间是多少	$X=\sum_{i=1}^{n}\frac{(A_i)}{n}$ A_i=第i次测量时系统响应一个特定用户任务或系统任务花费的时间 n=测得的响应次数	测量为完成特定用户任务或系统任务而耗费的时间，并进行多次测量，计算平均时间
PTb－2－G	响应时间的充分性	系统响应时间满足规定目标的程度如何	$X=A/B$ A=PTb－1－G测度中所测量的平均响应时间 B=规定的任务响应时间	PTb－1－G测度中所测量的平均响应时间与用户文档（例如需求规格说明、合同等）规定的响应时间进行比较

表中PTb－1－G平均响应时间的测度，描述了用户向系统发出请求时，测量系统响应这些请求所需时间是否满足需求。在测度实施时根据所确定的测试环境、测试场景、测试负载进行测试用例的测试，并记录所需的测量值，例如A_i值的获取可以通过测试工具得到响应时间，或自编制测试程序收集每个请求的发出时间和完成时间，从而得到请求响应时间，n值可以统计该测度所执行的次数。

表7－3　成熟性测度示例

ID	名称	描述	测量函数	方法
RMa－2－G	平均失效间隔时间（MTBF）	在系统/软件运行过程中平均失效间隔时间是多少	$X=A/B$ A=运行时间 B=实际发生的系统/软件失效次数	对系统/软件在一定的运行时间内发生失效的次数进行计数，并计算失效的平均间隔时间
RMa－3－G	周期失效率	在一个预定义的周期内发生失效的数量是多少	$X=A/B$ A=在观察时间内检测到的失效数量 B=观察持续周期数	预定义周期长度，对系统/软件在一定的周期长度内检测到的失效次数进行计数，并计算平均失效数量

表中RMa－2－G平均失效间隔时间的测度，描述了通过测试平均失效间隔时间，测度其满足用户需求的程度。在测度实施时，依据需求文档、设计文档、操作手册、运行报告、问题报告等，针对每个功能编制对应的测试用例；确定运行时间记为A值，在运行时间内执行所有测试用例，收集并分析测试结果，根据测试结果，统计实际检测的失效总数，记为B值。RMa－3－G中周期失效率的

测度可预定义周期长度，记录在一定周期内观测到的失效数量 A，观察持续周期数 B 可通过一定周期长度与预定义周期的比值获得。

最后对测量计算结果进行分析评价，对比同种类或同阶段的质量测量值，对测量对象做出客观评价。

7.2.3　使用质量测量

使用质量模型的测量在 GB/T 25000.22—2016 进行了规定，在选择使用质量测度时应考虑如下因素。

（1）有效性、效率、满意度和抗风险的相对重要性。

（2）可能对经济状况、生命、健康或环境造成风险的有效性、效率或满意度特定方面。

（3）应用某个测度必须具备的技能和知识。

使用质量测度的测量方法包括以下几种。

（1）用户表现测量法：有效性和效率测度。

（2）用户行为测量法：收集用户动作数据。

（3）数据自动收集法：借助软件去收集用户动作数据。

（4）问卷调查法：满意度测度。

（5）业务分析法：分析业务活动及其结果。

（6）软件与易用性分析法：分析由人为或系统错误所引起的潜在风险。

（7）使用统计法：分析由先前人为或系统错误所导致的结果。

（8）周境描述分析法：为评估预期使用质量而分析使用周境。

（9）检测法：为识别潜在问题而对系统进行检测。

表 7－4 给出了满意性子特性中有用性测度的部分示例。

表 7－4　有用性测度示例

ID	名　称	描　述	测 量 函 数	方　法
SUs－2－G	特征满意度	用户对特定系统特征的满意度	$X = \sum A_i$ A_i = 对与特定特征相关提问的回应	问卷调查法

注：这是一种采用李克特量表的典型非确认问卷。在将问卷项目进行组合以得出一个总分时，能视不同提问的重要程度予以加权。

续 表

ID	名 称	描 述	测量函数	方 法
SUs-4-G	特征利用率	已识别的系统用户集里使用某具体特征的用户比例	$X=A/B$ A=使用某具体特征的用户数量 B=系统已识别用户集的用户数量	用户行为测量法或数据自动收集法
注1：特征能从单一功能到系统子集的不同粒度等级上进行定义。 注2：分值低可能说明该特征是无用的，或仅对某用户子集适用，或用户并未理解如何使用，或用户不知道该特征的存在。				
SUs-5-G	用户投诉率	发出投诉的用户比例	$X=A/B$ A=投诉的用户数量 B=系统的用户数量	用户行为测量法
SUs-6-G	具体特征用户投诉率	针对某具体特征的用户投诉比例	$X=A/B$ A=针对某具体特征的用户投诉数量 B=针对所有特征的用户投诉总数	用户行为测量法

7.2.4 数据质量测量

GB/T 25000.24—2017 数据质量测量标准给出了 GB/T 25000.12—2017 中定义的数据质量模型的质量测度方法，规定了每个特性的数据质量测度的基本集合、数据生存周期中应用质量测度的目标实体的基本集合；给出了如何应用数据质量测度，为数据质量要求和评估中定义数据质量测度提供指导。

表7-5、表7-6中给出了质量测度元素 QME 的举例。

表7-5 属性的个数

QME 名称	属 性 的 个 数
目标实体	上下文模式，数据模型，数据字典
测量方法	对满足在指定的质量要求定义中所给出条件的所有不同属性（目标实体的相关性质）进行计数
注 释	例如，地址属性以省、市、街道和门牌号码表示

表7-6　数据项的个数

QME名称	数据项的个数
目标实体	数据文件,关系型数据库管理系统,文档,表单,显现设备
测量方法	对满足在指定需求定义中所给出条件的数据项的不同结构、类别或格式进行计数
注　释	术语“字段”是数据项的同义词,意指在某个上下文内的一个最小可识别数据单元,通过一些性质的集合来规定定义、标识、容许值和其他信息

在定义测度元素的基础上,定义了质量测度,例如表7-7给出了GB/T 25000.24—2017定义的完备性测度示例。

表7-7　完备性测度示例

ID	名　称	描　述	测量函数	DLC/目标实体/性质
Com-I-1	记录完备性	一个数据文件中一个记录的数据项的完备性	$X=A/B$ A=一个记录中关联值非空的数据项的个数 B=能测量完备性的记录的数据项的个数	除数据设计外的全部DLC/数据文件/记录,数据项,数据值
Com-I-2	属性完备性	一个数据文件中的数据项的完备性	$X=A/B$ A=对于一个特定的数据项关联值非空的记录的个数 B=计数的记录的个数	除数据设计外的全部DLC/数据文件/记录,数据项,数据值
Com-I-6	概念数据模型完备性	概念数据模型相对于上下文模式中描述的实体的完备性	$X=A/B$ A=概念数据模型的实体的个数 B=完整描述上下文模式的概念数据模型的实体的个数	数据设计/上下文模式,概念数据模型/实体
Com-I-7	概念数据模型属性的完备性	为概念数据模型定义的属性的完备性	$X=A/B$ A=概念数据模型中定义的属性的个数 B=概念数据模型中定义的完整地描述上下文模式的属性的个数	数据设计/上下文模式,概念数据模型/属性

例如上表中Com-I-1记录完备性的测度,可以通过测试数据记录中是否存在空值进行度量,在测度实施时,需要先确定测试数据集及数据集中记录数总和,然后通过执行脚本或程序获取不存在空值的记录数。以下给出了查询某产品表中记录及非空记录数量的示例:

```
SELECT COUNT(*) FROM dbo.lm_re_product   #查询该表中所有记录数。
SELECT COUNT(*) FROM dbo.lm_re_product WHERE product_iid IS NOT
```

NULL #查询该表中非空记录的数量。

需要注意,如果有多个数据集,则应对不同数据集分别计算测试结果。

属性完备性(Com - I - 2)可从数据文件中数据项的完备性方面进行测度,在实施测度时,需要先确定测试范围及该范围中记录的数量,然后通过执行脚本或程序,对记录中的每个属性进行检查,查看特定数据项关联值是否非空,并记录非空的记录数。下面给出了该测度获取测度元素值的示例:

现有一个系统用户信息表,该表用户名为非空必填字段,检测用户名这列属性是否包含空值:

SELECT COUNT(*) FROM dbo.sm_us_login #系统用户信息表的记录数。

SELECT COUNT(*) FROM dbo.sm_us_login WHERE name IS NOT NULL #系统用户信息表的 name 为非空的记录数。

7.2.5 不同质量模型质量测度之间的关系

不同质量模型质量测度之间的关系如图 7 - 7 所示。

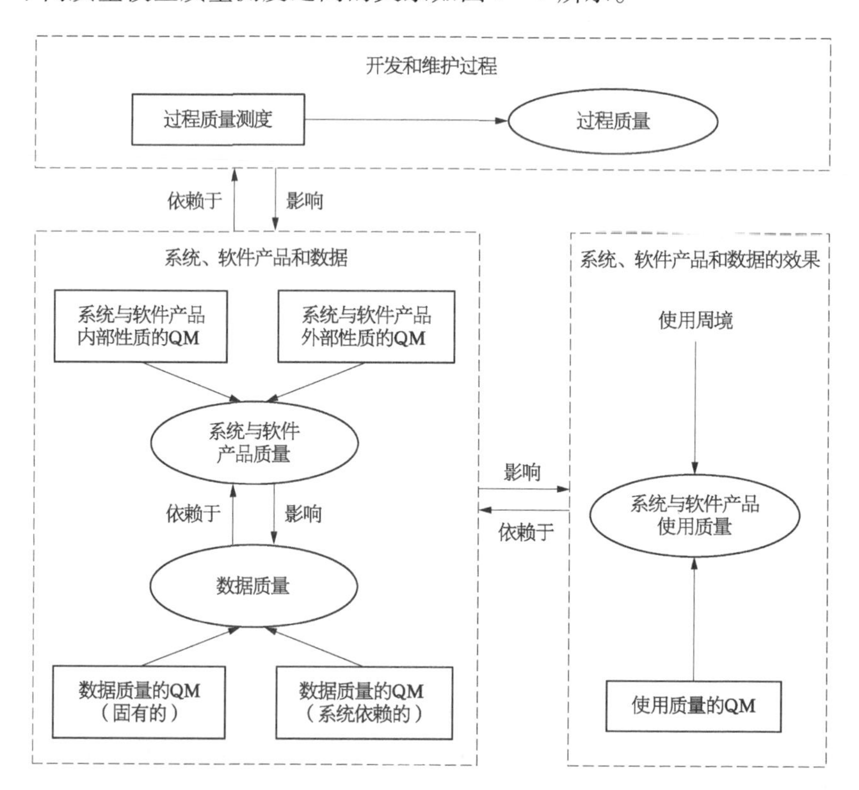

图 7 - 7 不同质量模型质量测度之间的关系

根据 ISO/IEC 25030：2019（GB/T 25000.30—2021）质量需求的规定，将用户的质量要求转化为质量需求时，可以选择使用质量测度规定特定使用周境中利益相关方的需求。使用质量的质量测度基于用户的角度，通过量化用户与系统之间的交互结果或者对利益相关方（包括直接用户、间接用户）的影响，来衡量满足其目标的程度。

系统与软件产品质量的质量测度包括内部性质测度和外部性质测度，外部性质测度主要根据系统的行为来测量系统与软件产品的质量，外部性质测度仅用于产品生存周期的测试和运行阶段；内部性质测度可以测量中间交付成果或工作产品的质量。此外，这些测量可以与分析模型一起使用，以预测最终的系统与软件产品的质量。在开发生存周期的早期阶段检测系统与软件产品的质量问题并采取纠正及预防措施。

数据质量测度可以从使用质量、系统与软件产品需求和测度转化而来。这些代表目标质量需求的质量测度用于评价系统与软件产品的质量，包括数据质量，以便在设计、实施、测试或使用过程中逐步验证，验证和改进产品。数据质量从"固有的"和"依赖系统的"角度进行质量测度，以检测与数据和数据库相关的潜在质量问题。这些质量测度可在开发、测试和运行阶段使用。

过程质量有助于提高系统与软件产品质量和数据质量。评价系统与软件产品能否满足用户对产品质量要求是系统与软件开发生存周期的重要组成。不同周境中系统、软件产品和数据影响系统与软件产品使用质量。因此，评价和改进过程是提高系统与软件产品质量的手段，评估和提高系统与软件产品质量是提高使用质量的手段之一。同样，评价使用质量可以提供改进系统与软件产品的反馈，评价系统与软件产品可以提供反馈以改进过程。系统与软件产品质量可以使用内部测度和外部测度进行评价。系统与软件产品质量会影响数据质量。

7.3　质量测度数据分析

不同质量测度之间的差异很大，有的包含单位，例如平均响应时间，有的没有单位，例如响应时间的充分性，有些质量测度的值越大越好，例如吞吐量，有些质量测度的值越小越好，例如平均响应时间，这些差异使得在对系统与软件进行评价时存在一定困难，所以有必要对质量测度的测量函数归一化来解决此问题。通过应用测量函数将测量元素的值转换为 0 至 1 之间的质量测度值，可获取用于评价特性和子特性的定量和可比较的值。

测量函数的公式如下：

（1）用户提供最高要求，实际结果始终是该用户要求的子集。例如，成熟性中的故障修复率测度用于描述检测到的与可靠性相关的故障中已校正的比例。在这种情况下，式 7－1 适合于描述测量函数。x 是在设计/编码/测试阶段校正的可靠性相关故障的数量，R 是在设计/编码/测试阶段检测到的可靠性相关故障的数量。在设计/编码/测试阶段校正的可靠性相关故障总是属于检测到的可靠性相关故障。在这种情况下，R 是最高要求。x 的值永远不会超过 R 的值。在此场景中，将使用下面的测量函数进行测量。

$$M = f(x) = \frac{x}{R} \tag{7-1}$$

式中，M——质量测度的值；

x——质量测度元素的结果值；

R——质量测度元素的期望值。

（2）用户提供要求的下限，但不提供要求的上限。例如，时间特性的平均吞吐量测度表示单位时间内完成的作业的平均数量。这种要求的流行表达类似于"吞吐量应大于每秒 100 个事务"。吞吐量越大，测量函数计算的结果越好。式 7－2 适用于描述本场景中的测量函数。图 7－8 展示了 $R = 100$ 时的测量函数曲线。

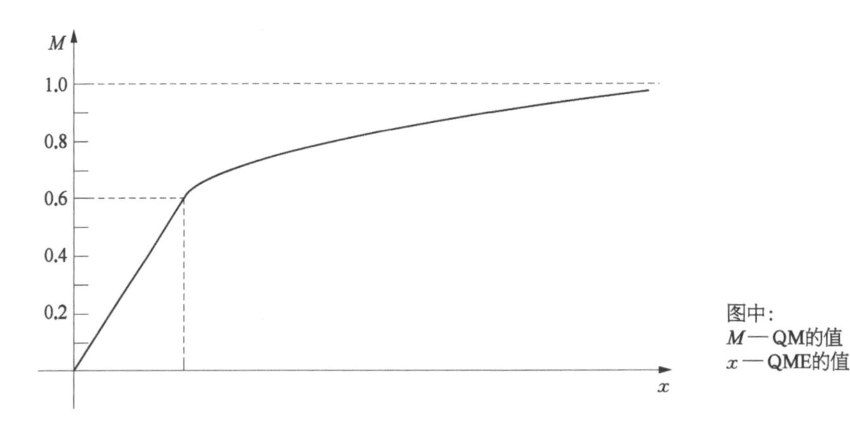

图 7－8　公式(7－2)的关系曲线

$$M = f(x) = \begin{cases} E \times \dfrac{x}{R} & (0 \leqslant x \leqslant R) \\ 1 - (1 - E) \times \dfrac{R}{x} & (x > R) \end{cases} \quad (7-2)$$

式中,M——质量测度的值;

x——质量测度元素的结果值;

R——质量测度元素的期望值;

E——R 对应的测度指标的值,由用户决定(如 $E=0.6$)。

(3) 用户提供要求的上限,但不提供要求的下限。例如,性能效率的平均响应时间测度。这种要求的流行表达类似于“平均响应时间应小于 100 ms”。响应时间越短,利用测量函数计算的结果越好。式 7-3 适用于这种情况。图 7-9 为 $R=100$ 时的测量函数曲线。

$$M = f(x) = \begin{cases} 1 - (1 - E) \times \dfrac{x}{R} & (0 \leqslant x \leqslant R) \\ E \times \dfrac{R}{x} & (x > R) \end{cases} \quad (7-3)$$

式中,M——质量测度的值;

x——质量测度元素的结果值;

R——质量测度元素的期望值;

E——与 R 相对应的测度指标的值,由用户决定(例如,$E=0.6$)。

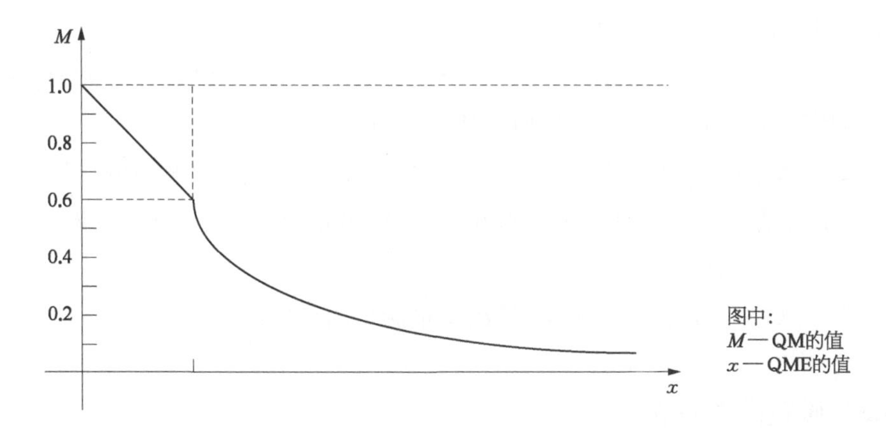

图 7-9 式 7-3 的关系曲线

在不同的测度中,x 可能有不同的含义。例如,在功能覆盖率测度(FCp-1-G)中,x 表示已实现的指定功能的数量,它等于指定功能数量减去缺失功能数量的值。在可用性的平均宕机时间测度中，x 表示每次故障的宕机时间，而不是总宕机时间。

7.4 质量测量案例

7.4.1 项目概述

在甲公司的 XX 软件测试和质量保证中，软件质量信息和资源缺乏有效整理和利用，软件质量管理缺乏历史数据的有效指导，从而使得软件质量难以测量和评价。XX 软件包括数据处理模块、控制模块、显示终端模块等，每个模块对于软件质量的侧重有所不同。甲公司需要根据现有 XX 软件质量数据分析、梳理建立合理的、可行的、可信的并且足够完备的 XX 软件质量模型，才能更加准确地完成 XX 软件质量测量和分析。

7.4.2 技术方案

针对 XX 软件的开发、测试等各生存周期各阶段的实际情况，结合现有标准中的软件质量模型，对质量模型中质量特性、子特性及质量测度进行裁剪，建立 XX 软件的质量模型及相应的测量方法体系，以确保符合 XX 软件质量测量的实际需求，包括以下几点。

（1）XX 软件质量模型构建：针对 XX 软件实际情况，以现行标准为依据，建立适用于各个阶段的 XX 软件质量特性、子特性及测量指标。

（2）XX 软件质量测量方法设计：针对每个质量测度设计相应的计算公式，对每一个测量元素给出相应的获取方法，并给出相应的记录模板，以确保质量测量模型的实用性。

（3）XX 软件质量测量使用：给出质量测量的具体流程。

7.4.3 质量模型建立

XX 软件的不同模块对于质量的侧重点不同：

（1）数据处理模块对收到的数据进行快速处理，其对性能效率、可靠性及信息安全性要求较高；

（2）控制模块用于发送控制指令，其对信息安全性、可靠性等要求较高；

（3）显示终端模块用于显示信息，提供操作界面，其主要对易用性及信息安全性要求较高。

依据 GB/T 25000.10—2016、GB/T 25000.23—2019 等标准，根据 XX 软件的特点，将 XX 软件质量划分为功能性、性能效率、易用性、可靠性、维护性、可移植性、兼容性和信息安全性八个特性，在各个特性中又细化为若干子特性，每个子特性定义了若干质量测度。重点对性能效率、可靠性、信息安全性、易用性等方面做了细化，建立 XX 软件相应的质量测量指标体系，实现对 XX 软件质量的有效测量和评估。例如该软件的数据处理模块对收到的数据要进行快速处理，很显然对性能效率特性要求高，在性能效率-容量子特性下，按照 7.1.4 中的剪裁原则，我们对 GB/T 25000.23—2019 原有质量测度指标进行了剪裁，增加了数据处理速率满足度、数据传输速率满足度和数据处理容量满足度。XX 软件质量特性、子特性及质量测度指标见表 7－8。

表 7－8　软件质量模型

<table>
<tr><th>特　性</th><th>子 特 性</th><th>质　量　测　度</th></tr>
<tr><td rowspan="8">功能性</td><td rowspan="2">完备性</td><td>功能的完整性</td></tr>
<tr><td>功能的充分性</td></tr>
<tr><td rowspan="2">正确性</td><td>计算的准确性</td></tr>
<tr><td>精确度</td></tr>
<tr><td>恰当性</td><td>功能规格说明的稳定性</td></tr>
<tr><td rowspan="3">依从性</td><td>特定功能的依从性</td></tr>
<tr><td>界面的依从性</td></tr>
<tr><td>接口的依从性</td></tr>
<tr><td rowspan="5">性能效率</td><td rowspan="2">时间特性</td><td>响应时间满足度</td></tr>
<tr><td>周转时间满足度</td></tr>
<tr><td rowspan="3">容　量</td><td>数据处理速率满足度</td></tr>
<tr><td>数据传输速率满足度</td></tr>
<tr><td>数据处理容量满足度</td></tr>
</table>

续 表

特 性	子特性	质 量 测 度
性能效率	资源利用性	CPU 占用率满足度
		内存占用率满足度
		外存时间负载满足度
		外存空间占用率满足度
		传输带宽负载满足度
可靠性	成熟性	缺陷排除率满足度
		平均故障间隔时间满足度
		缺陷密度满足度
		验证覆盖率满足度
		测试时间充分性
	可用性	服务时间满足度
	容错性	典型缺陷重复发生次数
		抵御发生的误操作次数
		冗余率
	易恢复性	易复原性
		可重新启动性
易用性	可辨识性	描述的完整性
		易理解的输入和输出
	易学性	用户文档和/或帮助机制的完整性
		帮助的易获得性
	易操作性	操作的一致性
		消息的明确性
		定制的可能性
	用户差错防止性	抵御误操作
		输入的有效性检查
	用户界面舒适性	用户界面外观的易用性
	易访问性	支持语种的数量

续　表

特　性	子 特 性	质　量　测　度
维护性	易分析性	诊断的准确性
	易修改性	可配置性
		软件变更的可控性
	稳定性	变更成功的比率
	易测试性	测试功能的完整性
	可重用性	模块重用率
		注释的规范性
		代码的规范性
		文档的规范性
可移植性	适应性	硬件适应性
		操作系统适应性
		数据库适应性
	易替换性	功能内含性
	易安装性	安装正确性
		安装难易性
		安装效率
兼容性	互操作性	数据交换格式符合性
		数据交换协议符合性
	版本相容性	配置项软件版本兼容性
信息安全性	保密性	访问操作的可控制性
		数据加密的正确性
		数据加密的完整性
	完整性	数据的抗讹误性
	抗抵赖性	事件的不可抵赖性
	可核查性	日志保存符合性
	真实性	鉴别方法满足度
	依从性	标准的依从性

7.4.4 质量测量方法设计

针对每个质量测度设计相应的质量测量计算公式,对每一个测度元素给出相应的获取方法,并给出相应的记录模板,以确保质量测量模型的实用性。

该项目中采用的质量测度元素数据获取方法包括以下3种。

(1) 审查:可通过审查文档的方法获取各类指标的期望值,例如可在任务书或合同等文档中获得软件的可靠性需求中要求的故障间隔时间最小值。

(2) 测试:测试过程中可以统计绝大多数的软件测量元素,可以利用软件测试的方法验证某个软件质量特性相关测度指标是否在被测软件中加以实现,例如数据处理速率满足度、数据处理容量满足度。

(3) 运行监控:对于具有长时间运行、大数据流等特点的软件,通过一般人工监控无法满足其需求,因此需要使用自动化监控软件对其进行监控,并生成相应的监控记录。软件实际运行的监控记录可用于获取软件长时间运行中所出现诸如故障、失效、宕机等可靠性问题相关的度量指标的测量值,例如平均故障间隔时间满足度。

下面给出了可靠性中的“平均故障间隔时间满足度”测量指标的示例。

(1) 计算公式。

平均故障间隔时间满足度衡量的是当可靠性需求中有平均故障间隔时间要求的时候,软件在运行中故障的频率满足该可靠性需求的程度。

平均故障间隔时间满足度的计算公式为:

$$X = \begin{cases} \dfrac{EA}{B} & (0 \leqslant A \leqslant B) \\ 1 - \dfrac{(1-E)B}{A} & (A > B) \end{cases} \tag{7-4}$$

式中,A——实测平均故障间隔时间;

B——软件的可靠性需求中要求的故障间隔时间最小值;

E——与 B 对应的度量指标值,宜取值0.6。

(2) 测评数据获取。

实际运行时间在测试阶段进行统计时,可以统计在按使用情景设计不同比例的任务进行测试后的测试运行时间。在运行维护阶段进行统计时可以统计软件在实际运行中的时间。测试时可事先约定计算平均故障系统运行的起始时间和终止时间,可在规定的时间间隔节点进行统计。其间隔时间为该行的检测时间与上一行的检测时间之差,将发生的故障记录在表 7－9 中。

表 7－9　平均故障间隔时间满足度测量记录表

期望的平均故障间隔		
计算平均故障系统运行的起始时间		
计算平均故障系统运行的终止时间		
检测时间	故障记录	平均故障间隔时间
时间点 1		
时间点 2		
……	……	……
注:“……”表示随实际检测时间而定。		

(3) 测评结果。

根据上表获取给定的期望的平均故障间隔 B,实际的平均故障间隔时间 A 为多次平均间隔时间的均值,则平均故障间隔满足度可根据公式计算得到。

7.4.5　质量测量使用

在建立质量模型和设计质量测量方法后,可根据不同软件生存周期阶段或实际使用需求对质量模型中质量特性、子特性及质量测度进行裁剪,设计各阶段的质量测量模型,确保符合软件质量测量的实际需求。例如在单元测试阶段,采用了功能性、性能效率、维护性—可重用性—代码的规范性做出测评结果,其他指标进行剪裁。在系统测试阶段,考虑了功能性、性能效率、可靠性、易用性、维护性、可移植性、兼容性、信息安全性八个特性。

对于选择的质量特性、子特性和质量测度,结合软件需求规格说明中规定的需求点进行分解,获取具体需求的指标项。

按照质量测量方法和记录模板,通过审查、软件测试、运行监控等手段,获取质量元素值,并按照相应指标的计算公式计算得到质量测度值,表 7－10 给出了平均故障间隔满足度测量记录示例。

表 7-10 平均故障间隔满足度测量记录示例

期望的平均故障间隔		期望平均故障间隔不小于 24 h			
计算平均故障系统运行的起始时间		2019-6-1 00:00:00			
计算平均故障系统运行的终止时间		2019-6-8 06:00:00			
检测时间点	故障记录数	平均时间间隔(h)	负载背景	测试用例套索引	测试结论
48 h	2	24	80%	TS-GZS-1	通过
132 h	4	15	75%	TS-GZS-2	不通过
174 h	2	21	80%	TS-GZS-3	不通过

其中测试用例套索引 TS-GZS-1 的测试用例见表 7-11。

表 7-11 TS-GZS-1 测试用例套示例

测试用例套索引	TS-GZS-1		
测试用例套内编号	功能模块	故障记录	运行时间
TS-GZS-1-TC1	数据处理	1	48 h
TS-GZS-1-TC2	控制	0	48 h
TS-GZS-1-TC3	显示终端	1	48 h
故障总数		2	
平均故障间隔时间		24 h	

根据表 7-10,期望的平均故障间隔 B 为 24 h,而实际的平均故障间隔时间 A 可取三次平均间隔时间的平均值,即$(24+15+21)/3=20$ h,则平均故障间隔满足度可根据式 7-4 计算得到 $X=EA/B=0.6\times20/24=0.5$。

最后对测量计算结果进行分析评价,对比同种类或同阶段的质量测度值,对测量对象做出客观评价。

第 8 章　软件产品评价

质量评价是软件产品质量保证的关键技术之一，它是在质量测量的基础上，结合软件质量的特点，通过采用恰当的评价方法对测量结果进行分析，从而得到质量综合评价的结果。1996 年发布的 GB/T 16260 标准给出了如何使用质量特性来评价软件质量，规定了产品质量评价的模型，包括质量需求定义、评价准备和评价过程三个阶段。随着人们对软件质量及其评价的重视，2002 年发布了 GB/T 18905 产品评价系列标准，该系列标准是对 GB/T 16260—1996 标准中软件评价的细化与升级，给出了软件产品评价过程（包括确立评价需求、规定评价、设计评价和执行评价），提供了用于评价的要求和指南。2010—2012 年期间，ISO 和 IEC 国际组织根据当前技术发展的要求，将原来 ISO/IEC 15498（GB/T 18905）系列标准中的六个标准合并为三个标准，分别为 ISO/IEC 25040：2011（GB/T 25000.40—2018）、ISO/IEC 25041：2012（GB/T 25000.41—2018）及 ISO/IEC 25045：2010（GB/T 25000.45—2018）。在质量评价过程中，新增了"结束评价"活动，梳理了需方、开发方、独立评价方、维护方、操作方、供方等内容，以适应当前软件工程技术的发展。

GB/T 25000.1—2010 中给出了软件产品评价的定义，即根据特定的规程，对软件产品的一个或多个特性进行评估的操作。软件产品质量的评价是获取和开发满足质量需求软件的重要环节，通过执行软件质量评价可以判断其质量特性是否满足系统的需求。对于开发人员来说，可通过软件产品评价结果对软件进行升级修复，进而改进软件产品质量。对于软件的供方来说，可通过软件产品评价对其产品价值充满信心，评价报告还可以用于商业的目的。对于软件的需方来说，可以将软件产品评价结果作为选择产品的依据。

软件产品的质量可以按照 GB/T 25000.10—2016 中规定的质量特性进行描述，但是软件测量的技术水平一般来说还不能对这些质量特性进行直接测量。

软件产品质量评价涉及质量模型、评价方法、软件的测量和支持工具。GB/T 25000.40—2018 中定义了软件产品质量的评价过程，它包括确立评价需求、规定评价、设计评价、执行评价和结束评价五个过程，如图 8-1 所示。GB/T 25000.41—2018 则规定了开发者、需方、独立评价者的产品评价过程，其评价过程具有类似性，由于在评价过程中其所处的角色不同，故在评价的目的、需求方面有所不同。在本章节中，重点介绍 GB/T 25000.40—2018 定义的评价过程。

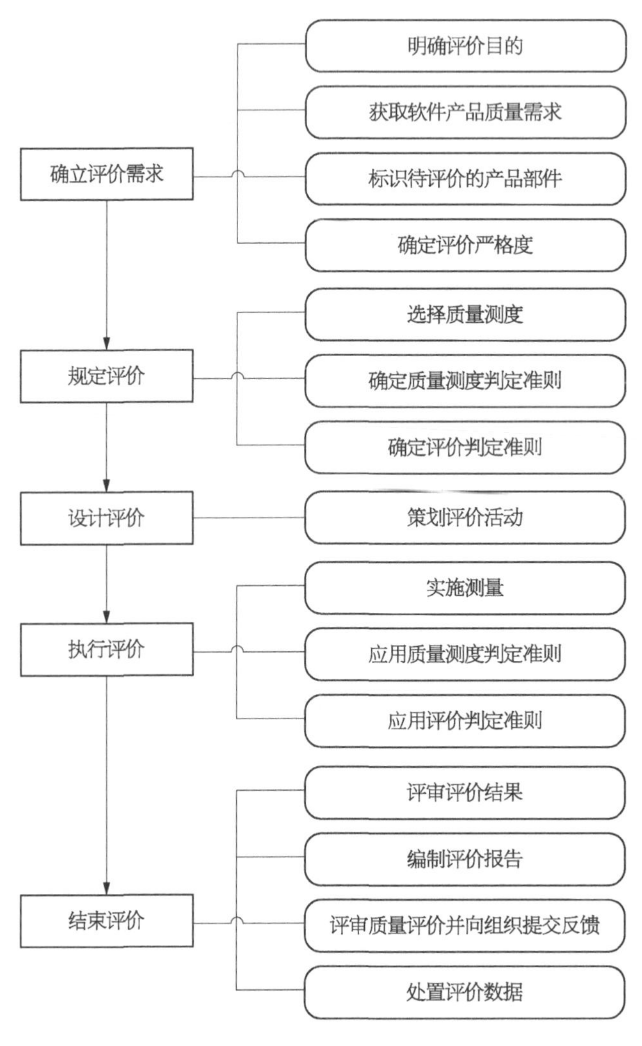

图 8-1 软件产品评价过程

8.1　评价过程

8.1.1　确立评价需求

确立评价需求的目的是描述评价目标，软件产品评价过程的首要步骤是确立评价需求，它包括明确评价目的、获取软件产品质量需求、标识待评价的产品部件、确定评价严格度四个基本步骤。通过确立评价需求这一活动，可以将用户、系统的质量需求，以及特定的需方要求等转化为评价需求。

8.1.1.1　明确评价目的

软件质量评价的目的是直接支持开发和获得能满足用户和消费者要求的软件。最终目标是保证产品能提供所要求的质量，即满足用户明确和隐含的要求。例如为了估计最终产品的质量及管理控制，可以对中间产品质量进行评价；为了决定产品发布时间或者获取与其他竞争软件产品的差距，可以对软件最终产品进行评价。

软件产品质量评价也可以根据软件生存周期来进行评价，GB/T 8566—2007《信息技术　软件生存周期过程》规定了软件生存周期的框架，例如开发者可根据软件生存周期中开发过程的相关规定，计划并实施软件测量及评价。针对不同角色的人员，其评价目的也不同，例如开发者关注能否通过评价尽早发现软件的质量问题，软件产品的提供方则为了向需方推广产品而委托第三方测评机构进行评价，所以不同的评价者根据实际目的进行评价的组织策划。

8.1.1.2　获取软件产品质量需求

软件产品质量需求的获取可参照本书 2.4.3 节给出的质量需求的相关要求进行。需要注意，在该过程中应当提供所使用的质量模型，例如是产品质量模型还是使用质量模型或者其他模型。在确定质量需求时，评价的预算、评价的目标时间、评价的目的等因素都会影响质量需求的确定，例如由于评价预算的限制，只能对软件产品的某些功能点进行评价，无法覆盖全部的功能点。

8.1.1.3　标识待评价的产品部件

在确立了软件质量评价目的后需要进行软件产品类型的确定，也就是需要确定是中间产品还是最终的软件产品，而中间或最终的软件产品类型取决于它所处的生存周期及评价目的。软件生存周期包括定义及规划、需求分析、软件设计、程序编码、软件测试、运行维护六个阶段，在其每个阶段都有其对应的产品，例如开发者在软件设计过程中会产生相应的设计文档；在软件测试阶段大多对应的软件产品类型为最终的软件产品；在运行维护阶段也主要通过对最终软件产品的质量进行评价来确认是否仍然满足质量需求及可靠性和维护性的需求。需方在采购或个性化定制软件时也需要按照一定的评价准则进行选择，但其确定产品类型时需要结合目标，其目标是当用户实际使用该软件产品时，它能满足明确和隐含的要求。

对于开发者而言，其对软件中间产品的评价主要针对软件的内部质量，例如规格说明或源代码可以利用内部质量测度。而需方及第三方评价者的评价则主要对软件的外部质量及使用质量。当软件的内部测度不易获取时，可以通过外部质量和使用质量的测度进行间接测量。在评价软件易用性及性能效率时通常会用到响应时间这个指标，在开发期间时不可测量，但为了在开发过程中评价产品效率，可以根据中间产品或规格说明来测量路径长度，该长度可用作在某种条件下粗略计算响应时间的一个指标。

8.1.1.4 确定评价严格度

评价严格度与建立了预期评价级别的特性和子特性有关，评价级别定义了所应用的评价技术与达到的评价效果。评价级别与给定特性的重要性有关，例如某软件对实时性、可靠性要求比较高，在进行评价时可以赋予性能效率特性及可靠性特性较为严格的评价级别。这里的评价级别可以按照相关标准的要求进行划分，例如 GB/T 18492—2001 将软件完整性级别划分为四个等级，即 A 级、B 级、C 级、D 级，其中 A 级的要求最高，D 级的要求最低。需要注意，与软件完整性级别相关联的严格度可用来作为选择评价技术的指南，例如如果软件完整性级别选择 A 级，则其选择的评价技术要比选择 D 级的要求高，评价更为苛刻。

8.1.2 规定评价

8.1.2.1 选择质量测度

对于一个软件来说，需要根据软件的特点及评价目的选择质量特性及子特性，对于其特性及子特性的重要性不同赋予其不同的权值。对于实时软件来说，例如即时通信软件，像微信、QQ 这些对实时性要求较高的软件，其功能性、性能效率、可靠性比较重要；在软件的长期使用中，除了功能性、可靠性外，维护性、可移植性、兼容性等也比较重要，所以在确定特性及子特性的权值时，应进行综合考虑。

软件的测度不是一成不变，它应随着不同的环境及所处生存周期阶段不同而有所区别，即使其所定义的软件特性及子特性一样，但对于开发阶段的差异可能导致其质量测度有所不同。ISO/IEC 2502n 系列标准中给出了如何确定系统与软件产品质量和使用质量的测量方法。质量特性及子特性可以用一系列质量测度进行描述，质量测度的测量值将质量属性进行量化，并根据质量特性及子特性中各权重的不同，从而将质量特性及子特性抽象概念进一步具体量化。

针对 25000 系列标准建立的产品质量、使用质量模型，其规定的质量特性、子特性及相关质量测度可以根据评价者的需求及软件自身的特点，对相关特性、子特性及质量测度进行剪裁或增加，例如评价者对软件的某些特性、子特性需求较低或者不做要求的，可将其进行剪裁。但剪裁后的度量特性、子特性或质量测度应能最大限度体现软件的质量需求，并被证实其在质量度量中的效用，此外它们在具体测试过程中应易于获取、易于实现。若 GB/T 25000.10—2016 系列标准中没有覆盖所需的质量测度，评价者可以根据实际情况增加有效可行的质量测度。

8.1.2.2　确定质量测度判定准则

单一的质量测度值并不能反映质量测量结果的满意度，评价者需要根据评价的目的、需求、相关标准或者基准数据、历史数据等制定恰当的质量测度判定准则，例如根据是否满足最低要求，可以分为满意和不满意，根据是否达到期望，是否超出预期等情况，可划分为不合格，合格，良好，优秀 4 个等级，并给出每一等级所对应的分值，图 8－2 给出了一个判定准则的示例。通过将质量测度的测量值进行区间映射，从而得到质量测量结果的满意度。例如根据是否达到预期建立不合格，合格，良好，优秀 4 个等级，并规定不合格的范围为[0，0.75]，合格范围介于(0.75，0.85]，良好范围介于(0.85，0.95]，优秀范围介于(0.95，1.00]，若测量值为 0.90，属于(0.85，0.95]的区间范围，则映射的结果为“良好”。由于质量与给定的需求有关，故不可能有通用的判定准则，在每一次的评价中必

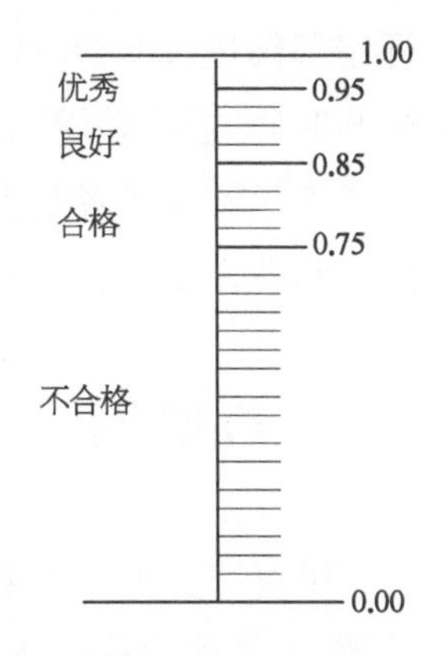

图 8－2　质量测度判定准则示例

须对质量测度判定准则进行定义。

8.1.2.3 确定评价判定准则

上一步骤为建立软件质量测度判定准则,也就是将量化值映射到对应区间范围,从而得到所属区间的结果值,但这里所得到的结果值并不表示最终的评价,为了得到产品质量的结果,评价者需要制定一种总结的规程例如使用加权平均法,这种规程还可以包括对评价软件具有影响因素的其他准则,例如特定环境下对软件质量评估有影响的时间和成本等。此外,本书的 8.2 节给出了常见的评价方法,例如加权平均法、模糊综合评价法等。

8.1.3 设计评价

设计评价的过程也就是策划评价的过程。策划评价活动主要的任务为编制评价计划。为更好执行评价,最好在评价开始时制定定量的评价计划,可以参考 GB/T 25000.40—2018 制定对应的评价计划,包括评价目的、评价组织、评价预算、评价产品的信息、时间进度、评价环境、评价方法及采用的标准、评价工具、评价活动、质量测度判定准则、评价判定准则等内容。

8.1.4 执行评价

执行评价包括实施测量、应用质量测度判定准则、应用评价判定准则三个活动。首先该步骤是将选定的质量测度应用到软件产品和组件,得到测量表上的值。然后该步骤是将评级步骤中测度值与预定的准则进行比较。最后对已评定等级进行概括,从而得到软件满足质量需求程度的报告。综合考虑质量结果与时间、成本等因素,根据管理准则管理者将进行判断,从而进一步决定软件是否通过验收或者是否发布。对于软件生存周期的下一步很重要,评估结果可能意味着需求是否须改动,或者开发过程是否需要更多的资源。

8.1.5 结束评价

结束评价包括评审评价结果、编制评价报告、评审质量评价及向组织提供反馈、处置评价数据活动。首先评价方和需方对结果进行联合评审。其次根据评价过程的情况和结果编写评价报告。评价报告是体现评价过程的重要成果之一,评价报告的内容包括评价需求、质量需求、评价计划、测量记录和结果分析、问题缺陷、评价结果等内容。对于评价过程中出现的问题及发现的缺陷,应进行如实记录并进行原因分析及建议。然后评价方应评审评价结果,并确认评价过程、指标、应用测度等方面的有效性,采用反馈的评审意见以提高评价过程及评价技术。最后当评价过程结束后,应妥善保管相关评价项目的数据及文档。对于超过指定归档时间段的数据及文档,应再次以某个指定时间段进行存档或者以安全的方式进行销毁。

8.2 质量评价方法

8.2.1 加权平均法

加权平均法是比较常用的软件产品质量评价方法,适合于各指标权重容易量化的情况。在一般情况下,在评价前,为了确保评价值标准化,每个指标的权重必须被限定在 0 和 1 之间,并且所有指标权重值之和等于 1。

8.2.1.1 专家经验法

专家经验法是比较简单的一种方法,它需要专家根据自己的经验和对各项评价指标重要程度的认识,对各项评价指标分配权重。这种方法使用简单,但需要熟悉该软件产品的专家人员给出对应权重值。

根据专家对各质量特性、子特性及度量项的评分,计算对应加权系数。下面公式 8－1、8－2 给出了专家经验法确定特性(或子特性)的公式,其中 K 为参加评分的专家人数。

$$\text{第 } i \text{ 个特性平均评分值} = \frac{\sum_{i=1}^{K} \text{第 } i \text{ 个专家的评分值}}{K} \quad (8-1)$$

$$\text{第 } i \text{ 个特性加权系数} = \frac{\text{第 } i \text{ 个特性平均评分值}}{\sum \text{第 } i \text{ 个特性平均评分值}} \quad (8-2)$$

8.2.1.2 Delphi 法

Delphi 法是美国兰德公司于 1964 年发明的一种集中专家的知识、经验等对评价指标进行分析判断,确定各指标权重的一种统计方法,该方法需要在多轮匿名的调查后得到比较集中的专家意见基础上,对专家意见进行数据处理,从而得到各评价指标的初始权重,并对其进行归一化获得各评价指标的权重。该方法具有匿名性、反馈性和统计性的特点,能够充分发挥专家的作用,集思广益、取长补短综合形成最终的意见。Delphi 法确定软件质量权重的基本步骤如下。

(1) 确定专家。

合理正确地选择专家对软件质量评价结果尤为重要,在选取专家时应选择有实际工作经验且理论较深的专家,并应根据软件的应用领域注意选取具有交叉学科背景的专家,一般来说,确定专家人数不宜过多,应根据研究涉及面进行确定,一般不宜超过 20 人。

(2) 专家咨询及反馈。

根据待确定的软件质量特性、子特性及质量测度的各权重指标、权重确定的规则及该软件的相关资料形成专家咨询调查表发给已确定的专家,并请各位专家对各指标独立给出权重值。

将各位专家给出的第一轮结果进行回收,并计算各指标权值的上下四分位数、中位数、平均数及变异系数,进行图表统计分析。

如果该轮专家统计结果趋于一致,则停止专家咨询,并将专家咨询结果作为确定各指标权重值的基础,反之,则进行下一轮的专家咨询,直至各位专家意见具有一致性。需要注意,在进行下一轮专家咨询时,需要将本轮的专家意见处理结果和下一轮的调查表发给各位专家,对每个指标进行重新评价。

(3) 可信度检验。

该步骤主要针对最后一轮所得到的专家意见进行可信度检验,如可利用χ^2检验规则对最终的专家评价结果进行可信度检验。

8.2.1.3 上三角特性评价法

上三角特性评价法是通过上三角特性评价表获取各特性、子特性等权值的一种方法,其评价的本质仍然是加权平均。常见的上三角特性评价表中分值的确定包括 01 评分法、04 评分法等。在《软件质量及其评价技术》一书的 4.3.2 软件特性评价的方法章节给出了 01 评分法和 04 评分法的详细步骤,本章节应用 01 评分法给出 GB/T 25000.10—2016 中产品质量模型特性权值的确定方法。

(1) 评价规则。

参加评价的人,应熟悉软件产品的综合特性,人数控制在 8~10 人,在评分过程中各评价人员应独立评分,不得进行商量。评价两个特性的重要性时,采用两两比较的方法,相对重要的特性或子特性得 1 分,相对不重要的得 0 分,但不能认为某特性或子特性都重要而在评价时得 1 分，也不能认为某特性或子特性都不重要而都得 0 分。利用以上这些规则，我们可以确定软件综合特性在评价时的权值。

例如我们利用上面的规则确定 GB/T 25000.10—2016 中规定的产品质量各特性的权值。我们邀请 10 人参与评价，进行软件质量特性重要性比较，表 8 - 1 给出了某一位评价者的比较结果。

表 8 - 1　评分法特性评价表

序号	特性名称	特性名称								评分值 s
		功能性	性能效率	兼容性	易用性	可靠性	信息安全性	维护性	可移植性	
1	功能性	×	1	1	1	1	1	1	1	7
2	性能效率	0	×	1	1	0	0	1	1	4
3	兼容性	0	0	×	1	0	0	1	0	2
4	易用性	0	0	0	×	0	0	1	1	2
5	可靠性	0	1	1	1	×	1	1	1	6
6	信息安全性	0	1	1	1	0	×	1	1	5
7	维护性	0	0	0	0	0	0	×	1	1
8	可移植性	0	0	1	0	0	0	0	×	1
合计		—	—	—	—	—	—	—	—	28

（2）评价过程。

现在我们详细介绍一下如何采用 01 评分法得到上表。首先比较功能性和功能性，由于功能性自身无法进行比较，所以用×表示不比较。接着比较功能性和可靠性，该评价者认为功能性比性能效率重要，所以在功能性得 1 分，在性能效率得 0 分。功能性的得分应填写在功能性所在的行与性能效率所在列相交的位置，性能效率的得分应填写在性能效率所在行与功能性所在列相交的位置，以此类推，将功能性分别与兼容性、易用性、可靠性、信息安全性、维护性、可移植性进行比较。比较完功能性后，利用同样的方法进行性能效率与其他特性的比较，在性能效率所在的行已经填写得分处无需进行再次比较。将所有特性进行比较，就得到上表的结果。

在表 8－1 中，每个特性的总得分不应为 0，各特性得分的分值可视为方阵，用 a_{ij} 表示该方阵中的得分值，且满足 $a_{ij}+a_{ji}=1(i\neq j)$，为简便及避免出现错误，我们可以将上表改成上三角形式，评价者只需要填写上三角的分值，即 $a_{ij}(i<j)$，也就是 $i>j$ 时，可利用 $a_{ij}+a_{ji}=1(i\neq j)$ 关系进行填写，$i=j$ 时，$a_{ij}=0$。

表 8－2 给出了 10 人参加评价的统计表，为方便人数我们用 N 表示，$N=10$。其中总评分值 $\sum s$ 是将 N 人的所有评分值求和得到，平均评分值 t_i 为针对某一特性 N 人所打分的平均值 $t_i = \sum s/N$，权特性值 W_i 为平均评分值在所有特性的平均评分值中所占的比重 $W_i = t_i/\sum t_i$。

表 8－2　特性评价统计表

序号	特性名称	评价人员										总评分值 s	平均评分值 t	特性权值 W_i
		1	2	3	4	5	6	7	8	9	10			
1	功能性	7	6	7	6	5	7	6	7	6	7	64	6.4	0.23
2	性能效率	4	3	4	4	4	5	4	5	4	5	42	4.2	0.15
3	兼容性	2	2	2	2	2	3	1	2	2	2	20	2	0.07
4	易用性	2	2	1	1	2	1	3	1	1	1	15	1.5	0.05
5	可靠性	6	7	6	6	7	6	7	6	7	6	64	6.4	0.23
6	安全性	5	5	5	6	6	4	5	4	5	4	49	4.9	0.18
7	维护性	1	1	2	2	1	1	1	2	2	2	15	1.5	0.05
8	可移植性	1	2	1	1	1	1	1	1	1	1	11	1.1	0.04
合　计		28	28	28	28	28	28	28	28	28	28	280	28	1.00

特性的权值是进行软件评价时的加权系数，每个特性的权值不同也表明这八个特性对于该软件评价来说所处的重要性不同，权值越大说明在该软件评价中该特性越重要。此外，对于不同种类的软件应得到不同的一组加权系数。这里只给出了如何应用 01 评分法给出特性权重的示例，一个特性下有一系列子特性或者质量测度的情况，应在同一级别中再次应用此方法，直至完成所有级别为止。

这里仅给出 01 评分法的规则，对于 04 评分法与 01 评分法的区别在于：04 评分法的评价计分方式有 3 种，一种是两个特性中非常重要的得 4 分，相对很不重要的得 0 分;第二种为两个特性中比较重要的得 3 分,相对不太重要的得 1 分;第三种为两个特性同样重要,各得 2 分。

8.2.1.4　层次分析法

层次分析法(Analytic Hierarchy Process, AHP)是一种定性与定量相结合的、系统化、层次化的决策分析方法。它利用树状层次结构,将复杂问题分解为若干个递进层次,在每个层次中对元素进行两两对比分析并确定相对重要性,通过数学公式(特征值)确定各元素评价权重值。

前面所提到的专家经验法、Delphi 法进行权重值确定的主要过程是利用专家经验给出对应的权值,这些方法虽然能将专家的经验应用于评价中,但是往往具有一些主观性。层次分析法则可以很好处理专家经验,权重值也更加合理、准确可信。

基于层次分析法的软件产品质量方法如下。

1）层次分析法分析步骤

（1）建立判断矩阵。

以软件产品质量的特性和子特性构成评价要素集 $U=\{U_1, U_2, \cdots, U_n\}$,假设每个特性集合下只有一个子特性。针对评价要素集 U,两两比较子特性 U_i 和 U_j 的重要程度,并得到重要性比例标度。比较典型的标度包括：1~9 标度;0~2 标度等等,表 8-3 给出了 1~9 标度表。

表 8-3　1~9 标度形式的重要性判别比例标度表

比例标度	含义
1	两个元素相比,具有相同的重要性
3	两个元素相比,前者比后者稍重要
5	两个元素相比,前者比后者明显重要
7	两个元素相比,前者比后者强烈重要
9	两个元素相比,前者比后者极端重要
2,4,6,8	表示上述相邻判断的中间值

以 GB/T 25000.10—2016 建立的系统与软件产品质量模型为例,构建评价要素集 $U=\{U_1, U_2, U_3, U_4, U_5, U_6, U_7, U_8\}$ = {功能性,性能效率,兼容性,易用性,可靠性,信息安全性,维护性,可移植性},并假设每个特性中均包含一个

子特性。

采用1~9标度获得判断矩阵 $A=(a_{ij})_{8\times8}$。

（2）求解权重向量。

可以采用均方根法（几何平均数）来求解子特性的权重向量W。对于给定的判断矩阵 $A=(a_{ij})_{n\times n}$，先计算判断矩阵中各行元素乘积的n次方根，有：

$$a_i=\sqrt[n]{a_{i1}a_{i2}\cdots a_{in}} \quad (1\leqslant i\leqslant n) \tag{8-3}$$

进行归一化求解即可得每个子特性 U_i 的权重值为：$w_i=\dfrac{a_i}{\sum_1^n a_i}$ （8-4）

进而可求得子特性的权重向量W，$W=\{w_1, w_2, \cdots, w_n\}$。

对应于建立的8×8判断矩阵A，则通过均方根法来求解子特性的权重向量 $W=\{w_1, w_2, w_3, w_4, w_5, w_6, w_7, w_8\}$。

（3）一致性校验。

一致性比例CR用于检验判断矩阵的一致性。若CR≤0.1，则说明判断矩阵 A 具有满意的一致性，则可导出特征向量作为子特性的权重向量。将该属性应用于软件质量的综合评价方法中，即可得到该软件的质量评价结果：

$$CR=CI/RI \tag{8-5}$$

其中：

$$CI=(\lambda_{max}-n)/(n-1) \tag{8-6}$$

λ_{max} 为最大特征值，即

$$\lambda_{max}=\frac{1}{n}\left(\sum_{i=1}^{n}\left(\frac{1}{w_i}\sum_{j=1}^{n}a_{ij}w_j\right)\right) \tag{8-7}$$

一致性会随着判断矩阵维数的增大而变差，为了更加合理地衡量一致性，引入RI修正值，其中RI值见表8-4。

表8-4 判断矩阵与修正值对应表

n	1	2	3	4	5	6	7	8	9
RI	0.00	0.00	0.58	0.90	1.12	1.24	1.32	1.41	1.45

2）GB/T 25000.10—2016系统与软件产品质量模型的层次分析法

GB/T 25000.10—2016系统与软件产品质量模型将质量特性和子特性按相

关属性从高层向低层逐级分解和细化,形成多层次的树状结构,然后可以从最低层向高层逐层地使用层次分析法,直至最高层。

(1) 划分待评价软件产品的评价要素集: $U=\{U_1, U_2, \cdots, U_n\}$,根据软件产品特点及评价需求对 GB/T 25000.10—2016 中子特性及质量测度进行剪裁,从而确定评价要素子集,例如 $U=\{U_1, U_2, U_3, U_4, U_5, U_6, U_7, U_8\}$ = {功能性,性能效率,兼容性,易用性,可靠性,信息安全性,维护性,可移植性}。

$U_3=\{u_{31}, u_{32}, u_{33}\}$ = {共存性,互操作性,兼容性的依从性}。各子特性中的质量测度应根据评价的目的、要求等进行确定,例如对兼容性中共存性子特性的测度可以采用“与其他产品的共存性”“数据格式可交换性”“数据交换协议充分性”3 个质量测度。

(2) 按层次分析法求出各子特性中各质量测度的权重向量: 这里以“兼容性”中的“共存性”子特性为例,说明各测度指标的权重确定。在共存性子特性中确定了“与其他产品的共存性”“数据格式可交换性”“数据交换协议充分性”3 个质量测度。首先采用 1~9 标度获得 3×3 判断矩阵 C_3(表 8-5),并将通过均方根法求解权重向量 I_3 进行 CR 一致性验证,若 $CR \leqslant 0.1$,则确定权重向量 $I_3=\{I_{31}, I_{32}, I_{33}\}$。同理可以求得其他子特性质量测度的权重向量。

表 8-5　“兼容性”-“共存性”各质量测度的判断矩阵表

	与其他产品的共存性	数据格式可交换性	数据交换协议充分性
与其他产品的共存性	1	1/3	1/3
数据格式可交换性	3	1	1/3
数据交换协议充分性	3	3	1

则判断矩阵 C_3 为

$$C_3=\begin{bmatrix} 1 & 1/3 & 1/5 \\ 3 & 1 & 1/3 \\ 5 & 3 & 1 \end{bmatrix}$$

根据公式(8-3)、(8-4),可以求得子特性的权重向量 I_3,

$$I_3=\{0.10, 0.26, 0.64\}$$

然后对已求得的权重向量 I_3 进行 CR 一致性验证,具体过程如下:

根据公式(8－7),可以求得判断矩阵C_3最大特征值$\lambda_{max}=3.04$。再根据判断矩阵与修正值的关系,确定修正值,由于这里有3个子特性即$n=3$,可以根据表8－4找到修正值RI＝0.58。最后将λ_{max}、n、RI的值代入公式(8－5)、(8－6),可以得到CR＝0.03。由于CR＝0.03<0.1,所以已求得的兼容性下面的共存性子特性的权重向量I_3具有一致性,故与其他产品的共存性权值$I_{31}=0.10$,数据格式可交换性的权值$I_{32}=0.26$,数据交换协议充分性的权值$I_{33}=0.64$。

(3) 按层次分析法求出各U_i中子特性的权重向量:以“兼容性”中的子特性为例,首先采用1~9标度获得3×3判断矩阵B_3(表8－6),并将通过均方根法求解子特性的权重向量W_3进行CR一致性验证,若CR≤0.1,则确定子特性的权重向量$W_3=\{w_{31}, w_{32}, w_{33}\}$。同理可以求得其他子特性的权重向量。

表8－6　“兼容性”中子特性判断矩阵表

	共存性	互操作性	兼容性的依从性
共存性	1	1/3	3
互操作性	3	1	4
兼容性的依从性	1/3	1/4	1

则判断矩阵B_3为

$$B_3=\begin{bmatrix} 1 & 1/3 & 3 \\ 3 & 1 & 4 \\ 1/3 & 1/4 & 1 \end{bmatrix}$$

根据公式(8－3)、(8－4),可以求得子特性的权重向量W_3,

$$W_3=\{0.27, 0.61, 0.12\}$$

然后对已求得的权重向量W_3进行CR一致性验证,具体过程如下:

根据公式(8－7),可以求得判断矩阵B_3最大特征值$\lambda_{max}=3.07$。再根据判断矩阵与修正值的关系,确定修正值,由于这里有3个子特性即$n=3$,可以根据表8－4找到修正值RI＝0.58。最后将λ_{max}、n、RI的值代入公式(8－5)、(8－6),可以得到CR＝0.06。由于CR＝0.06<0.1,所以已求得的兼容性下面的子特性权重向量W_3具有一致性,故共存性的权值$W_{31}=0.27$,互操作性的权值$W_{32}=$

0.61，兼容性的依从性的权值 $W_{13}=0.12$。

（4）按层次分析法求出评价要素集 U 的权重向量：例如 $U=\{U_1, U_2, U_3, U_4, U_5, U_6, U_7, U_8\}$ = {功能性，性能效率，兼容性，易用性，可靠性，信息安全性，维护性，可移植性}，可通过层次分析法求出 U 的权重向量 $K=\{K_1, K_2, K_3, K_4, K_5, K_6, K_7, K_8\}$。

表 8－7　各特性判断矩阵表

	功能性	性能效率	兼容性	易用性	可靠性	信息安全性	维护性	可移植性
功能性	1	2	3	4	2	2	4	5
性能效率	1/2	1	3	3	1/2	1/2	3	4
兼容性	1/3	1/3	1	3	1/3	1/3	2	3
易用性	1/4	1/3	1/3	1	1/3	1/3	2	3
可靠性	1/2	2	3	3	1	3	4	4
信息安全性	1/2	2	3	3	1/3	1	4	4
维护性	1/4	1/3	1/2	1/2	1/4	1/4	1	3
可移植性	1/5	1/4	1/3	1/3	1/4	1/4	1/3	1

根据表 8－7，其判断矩阵为 A 为

$$A=\begin{bmatrix} 1 & 2 & 3 & 4 & 2 & 2 & 4 & 5 \\ 1/2 & 1 & 3 & 3 & 1/2 & 1/2 & 3 & 4 \\ 1/3 & 1/3 & 3 & 3 & 1/3 & 1/3 & 2 & 3 \\ 1/4 & 1/3 & 1/3 & 1 & 1/3 & 1/3 & 2 & 3 \\ 1/2 & 2 & 3 & 3 & 1 & 3 & 4 & 4 \\ 1/2 & 2 & 3 & 3 & 1/3 & 1 & 4 & 4 \\ 1/4 & 1/3 & 1/2 & 1/2 & 1/4 & 1/4 & 1 & 3 \\ 1/5 & 1/4 & 1/3 & 1/3 & 1/4 & 1/4 & 1/3 & 1 \end{bmatrix}$$

根据公式，可以求得特性的权重向量 K，

$$K=\{0.26, 0.14, 0.08, 0.05, 0.22, 0.16, 0.06, 0.03\}$$

然后对已求得的权重向量 K 进行 CR 一致性验证，具体过程如下：

根据公式（8－7），可以求得判断矩阵 A 最大特征值 $\lambda_{max}=8.52$。再根据判断矩阵与修正值的关系，确定修正值，这里有 8 个特性即 n=8 可以根据表 8-4 找到修正值 RI=1.41。最后将λ_{max}、n、RI 的值代入公式(8-5)、(8-6)，可以得到 CR=0.05。由于 CR=0.05<0.1，所以已求得的外部和内部质量模型中的特性权重向量 K 具有一致性，故功能性的权值 $K_1=0.26$，性能效率的权值 $K_2=0.14$，兼容性的权值 $K_3=0.08$，易用性的权值 $K_4=0.05$，可靠性的权值 $K_5=0.22$，信息安全性的权值 $K_6=0.16$，维护性的权值 $K_7=0.06$，可移植性的权值 $K_8=0.03$。

通过逐层利用层次分析法的步骤继续下去，直至求出最高一层的权重向量，可以获得每一层的评判项的权重向量，进而对各评判项（这里指质量特性、子特性、度量项）逐层进行加权获得软件的外部和内部质量的评分值。

此外，在计算层次分析法的各权重时，可采用 python 或 MATLAB 或者其他计算工具例如 yaahp 进行求解。

8.2.2 模糊综合评价法

模糊综合评价法是根据模糊数学的隶属度理论，对受多因素影响的评价对象进行隶属度等级评判。该方法系统性强，能较好地解决模糊的、难以量化的问题。

1）模糊综合评价法模型

（1）确定待评价系统与软件产品的评价要素集：$X=\{X_1, X_2, \cdots, X_n\}$；其中评价要素集为质量特性、子特性或质量测度的集合。例如：

$X=\{X_1, X_2, X_3, X_4, X_5, X_6, X_7, X_8\}$ = {功能性，性能效率，兼容性，易用性，可靠性，信息安全性，维护性，可移植性}。

（2）给出评语集：$Y=\{Y_1, Y_2, \cdots, Y_m\}$。

常见的软件产品质量评语集为 $Y=\{Y_1, Y_2, Y_3, Y_4\}$ = {优秀，良好，中，差}；$Y=\{Y_1, Y_2, Y_3, Y_4, Y_5\}$ = {优秀，良好，一般，较差，差}。

（3）建立一个从 X 到 Y 的模糊映射：f——X→F(Y)。例如 $x_i \to \frac{r_{i1}}{y_1}+\frac{r_{i2}}{y_2}+\cdots+\frac{r_{im}}{y_m}$，其中：$0 \leqslant r_{ij} \leqslant 1$，i=1，2，…，n；j=1，2，…，m。

（4）写出模糊评判矩阵：$R=(r_{ij})_{n\times m}$，它是评价集 Y 上的模糊子集。例如软件产品质量评语集为 $Y=\{Y_1, Y_2, Y_3, Y_4\}$ = {优秀，良好，中，差}，则可以建立模糊评判矩阵 R。我们以“功能性”为例，假设在此特性下仅考虑“适合性”子特性,则以 r_{11} 表示功能的“适合性”属于“优秀”的隶属度。

$$R=\begin{bmatrix}R_1\\R_2\\\vdots\\R_n\end{bmatrix}=\begin{bmatrix}r_{11}&r_{12}&r_{13}&r_{14}\\r_{21}&r_{22}&r_{23}&r_{24}\\\vdots&\vdots&\vdots&\vdots\\r_{n1}&r_{n2}&r_{n3}&r_{n4}\end{bmatrix}$$

（5）确定各因素的权重分配：$A=[a_1, a_2, \cdots, a_n]$,其中, $\sum_{i=1}^{n}a_i=1$, $a\in[0, 1]$。它是要素集 X 上的模糊子集,它反映各评价要素的重要程度,其中 a_i 为评价要素 X_i 的权值。常见的权重分配方案的确定方法有专家打分法、层次分析法、环比法等。

（6）综合评判：应用模糊矩阵合成运算

在综合评判之前,需要确定模糊矩阵的乘法模型。常见的乘法模型有 5 种：$M(\wedge,\vee)$, $M(\cdot,\vee)$, $M(\vee,\oplus)$, $M(\cdot,\oplus)$, $M(\cdot,+)$。在实际应用中,选用哪个模型好,要根据具体问题而定。例如选用 $M(\wedge,\vee)$ 乘法运算,则 $B=A\cdot R=(b_1,b_2, \cdots, b_m)$,其中 $b_j=\vee_{i=1}^{n}(a_i\wedge r_{ij})$, $j=1, 2, \cdots, m$。并求 $\max\{b_1, b_2, \cdots, b_m\}=b_{j0}$, $j_0\in\{1, 2, \cdots, m\}$。

评判结论：对软件产品来讲,评语为 b_{j0}。

若选用 $M(\cdot,+)$ 作为模糊矩阵的乘法规则（即先进行乘法运算,后进行加法运算）,则 $B=A\odot R=\overset{n}{\underset{i=1}{+}}(a_i\cdot r_{ij})$, $j=1, 2, \cdots, m$。

最后根据最大隶属度原则,确定该软件的质量等级。

在本小节中,则以 $M(\cdot,+)$ 作为模糊矩阵的乘法规则给出分层模糊综合评价法的一个举例。

2）GB/T 25000.10—2016 系统与软件产品质量模型的模糊综合评价分析

本小节中以 GB/T 25000.10—2016 系统与软件产品质量模型为例给出层模糊综合评价法的分析。

图 8－3 中的系统与软件产品质量模型以特性和子特性的方式将产品质量划分了多层指标,当对这类多层的指标进行模糊评价时,应将评判因素按相关属性从高层向低层逐级分解和细化,然后从最低层向高层逐层进行评判,直至最高层。这里我们以 GB/T 25000.10—2016 中定义的质量模型为例给出模糊综合评价的分析。

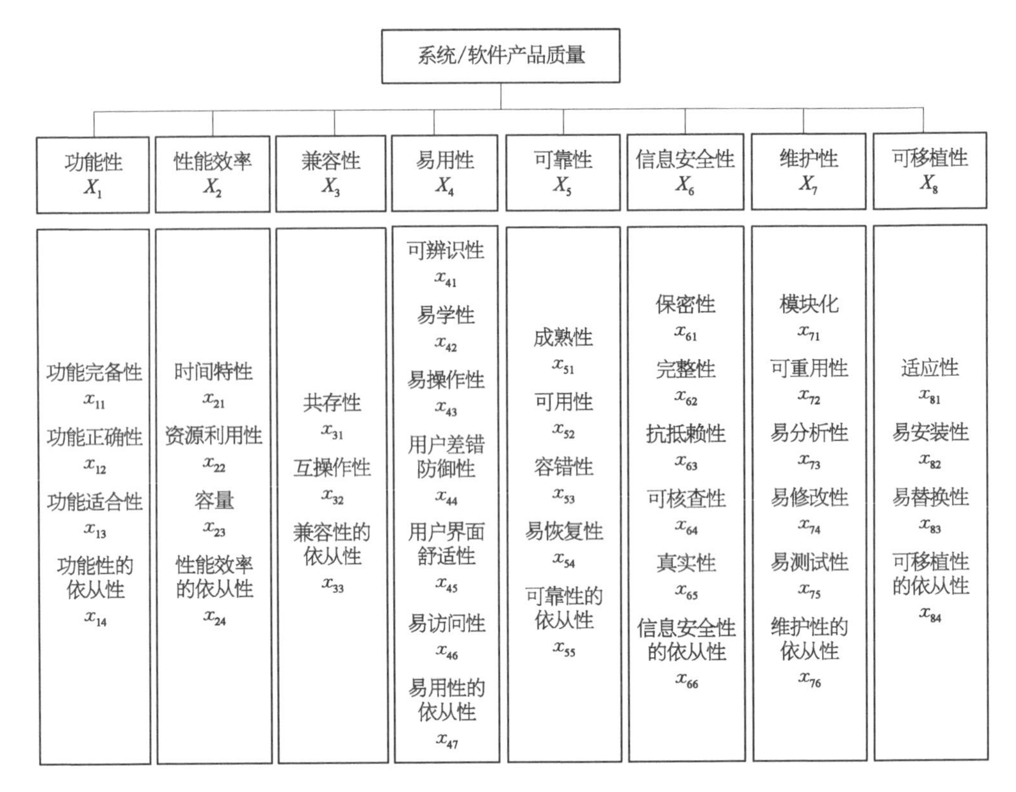

图 8－3　系统与软件产品质量模型分层分析示意图

(1) 划分待评价软件产品的评价要素集：$X=\{X_1, X_2, \cdots, X_n\}$，根据软件产品特点及评价需求对 GB/T 25000.10—2016 中子特性及质量测度进行剪裁，从而确定评价要素子集，例如：

$X=\{X_1, X_2, X_3, X_4, X_5, X_6, X_7, X_8\}$ = {功能性，性能效率，兼容性，易用性，可靠性，信息安全性，维护性，可移植性}

(2) 按单层的综合评判算法求出各 X_i 的评判结果：设评判集 $Y=\{Y_1, Y_2, \cdots, Y_m\}$，$X_i$ 集中的各因素权重分配为 A_i。X_i 的单层模糊评判矩阵为 R_i；由此可得出 X_i 的单层次综合评判结果为 $B_i=A_i \cdot R_i$。例如功能性各因素权重 $A_1=\{a_{11}, a_{12}, a_{13}, a_{14}\}$，其中 $\sum_{j=1}^{4} a_{1j}=1, a\in[0, 1]$，评判矩阵为 R_1，r_{11} 表示“功能完备性”属于“优秀”的隶属度。同理可求得性能效率、兼容性、易用性、可靠性、信息安全性、维护性、可移植性的矩阵 R_2, R_3, R_4, R_5, R_6, R_7, R_8。根据单层综合评判公式，可以得出功能性的评判结果 B_1，同理可得性能效率、兼容性、易用性、可靠性、信息安全性、维护性、可移植性的评判结果 B_2, B_3, B_4, B_5, B_6, B_7, B_8。

$$R_1 = \begin{bmatrix} r_{11} & r_{12} & r_{13} & r_{14} \\ r_{21} & r_{22} & r_{23} & r_{24} \\ r_{31} & r_{32} & r_{33} & r_{34} \\ r_{41} & r_{42} & r_{43} & r_{44} \end{bmatrix}$$

$$B_1 = A_1 \cdot R_1 = \{a_{11}, a_{12}, a_{13}, a_{14}\} \cdot \begin{bmatrix} r_{11} & r_{12} & r_{13} & r_{14} \\ r_{21} & r_{22} & r_{23} & r_{24} \\ r_{31} & r_{32} & r_{33} & r_{34} \\ r_{41} & r_{42} & r_{43} & r_{44} \end{bmatrix} \quad (8-8)$$

(3) 多层综合评判：用已获得的 $B_i(i=1, 2, \cdots, n)$作为这些因素进行高一层次综合评判的模糊评判矩阵 R^* 的行向量，即 $R^*=(B_1, B_2, \cdots, B_n)^T$是因素集$\{X_1, X_2, \cdots, X_n\}$的模糊评判矩阵。获取因素集$\{X_1, X_2, \cdots, X_n\}$的权重分配 $W^*=(W_1, W_2, \cdots, W_n)$，则可以求出综合评判结果为：$B^*=A^* \cdot R^*$。例如 X 为功能性、性能效率、兼容性、易用性、可靠性、信息安全性、维护性、可移植性的集合，在求得评价因素隶属度B^*后，可知矩阵B^*为 1 行 4 列的矩阵，按照最大隶属原则获取评价结果。

(4) 如果所评判的特性有多层，可以如(b)(c)两步继续下去，直至最高层。

8.2.3　人工神经网络法

大多数的软件质量指标权重的确定通过专家的主观判断给予量化，这类方法带有一定的主观色彩，存在随意性和不确定性。如何利用定量的映射关系表达各特性、子特性之间的权重分配是传统方法无法解决的问题。然而，近些年来涌现了一些利用人工神经网络进行软件质量评价的方法，它可以利用神经网络的自学习能力使传统方法中知识获取工作转变为网络的结构进行调节，以减少主观的不确定因素，提高软件质量的评价结果。人工神经网络法不需要知道系统软件的具体细节，通过足够多的样本数据对神经网络进行训练，可以得到该系统软件的神经网络模型。

人工神经网络的基本组成单元是人工神经元，并由连接权、加法器、激活函数三个基本元素构成了人工神经元，如图 8－4 所示。图中给出了一个偏置(阈值)，它可以调节激活函数的网络输出。在目前的实际应用中，人工神经网络主要有 BP(Back Propagation)神经网络、学习矢量化神经网络、模糊自适应学习控制网络等,这里以应用最为广泛的 BP 神经网络为例介绍其在软件质量评价中的应用。BP 神经网络可以充分逼近任意复杂的非线性关系,并且它可以在不了解数据产生原因的前提下,对非线性过程建模。

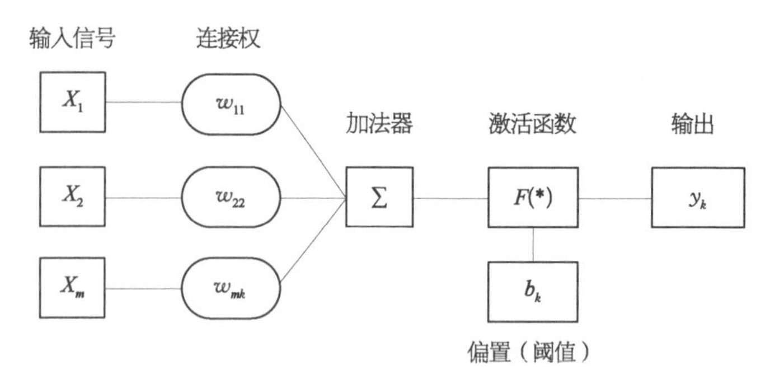

图 8-4 人工神经元模型

BP 神经网络是把评价对象的特征信息作为神经网络的输入向量,综合评价量值作为输出,然后用大量的样本训练神经网络,如果输出的量值与预期的量值之间存在误差,并且超出了规定的误差范围,则调整神经网络各层之间的连接权值及隐藏层、输出层节点的阈值,直到系统误差可以接受为止,此时的权值、阈值不再改变,神经网络的权值系数值和阈值可以作为训练的结果值,实际进行系统软件质量评价时,输入一组评价对象的特征信息,利用该训练所得的结果,计算得到该系统软件质量的评价值。在 BP 神经网络中所使用的学习算法又叫 δ 算法,属于误差的梯度下降算法。在变换函数方面,BP 神经网络则采用非线性变换函数——Sigmoid 函数(S 函数),该函数本身及其导数都是连续的,因而在处理上十分方便。S 函数有单极性 S 函数和双极性 S 函数两种,其函数的定义分别见式(8-9)(8-10)。

$$f(x) = \frac{1}{1 + e^{-x}} \tag{8-9}$$

$$f(x) = \frac{1 - e^{-x}}{1 + e^{-x}} \tag{8-10}$$

我们以 GB/T 25000.10—2016 的系统与软件产品质量模型为例介绍 BP 神经网络在软件质量评价中的应用。

(1)待评价指标及评定等级划分。

在已分析的质量特性及子特性的基础上,选取 GB/T 25000.10—2016 中规定的八大产品质量特性，包括功能性、性能效率、兼容性、易用性、可靠性、信息安全性、维护性、可移植性，以及 39 个子特性指标作为软件质量评价指标。同时将软件的评定等级划分为优秀、良好、合格、不合格，并分别用向量 R1, R2, R3, R4 表示，R1 = (1, 0, 0, 0)，R2 = (0, 1, 0, 0)，R3 = (0, 0, 1, 0)，R4 = (0, 0, 0, 1)。

（2）确定神经网络的拓扑结构。

神经网络的拓扑结构参数包括输入层的神经元数、隐藏层的层数、隐藏层的神经元数、输出层的神经元数。根据选定的 39 个子特性作为输入层，那么可以确定输入层的神经元数为 39。评定等级划分为优秀、良好、合格、不合格 4 个等级，所以输出层的神经元个数为 4，隐藏层的层数设为 1。

如何选择隐藏层节点个数是一个关键问题。如果隐藏层节点数太少，则会使整个神经网络的收敛速度变慢，且不易收敛；相反，隐藏层节点数太多，则会使神经网络的拓扑结构变得复杂、训练时间也会增加，误差也不一定最佳。隐藏层的神经元数可通过经验公式及训练结果进行确定，常见的公式如下：

$$v = \sqrt{i + o} + a \tag{8-11}$$

$$v = \log_2 i \tag{8-12}$$

$$v = \sqrt{i \times o} \tag{8-13}$$

其中 i 为输入层神经元数；o 为输出层神经元数；v 为隐藏层神经元数；a 为 [1, 10] 之间的常数。按照经验及测试情况，这里采用的经验公式为 $v = \sqrt{i + o} + a$，则隐藏层神经元数设定为 8，因此该模型下的神经网络拓扑结构为 (39, 8, 4)。

（3）训练参数设置。

该过程是对模型的初始化，包括设定训练精度、学习因子，初始权重、学习样本等。对于学习样本的选择，应尽量选取反映各类软件质量等级的特征参数。对于样本数据，在训练之前可将数据进行归一化处理，使其在 [0, 1] 之间，并对输入向量、中间层激活值向量、中间层输出变量、实际输出向量及连接权值向量等进行初始化设置。还应根据激活函数计算隐藏层的输入激活值、隐藏层的输出值，并可以得出各样本的误差、误差的信号项和对权的偏导数。为了达到预期的误差精度，可以通过递归方法进行权值的调整，直至满足停止迭代的要求。

（4）软件质量评价。

神经网络系统在进行学习后可形成软件质量评价的知识库，并可以将每次评价结果不断更新至原有知识库中。当对软件进行评价时,可在已经训练好的评价模型中输入指标值,通过该模型可得到软件质量的评价等级。

8.3 评价实例

本节给出了系统与软件质量评价相关标准的具体应用实例,并描述评价机构进行系统与软件质量评价的过程与方法。本节给出的软件产品质量评价过程均按照 GB/T 25000.10—2016 及 GB/T 25000.40—2018 的系列标准进行评价。

8.3.1 移动教学软件质量评价

（1）确立评价需求。

某移动教学软件 V3.0 采用 C/S 架构,是一款面向全国中小学师生的教育软件,主要实现云课堂资源的学习和教学,主要功能模块有:课程、学习圈、发现和个人中心。在确立需求阶段,评价机构与委托方商讨后决定采用系统与软件产品质量模型,并确定了待评价产品的特性、子特性,质量测度及其测量方法。所确定的质量特性有功能性、兼容性,对功能性评价主要就功能的完备性、功能的正确性、功能的适合性展开评价。对兼容性则主要进行共存性、互操作性展开评价。根据软件完整性级别的要求,本次评价中所确定的评价级别为 D 级。

（2）规定评价。

采用 8.2.1.1 中的专家经验法给出各质量特性、子特性及质量测度的加权系数评分,并计算加权系数。各质量特性、子特性、质量测度及加权系数具体计算结果见表 8－8。

表 8－8　评价模型

质量特性		质量子特性		质量测度	
名称	权值	名　称	权值	名　　称	权值
功能性	0.60	功能完整性	0.30	功能覆盖率	1.00
		功能正确性	0.30	功能正确性	1.00
		功能合适性	0.40	使用目标的功能适合性	1.00

续　表

质量特性		质量子特性		质量测度	
名称	权值	名　称	权值	名　　称	权值
兼容性	0.40	共存性	0.60	与其他产品的共存性	0.30
				数据格式可交换性	0.30
				数据交换协议充分性	0.40
		互操作性	0.40	外部接口充分性	1.00

随后确定质量评定等级，按照满足需求的程度分为 4 类：优秀、良好、合格（最低可接受）或不合格（不可接受），给出相应的评价值。各质量特性、子特性的质量评定等级均为：

评价值介于[0, 0.75]表示不合格；介于(0.75, 0.85] 表示合格；介于(0.85, 0.95]表示良好；介于(0.95, 1]表示优秀。

（3）设计评价。

在设计评价阶段，评价者编写评价计划，确定评价方法：

功能性的评价值为 Q_1，权值为 W_1；兼容性的评价值为 Q_2，权值为 W_2。对应度量项的评价值为 Q_{ijk}，权值为 W_{ijk}。其中 j 为特性中子特性数，k 为对应子特性的属性数。

根据如下公式评价软件各质量特性：

功能性的评价值为

$$Q_1 = \sum Q_{1j} \times W_{1j} = \sum W_{1j} \times \sum Q_{1jk} \times W_{1jk} \quad (8-14)$$

兼容性的评价值为

$$Q_2 = \sum Q_{2j} \times W_{2j} = \sum W_{2j} \times \sum Q_{2jk} \times W_{2jk} \quad (8-15)$$

综合评价值为

$$Q = \sum Q_i \times W_i,\ i = 1,\ 2 \quad (8-16)$$

（4）执行评价。

在执行评价阶段，需要对列出的度量指标进行逐项评测，然后通过测量公式计算得到有效度量指标结果。评价者收集各度量项值，填写软件评价表，见表 8-9。在表 8-9 中，这里仅给出了测量函数的表达式，具体表达式的含义可参见 ISO/IEC 25023：2016(GB/T 25000.23—2019)中定义的质量特性。

表8-9 软件评价表

质量特性	质量子特性	质量测度	测量函数	测量值	质量测度加权值	子特性值	子特性加权值	特性值	特性加权值	综合评价值
功能性	功能完备性	功能覆盖率	$X=1-A/B$ A=缺少的功能数量 B=指定的功能数量	$X=1-0/20=1.00$	1.00	1.00	0.30	0.96	0.60	0.91
	功能正确性	功能正确性	$X=1-A/B$ A=功能不正确的数量 B=考虑的功能数量	$X=1-1/20=0.95$	1.00	0.95	0.30			
	功能适合性	使用目标的功能适合性	$X=1-A/B$ A=为实现特定使用目标所需的功能中缺少或不正确功能的数量 B=为实现特定使用目标所需的功能数量	$X=1-1/20=0.95$	1.00	0.95	0.4			
兼容性	共存性	与其他产品的共存性	$X=A/B$ A=与该产品可共存的其他规定的软件产品数量 B=在运行环境中，该产品需要与其他软件产品共存的数量	$X=9/10=0.90$	0.30	0.86	0.60	0.84	0.40	
		数据格式可交换性	$X=A/B$ A=与其他软件或系统可交换数据格式的数量 B=需要交换的数据格式数量	$X=8/9=0.89$	0.30					
		数据交换协议充分性	$X=A/B$ A=实际支持数据交换协议的数量 B=规定支持的数据交换协议数量	$X=12/15=0.80$	0.40					
	互操作性	外部接口充分性	$X=A/B$ A=有效的外部接口数量 B=规定的外部接口数量	$X=8/10=0.80$	1.00	0.80	0.40			

根据式 8－12～式 8－14，可计算出 Q_1、Q_2 的值如下：

$$
\begin{aligned}
Q_1 &= 0.30 \times (1.00 \times 1.00) + 0.30 \times (1.00 \times 0.95) \\
&\quad + 0.40 \times (1.00 \times 0.95) \\
&= 0.30 + 0.28 + 0.38 = 0.96
\end{aligned}
$$

$$
\begin{aligned}
Q_2 &= 0.60 \times (0.30 \times 0.90 + 0.30 \times 0.89 + 0.40 \times 0.80) \\
&\quad + 0.40 \times (1.00 \times 0.80) \\
&= 0.60 \times (0.27 + 0.27 + 0.32) + 0.40 \times 0.80 \\
&= 0.52 + 0.32 = 0.84
\end{aligned}
$$

总体评价值 $Q = 0.6 \times 0.96 + 0.4 \times 0.84 = 0.91$

通过与预先设定的准则比较，可以得出软件综合评价结论，见表 8－10。

表 8－10　软件评价结论

综合评价项	质量特性	质量子特性			质量特性		评价项	
		名　称	评分	等级	评分	等级	评分	等级
质量评价	功能性	功能完备性	1.00	优秀	0.96	优秀	0.91	良好
		功能正确性	0.95	良好				
		功能适合性	0.95	良好				
	兼容性	共存性	0.86	良好	0.84	合格		
		互操作性	0.80	合格				

功能性的评价值为 0.96，属于(0.95, 1]区间，评价结果为“优秀”。

兼容性的评价值为 0.84，属于(0.75, 0.85]区间，评价结果为“合格”。

被测软件的总体评价值为 0.91，属于(0.85, 0.95]区间，评价结果为“良好”。

(5) 结束评价。

编写评价报告草稿，并与委托方一起进行评审，最后根据评审意见形成正式的评价报告提交给委托方。

8.3.2　翻译类软件产品的质量评价

(1) 确立评价需求。

本实例给出了对常见的六种翻译类软件进行质量评价，并以翻译软件 A、

B、C、D、E、F 进行标识。本实例中所确定的质量特性有功能性、性能效率、兼容性、易用性、可靠性、可移植性进行评价。对功能性，主要就功能完备性、功能正确性、功能适合性展开评价；对性能效率，主要就时间特性、资源利用展开评价；对兼容性，主要就共存性、互操作性进行评价；对易用性，主要就可辨识性、易操作性、用户差错防御性进行评价；对可靠性，主要就易恢复性进行评价；对可移植性，主要就适应性、易替换性进行评价。根据软件完整性级别的要求，本次评价中所确定的评价级别为 D 级。

（2）规定评价规格说明。

评价机构采用上三角特性评价法中的 01 评分法给出各质量特性、子特性及属性的加权系数评分，并计算加权系数。具体过程如下。

首先选用软件工程领域的 10 位专家对翻译类软件的特性、子特性、属性等进行独立评分。表 8－11 给出了其中一位专家对六大特性的评分，然后通过统计 10 位专家的打分值，得到各质量特性、子特性、属性的加权系数具体计算结果，见表 8－12。并按照满足需求的程度划分质量评定等级，分别是优秀、良好、中等或不合格，具体等级如下。

优秀：(0.90，1.00]

良好：(0.80，0.90]

中等：(0.70，0.80]

不合格（不可接受）：[0.00，0.70]

表 8－11　某一专家采用 01 评分法对质量特性的评分值

序号	特性名称	特性名称						评分值 S
		功能性	性能效率	兼容性	易用性	可靠性	可移植性	
1	功能性	×	1	1	1	1	1	5
2	性能效率	0	×	1	1	1	1	4
3	兼容性	0	0	×	0	1	0	1
4	易用性	0	0	1	×	1	1	3
5	可靠性	0	0	0	0	×	1	1
6	可移植性	0	0	1	0	0	×	1
合计		—	—	—	—	—	—	15

表 8-12　质量评价模型

质量特性		质量子特性		质量测度	
名称	权值	名　称	权值	名　　称	权值
功能性	0.30	功能的完备性	0.33	功能覆盖率	1.00
		功能的正确性	0.33	功能正确性	1.00
		功能的适合性	0.33	使用目标的功能适合性	1.00
性能效率	0.25	时间特性	0.50	响应时间满足度	1.00
		资源利用	0.50	CPU 占用率满足度	0.50
				内存占用率满足度	0.50
兼容性	0.10	共存性	0.50	与其他产品的共存性	1.00
		互操作性	0.50	数据格式可交换性	1.00
易用性	0.20	可辨识性	0.20	描述的完整性	0.50
				演示覆盖率	0.50
		易学性	0.30	用户指导完整性	0.50
				用户界面的自解释性	0.50
		易操作性	0.30	操作一致性	0.60
				功能的易定制性	0.20
				用户界面的易定制性	0.20
		用户差错防御性	0.20	用户输入差错纠正率	0.50
				用户差错易恢复性	0.50
可靠性	0.10	易恢复性	1.00	数据备份完整性	1.00
可移植性	0.05	适应性	0.50	硬件环境的适应性	0.40
				系统软件环境的适应性	0.30
				运营环境的适应性	0.30
		易替换性	0.50	使用相似性	0.50
				功能的包容性	0.50

（3）设计评价。

在设计评价阶段，评价者编写评价计划，所确定的评价方法仍然采用加权平均的方法,但由于本实例中所测评的是多个翻译软件,需要用多种图表方式进行不同软件之间的比较,这里采用雷达图与柱状图相结合的方式进行软件之间的特性比较。

（4）执行评价。

在执行评价阶段,需要对列出的质量测度进行逐项评测,然后通过测量公式计算得到有效质量测度值。评价者需要收集各质量测度的值,填写软件评价表见表 8-13。

表 8-13 软件评价表

<table>
<tr><th rowspan="2">质量特性</th><th rowspan="2">子特性</th><th rowspan="2">质量测度</th><th rowspan="2">测量函数</th><th colspan="6">质量测度值</th></tr>
<tr><th>翻译软件A</th><th>翻译软件B</th><th>翻译软件C</th><th>翻译软件D</th><th>翻译软件E</th><th>翻译软件F</th></tr>
<tr><td rowspan="3">功能性</td><td>功能完备性</td><td>功能覆盖率</td><td>X=1-A/B</td><td>0.85</td><td>0.85</td><td>0.80</td><td>0.86</td><td>0.88</td><td>0.83</td></tr>
<tr><td>功能正确性</td><td>功能正确性</td><td>X=1-A/B</td><td>0.85</td><td>0.85</td><td>0.80</td><td>0.86</td><td>0.88</td><td>0.83</td></tr>
<tr><td>功能的适合性</td><td>使用目标的功能适合性</td><td>X=1-A/B</td><td>1</td><td>1</td><td>1</td><td>1</td><td>1</td><td>1</td></tr>
<tr><td rowspan="3">性能效率</td><td>时间特性</td><td>响应时间满足度</td><td>X=1-A/B
A=实际执行的响应时间值
B=规定的软件响应时间最大值</td><td>0.8</td><td>0.50</td><td>0.85</td><td>0.75</td><td>0.85</td><td>0.9</td></tr>
<tr><td rowspan="2">资源利用率</td><td>CPU 占用率满足度</td><td>X=1-A/B
A=实际测得的处理器占用率
B=完成一组任务所允许的最大处理器使用率</td><td>0.79</td><td>0.60</td><td>0.70</td><td>0.79</td><td>0.58</td><td>0.70</td></tr>
<tr><td>内存占用率满足度</td><td>X=1-A/B
A=实际测得的内存最大使用数量
B=规定的内存空间容量</td><td>0.85</td><td>0.5</td><td>0.80</td><td>0.60</td><td>0.60</td><td>0.75</td></tr>
<tr><td rowspan="2">兼容性</td><td>共存性</td><td>与其他产品的共存性</td><td>X=A/B</td><td>1.00</td><td>1.00</td><td>1.00</td><td>1.00</td><td>1.00</td><td>1.00</td></tr>
<tr><td>互操作性</td><td>数据格式可交换性</td><td>X=A/B</td><td>0.75</td><td>0.50</td><td>0.75</td><td>0.75</td><td>0.75</td><td>0.75</td></tr>
</table>

续　表

质量特性	子特性	质量测度	测量函数	质量测度值					
				翻译软件A	翻译软件B	翻译软件C	翻译软件D	翻译软件E	翻译软件F
易用性	可辨识性	描述的完整性	X=A/B	1.00	1.00	1.00	1.00	1.00	1.00
		演示覆盖率	X=A/B	0.97	0.97	0.96	0.97	0.96	0.96
	易学性	用户指导完整性	X=A/B	1.00	1.00	1.00	1.00	1.00	1.00
		用户界面的自解释性	X=A/B	1.00	1.00	1.00	1.00	1.00	1.00
	易操作性	操作一致性	X=1-A/B	1.00	1.00	1.00	1.00	1.00	1.00
		功能的易定制性	X=A/B	0.75	0.75	0.75	0.50	0.75	0.50
		用户界面的易定制性	X=A/B	0.75	0.75	0.50	0.50	0.50	0.25
	用户差错防御性	用户输入差错纠正率	X=A/B	1.00	1.00	1.00	1.00	1.00	1.00
		用户差错易恢复性	X=A/B	1.00	1.00	1.00	1.00	1.00	1.00
可靠性	易恢复性	数据备份完整性	X=A/B	0.80	0.80	0.70	0.85	0.75	0.80
可移植性	适应性	硬件环境的适应性	X=1-A/B	1.00	1.00	1.00	1.00	1.00	1.00
		系统软件环境的适应性	X=1-A/B	1.00	1.00	1.00	1.00	1.00	1.00
		运营环境的适应性	X=1-A/B	1.00	1.00	1.00	1.00	1.00	1.00
	易替换性	使用相似性	X=A/B	0.90	0.80	0.80	0.75	0.90	0.80
		功能的包容性	X=A/B	1.00	1.00	1.00	1.00	1.00	1.00

在表 8－13 中，这里仅给出了自定义属性的测量函数表达式含义，其他属性中表达式的含义可参见 ISO/IEC 25023：2016（GB/T 25000.23—2019）。

为了能够比较容易地区别不同特性，将比对结果用一个可视化的图表展示出来，如图 8－5、图 8－6 所示。

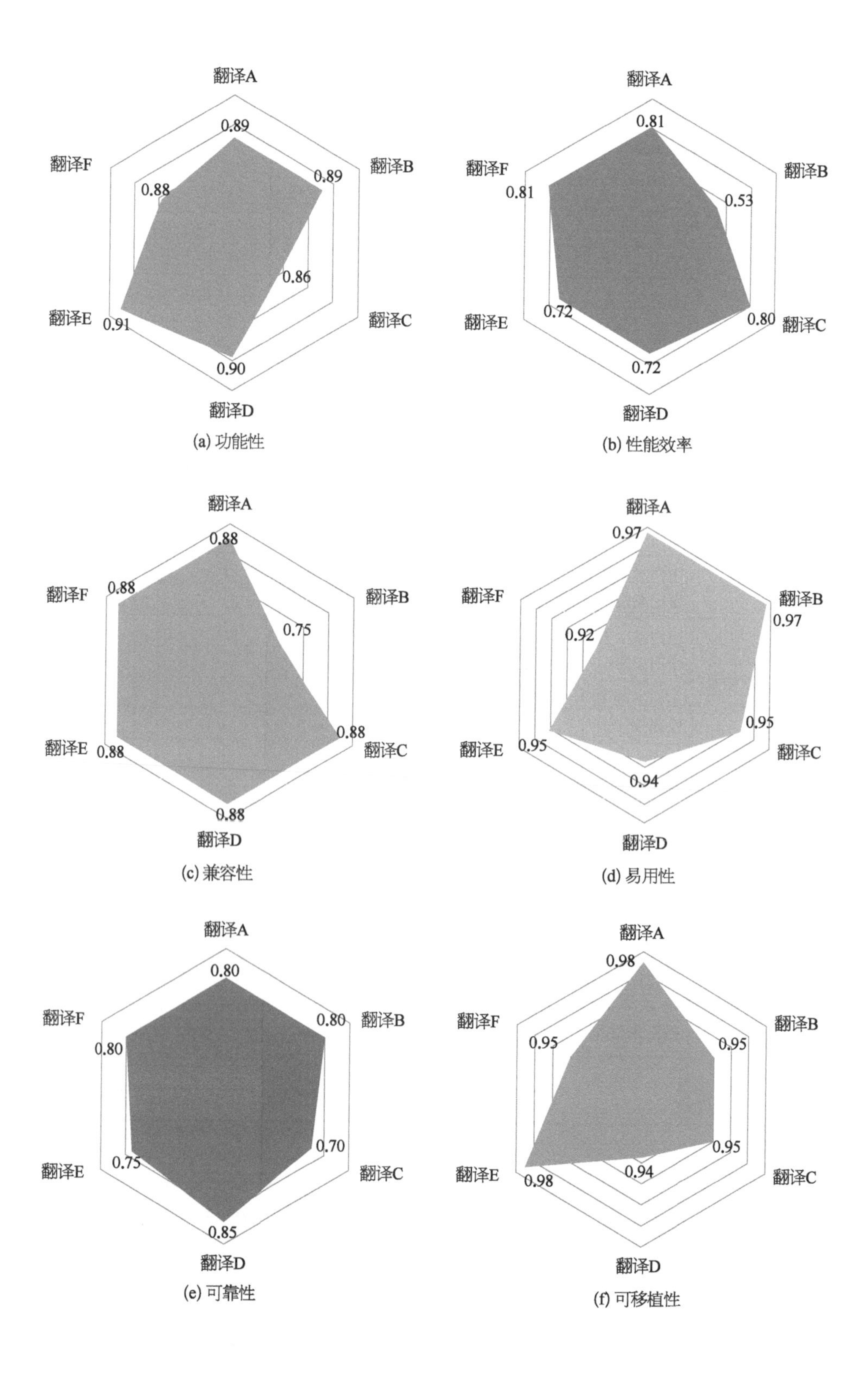
翻译A
翻译B
翻译C
翻译D
翻译E
翻译F
0.89
0.89
0.86
0.90
0.91
0.88
(a) 功能性
0.81
0.53
0.80
0.72
0.72
0.81
(b) 性能效率
0.88
0.75
0.88
0.88
0.88
0.88
(c) 兼容性
0.97
0.97
0.95
0.94
0.95
0.92
(d) 易用性
0.80
0.80
0.70
0.85
0.75
0.80
(e) 可靠性
0.98
0.95
0.95
0.94
0.98
0.95
(f) 可移植性

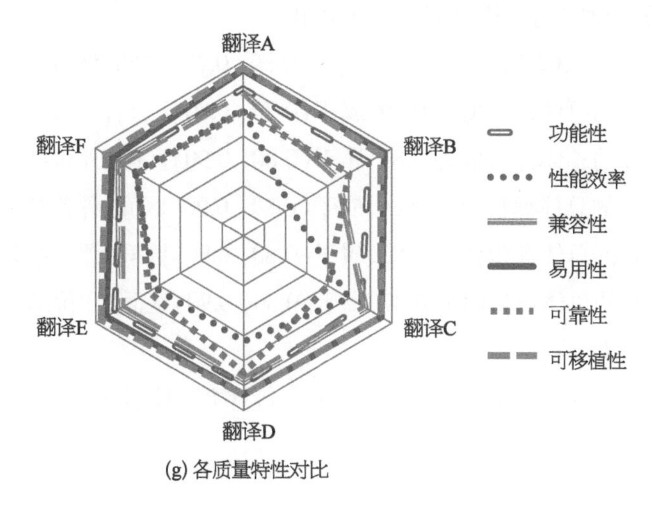

(g) 各质量特性对比

图 8-5　翻译类软件的质量特性

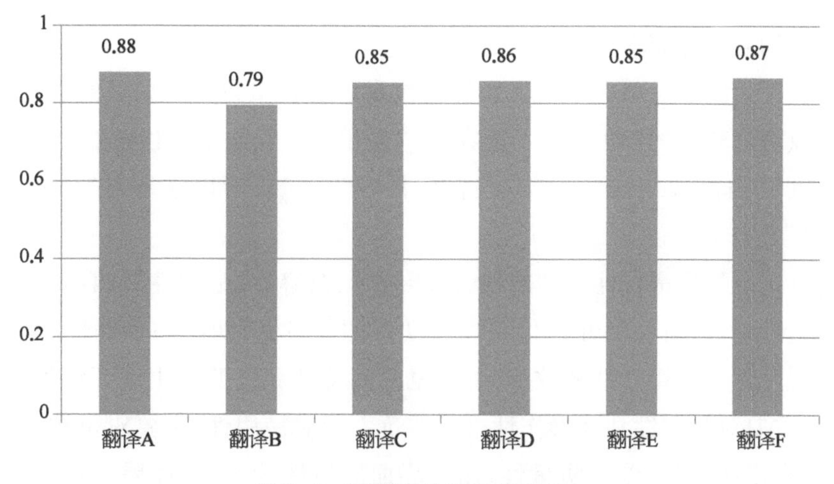

图 8-6　翻译类软件的质量特性总分

由图 8-5 可以看出，翻译软件 A 具有较完善的功能，性能效率相对较好，易用性、可移植性具有明显优势。翻译软件 B 功能较为全面，但性能效率较差，易用性、可移植性表现相对较好。翻译软件 C 功能性相对较弱，但其兼容性、易用性及可移植性具有优势。翻译软件 D 功能较为全面，但其兼容性、可靠性优势较为明显。翻译软件 E 功能全面，兼容性、易用性较好，并支持多平台，可移植性较强。翻译软件 F 功能较为完善，性能效率、兼容性、可靠性相对较好。

由图 8-6 可以得出翻译软件 A 综合表现相对较好，其次是翻译软件 F，翻译软件 C、E 表现相当，翻译软件 B 相对较差。

通过与预先设定的准则比较，可以得出：

翻译软件 A 的总体评价值为 0.88，属于(0.80, 0.90]区间，评价结果为“良好”；

翻译软件 B 的总体评价值为 0.79，属于(0.70, 0.80]区间，评价结果为“中等”；

翻译软件 C 的总体评价值为 0.85，属于(0.80, 0.90]区间，评价结果为“良好”；

翻译软件 D 的总体评价值为 0.86，属于(0.80, 0.90]区间，评价结果为“良好”；

翻译软件 E 的总体评价值为 0.85，属于(0.80, 0.90]区间，评价结果为“良好”；

翻译软件 F 的总体评价值为 0.87，属于(0.80, 0.90]区间，评价结果为“良好”。

（5）结束评价。

编写评价报告草稿，并与委托方一起进行评审，最后根据评审意见形成正式的评价报告提交给委托方。

8.3.3 文本编辑软件质量评价

（1）确立评价需求。

本实例给出了对某文本编辑软件的质量评价。作为文档编辑的必备软件，首先重点考虑软件的“功能性”“兼容性”“易用性”，其次是“性能效率”“信息安全性”“可移植性”。考虑到文本编辑软件较为成熟，所以这里对“维护性”和“可靠性”不作要求。

对所确定的质量特性中功能性、性能效率、兼容性、易用性、信息安全性、可移植性进行评价，对功能性评价主要就功能的完备性、功能的正确性和功能的适合性展开评价。针对性能效率，主要就时间特性和资源利用展开评价。针对兼容性，主要对共存性和互操作性进行评价。针对易用性，主要对可辨识性、易学性、易操作性、用户差错防御性、用户界面舒适性、易访问性展开评价。对于信息安全性，文本编辑软件则注重保密性。可移植性主要对适应性、易安装性、易替换性展开测试。根据软件完整性级别的要求，本次评价中所确定的评价级别为 D 级。

（2）规定评价规格说明。

在本实例中采用层次分析法确定各质量特性、子特性及属性的权重。按照满足需求的程度划分质量评定等级，分别是优秀、良好、合格（最低可接受）或不合格（不可接受），具体等级如下。

优秀：(0.95, 1.00]

良好：(0.85, 0.95]

合格(最低可接受)：(0.75，0.85]

不合格(不可接受)：[0.00，0.75]

(3) 设计评价。

在设计评价阶段，评价者编写评价计划，所确定的评价方法仍然采用层次分析法。对于所确定的质量特性、子特性及质量测度见表 8-14。

表 8-14　文本编辑软件确定的质量特性、子特性及质量测度

质量特性	质量子特性	质 量 测 度
功能性	功能的完备性	功能覆盖率
	功能的正确性	功能正确性
	功能的适合性	使用目标的功能适合性
性能效率	时间特性	响应时间满足度
	资源利用	CPU 占用率满足度
		内存占用率满足度
兼容性	共存性	与其他产品的共存性
	互操作性	数据格式可交换性
易用性	可辨识性	描述的完整性
		演示覆盖率
	易学性	用户指导完整性
		差错信息的易理解性
		用户界面的自解释性
	易操作性	操作一致性
		功能的易定制性
		用户界面的易定制性
		撤销操作能力
	用户差错防御性	用户输入差错纠正率
		用户差错易恢复性
	用户界面舒适性	用户界面外观舒适性
	易访问性	支持的语种充分性

续 表

质量特性	质量子特性	质 量 测 度
信息安全性	保密性	访问控制性
		数据加密正确性
可移植性	适应性	硬件环境的适应性
		系统软件环境的适应性
		运营环境的适应性
	易安装性	安装的灵活性
	易替换性	使用相似性
		功能的包容性
		数据复用/导入能力

(4) 执行评价。

按照层次分析法的步骤,求解各质量特性、子特性、质量测度的权重,如下所示。

① 质量特性。

质量特性判断矩阵表:

质量特性	功能性	性能效率	兼容性	易用性	信息安全性	可移植性
功能性	1	3	2	2	3	3
性能效率	1/3	1	1/3	1/3	2	2
兼容性	1/2	3	1	1/2	2	3
易用性	1/2	3	2	1	3	3
信息安全性	1/3	1/2	1/2	1/3	1	2
可移植性	1/3	1/2	1/3	1/3	1/2	1

判断矩阵 A:

$$A=\begin{bmatrix} 1 & 3 & 2 & 2 & 3 & 3 \\ 1/3 & 1 & 1/3 & 1/3 & 2 & 2 \\ 1/2 & 3 & 1 & 1/2 & 2 & 3 \\ 1/2 & 3 & 2 & 1 & 3 & 3 \\ 1/3 & 1/2 & 1/2 & 1/3 & 1 & 2 \\ 1/3 & 1/2 & 1/3 & 1/3 & 1/2 & 1 \end{bmatrix}$$

权重向量：K=[0.32，0.10，0.18，0.25，0.09，0.06]

一致性校验比例 CR=0.04，$\lambda_{max}=6.26$

② 质量子特性。

功能性判断矩阵表：

功　能　性	功能完备性	功能正确性	功能适合性
功能完备性	1	1/2	1/2
功能正确性	2	1	1
功能适合性	2	1	1

功能性判断矩阵B_1：

$$B_1 = \begin{bmatrix} 1 & 1/2 & 1/2 \\ 2 & 1 & 1 \\ 2 & 1 & 1 \end{bmatrix}$$

功能性权重向量：W_1=[0.20，0.40，0.40]

功能性一致性校验比例 CR=0，$\lambda_{max}=3$

a）性能效率。

性能效率判断矩阵表：

性能效率	时间特性	资源利用
时间特性	1	1
资源利用	1	1

性能效率判断矩阵 B_2：

$$B_2 = \begin{bmatrix} 1 & 1 \\ 1 & 1 \end{bmatrix}$$

性能效率权重向量：W_2=[0.5，0.5]

性能效率一致性校验比例 CR=0.000 0，$\lambda_{max}=2.000\ 0$

b）兼容性。

兼容性判断矩阵表：

兼　容　性	共存性	互操作性
共存性	1	1/2
互操作性	2	1

兼容性判断矩阵 B_3：

$$B_3 = \begin{bmatrix} 1 & 1/2 \\ 2 & 1 \end{bmatrix}$$

兼容性权重向量：$W_3=[0.33, 0.67]$

兼容性一致性校验比例 CR=0.00，$\lambda_{max}=2.00$

c）易用性。

易用性判断矩阵表：

易　用　性	可辨识性	易学性	易操作性	用户差错防御性	用户界面舒适性	易访问性
可辨识性	1	1	2	2	3	3
易学性	1	1	2	3	3	3
易操作性	1/2	1/2	1	3	3	3
用户差错防御性	1/2	1/3	1/3	1	3	2
用户界面舒适性	1/3	1/3	1/3	1/3	1	2
易访问性	1/3	1/3	1/3	1/2	1/2	1

易用性判断矩阵 B_4：

$$B_4 = \begin{bmatrix} 1 & 1 & 2 & 2 & 3 & 3 \\ 1 & 1 & 2 & 3 & 3 & 3 \\ 1/2 & 1/2 & 1 & 3 & 3 & 3 \\ 1/2 & 1/3 & 1/3 & 1 & 3 & 2 \\ 1/3 & 1/3 & 1/3 & 1/3 & 1 & 2 \\ 1/3 & 1/3 & 1/3 & 1/2 & 1/2 & 1 \end{bmatrix}$$

易用性权重向量：$W_4=[0.26, 0.28, 0.20, 0.12, 0.08, 0.06]$

易用性一致性校验比例 CR=0.05，$\lambda_{max}=6.29$

d）信息安全性。

由于在信息安全性中只对保密性进行评价，所以权重向量 $W_5=[1.0]$

e）可移植性。

可移植性判断矩阵表：

可移植性	适应性	易安装性	易替换性
适应性	1	2	2
易安装性	1/2	1	1
易替换性	1/2	1	1

可移植性判断矩阵 B_6：

$$B_6=\begin{bmatrix}1 & 2 & 2\\ 1/2 & 1 & 1\\ 1/2 & 1 & 1\end{bmatrix}$$

可移植性权重向量：$W_6=[0.50,\ 0.25,\ 0.25]$

可移植性一致性校验比例 $CR=0.00$，$\lambda_{max}=3.00$

③ 质量测度。

a）功能性→功能完备性：由于在功能完备性中只包括一个质量测度“功能覆盖率”，所以权重向量 $I_1=[1.0]$。

b）功能性→功能正确性：由于在功能正确性中只包括一个质量测度“功能正确性”，所以权重向量 $I_2=[1.0]$。

c）功能性→功能适合性：由于在功能适合性中只包括一个质量测度“使用目标的功能适合性”，所以权重向量 $I_3=[1.0]$。

d）性能效率→时间特性：由于在时间特性中只包括一个质量测度“响应时间满足度”，所以权重向量 $I_4=[1.0]$。

e）性能效率→资源利用。

资源利用判断矩阵表：

资　源　利　用	CPU 占用率满足度	内存占用率满足度
CPU 占用率满足度	1	1
内存占用率满足度	1	1

资源利用判断矩阵C_5：

$$C_5=\begin{bmatrix}1 & 1\\ 1 & 1\end{bmatrix}$$

资源利用权重向量：I_5 = [0.5，0.5]

资源利用一致性校验比例 CR = 0.00，λ_{max} = 2.00

f）兼容性→共存性：由于在共存性中只包括一个质量测度“与其他产品的共存性”，所以权重向量 I_6 = [1.0]。

g）兼容性→互操作性：由于在互操作性中只包括一个质量测度“数据格式可交换性”，所以权重向量 I_7 = [1.0]。

h）易用性→可辨识性。

可辨识性判断矩阵表：

可辨识性	描述的完整性	演示覆盖率
描述的完整性	1	1
演示覆盖率	1	1

可辨识性判断矩阵C_8：

$$C_8 = \begin{bmatrix} 1 & 1 \\ 1 & 1 \end{bmatrix}$$

可辨识性权重向量：I_8 = [0.5，0.5]

可辨识性一致性校验比例 CR = 0.00，λ_{max} = 2.00

i）易用性→易学性。

易学性判断矩阵表：

易　学　性	用户指导完整性	差错信息的易理解性	用户界面的自解释性
用户指导完整性	1	2	2
差错信息的易理解性	1/2	1	1
用户界面的自解释性	1/2	1	1

资源利用判断矩阵C_9：

$$C_9 = \begin{bmatrix} 1 & 2 & 2 \\ 1/2 & 1 & 1 \\ 1/2 & 1 & 1 \end{bmatrix}$$

资源利用权重向量：I_9 = [0.50，0.25，0.25]

资源利用一致性校验比例 CR=0.00，$\lambda_{max}=3.00$

j）易用性→易操作性。

易操作性判断矩阵表：

易操作性	操作一致性	功能的易定制性	用户界面的易定制性	撤销操作能力
操作一致性	1	3	3	2
功能的易定制性	1/3	1	2	1/2
用户界面的易定制性	1/3	1/2	1	1/2
撤销操作能力	1/2	2	2	1

易操作性判断矩阵C_{10}：

$$C_{10}=\begin{bmatrix}1 & 3 & 3 & 2\\1/3 & 1 & 2 & 1/2\\1/3 & 1/2 & 1 & 1/2\\1/2 & 2 & 2 & 1\end{bmatrix}$$

易操作性权重向量：$I_{10}=[0.45, 0.17, 0.12, 0.26]$

易操作性一致性校验比例 CR=0.02，$\lambda_{max}=4.07$

k）易用性→用户差错防御性。

用户差错防御性判断矩阵表：

用户差错防御性	用户输入差错纠正率	用户差错易恢复性
用户输入差错纠正率	1	1
用户差错易恢复性	1	1

用户差错防御性判断矩阵C_{11}：

$$C_{11}=\begin{bmatrix}1 & 1\\1 & 1\end{bmatrix}$$

用户差错防御性权重向量：$I_{11}=[0.5, 0.5]$

用户差错防御性一致性校验比例 CR=0.00，$\lambda_{max}=2.00$

l）易用性→用户界面舒适性：由于在用户界面舒适性中只包括一个质量测度，所以权重向量 $I_{12}=[1.0]$。

m）易用性→易访问性：由于在易访问性中只包括一个质量测度“支持的语

种充分性”,所以权重向量 $I_{13}=[1.0]$。

n）信息安全性→保密性。

保密性判断矩阵表：

保　密　性	访问控制性	数据加密正确性
访问控制性	1	1
数据加密正确性	1	1

保密性判断矩阵 C_{14}：

$$C_{14}=\begin{bmatrix}1 & 1\\1 & 1\end{bmatrix}$$

保密性权重向量：$I_{14}=[0.50,\ 0.50]$

保密性一致性校验比例 $CR=0.00$，$\lambda_{max}=2.00$

o）可移植性→适应性。

适应性判断矩阵表：

适　应　性	硬件环境的适应性	系统软件环境的适应性	运营环境的适应性
硬件环境的适应性	1	1	1
系统软件环境的适应性	1	1	1
运营环境的适应性	1	1	1

适应性判断矩阵 C_{15}：

$$C_{15}=\begin{bmatrix}1 & 1 & 1\\1 & 1 & 1\\1 & 1 & 1\end{bmatrix}$$

适应性权重向量：$I_{15}=[0.33,\ 0.33,\ 0.33]$

适应性一致性校验比例 $CR=0.00$，$\lambda_{max}=3.00$

p）可移植性→易安装性：由于在易安装性中只包括一个质量测度“安装的灵活性”,所以权重向量 $I_{16}=[1.0]$。

q）可移植性→易替换性

易替换性判断矩阵表：

易　替　换　性	使用相似性	功能的包容性	数据复用/导入能力
使用相似性	1	1	1/2
功能的包容性	1	1	1/2
数据复用/导入能力	2	2	1

易替换性判断矩阵C_{17}：

$$C_{17}=\begin{bmatrix}1 & 1 & 1/2\\ 1 & 1 & 1/2\\ 2 & 2 & 1\end{bmatrix}$$

易替换性权重向量：$I_{17}=[0.25, 0.25, 0.50]$

易替换性一致性校验比例 CR = 0.00，$\lambda_{max}=3.00$

按照所规定的质量测度进行测试后，评价者收集各质量测度值，填写软件评价表（表 8 - 15），输入法质量特性雷达图如图 8 - 7 所示。

表 8 - 15　软件质量评价表

评价项	质量特性	质量子特性			质量特性		评价项	
		名　称	评分	等级	评分	等级	评分	等级
质量评价模型	功能性	功能完备性	0.76	合格	0.86	合格	0.91	良好
		功能正确性	0.76	合格				
		功能适合性	1.00	优秀				
	性能效率	时间特性	0.83	合格	0.78	合格		
		资源利用	0.73	不合格				
	兼容性	共存性	1.00	优秀	0.95	良好		
		互操作性	0.92	良好				
	易用性	可辨识性	1.00	优秀	0.97	优秀		
		易学性	0.94	良好				
		易操作性	1.00	优秀				
		用户差错防御性	1.00	优秀				
		用户界面舒适性	0.80	合格				
		易访问性	1.00	优秀				

续 表

评价项	质量特性	质量子特性			质量特性		评价项	
		名 称	评分	等级	评分	等级	评分	等级
质量评价模型	信息安全性	保密性	1.00	优秀	1.00	优秀	0.91	良好
	可移植性	适应性	0.99	优秀	0.97	优秀		
		易安装性	1.00	优秀				
		易替换性	0.91	良好				

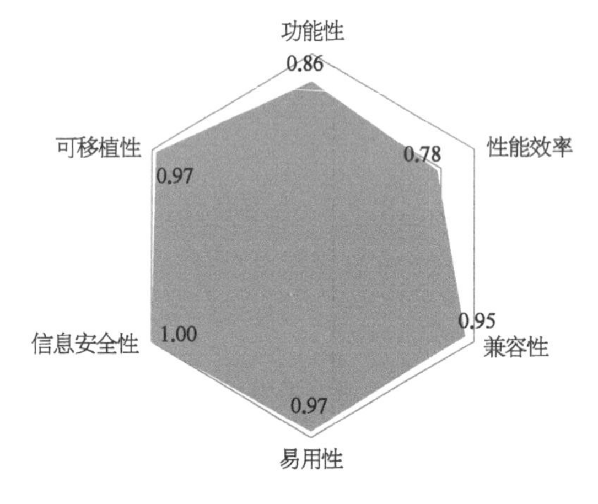

图 8-7 文本编辑软件质量特性的雷达图

由图 8-7 可以看出,该文本编辑软件各质量特性均表现较好。通过与预先设定的准则比较,可以得出软件综合评价结论为:

功能性的评价值为 0.86,属于(0.85, 0.95]区间,评价结果为“良好”;

性能效率的评价值为 0.78,属于(0.75, 0.85]区间,评价结果为“合格”;

兼容性的评价值为 0.95,属于(0.85, 0.95]区间,评价结果为“良好”;

易用性的评价值为 0.97,属于(0.95, 1.00]区间,评价结果为“优秀”;

信息安全性的评价值为 1.00,属于(0.95, 1.00]区间,评价结果为“优秀”;

可移植性的评价值为 0.97,属于(0.95, 1.00]区间,评价结果为“优秀”;

被测软件的总体评价值为 0.91,属于(0.85, 0.95]区间,评价结果为“良好”。

(5) 结束评价。

编写评价报告草稿,与委托方一起进行评审,最后根据评审意见形成正式的评价报告提交给委托方。

附录：Function Point Modeler 使用指南

Function Point Modeler 是一款可以对软件进行功能点计数或估算的功能点度量工具，可集中管理企业中所有 IT 项目。该软件基于开源的 Eclipse 平台，既可独立运行，也可以作为 Eclipse 中的插件，这样可以与 Eclipse 中的其他 UML 建模工具交互。

Function Point Modeler 的主要功能包括：创建项目、连接到数据源、检索数据、绑定数据、编制报告、格式化报告内容、排序和分组数据、汇总数据、布局和格式化图表、在交叉表中呈现数据、设计多页报告、添加交互式查看等。

下面结合案例来详细了解一下 Function Point Modeler 的用法。

案例背景：某公司拟开发一个图书馆管理系统，其主要子系统包括借阅管理，主要功能有 createBook、deleteBook、showBook、migrateBook。

一般来说，从高层次开始，对功能点进行计数的过程包括五个步骤：① 确定计数类型；② 确定计数的范围和边界；③ 确定未调整的功能点计数；④ 确定估值调整因子；⑤ 计算调整后的功能点计数。

其中第三步为功能点计数的主要步骤，接下来将使用 Function Point Modeler 进行功能点计数操作。

1）确定计数类型

功能点计数可以是三种不同类型之一：

名　　称	定　　义
开发项目功能点计数	度量新开发软件的功能
变更项目功能点计数	度量对现有应用程序的修改
应用程序功能点计数	度量现有应用程序中提供给用户的功能

本示例是新开发的产品，因此计数类型选择“开发项目功能点计数”，如下图所示。

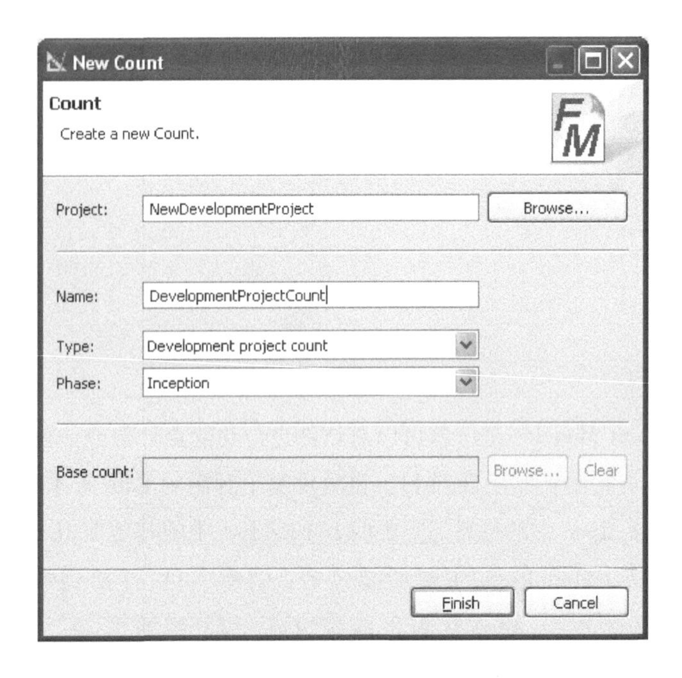

2）确定计数的范围和边界

创建计数类型后，通过功能点建模器进行建模，在继续进行计数之前，必须知道计数的范围和边界。功能点建模器可区分应用系统和子系统：

名　称	定　义
应用程序(Application System)	系统应用程序系统指被测量的软件。一个应用程序系统包含一个或多个子系统
子系统(Sub System)	子系统是一种构造组件，代表系统中独立的行为单元

(1) 创建一个应用系统。

以可视化 IFPUG 定义系统边界。

打开功能点建模器图。创建一个新的应用程序系统，并在图中显示名称为“Application System”的应用程序，输入名称，如下页图所示。

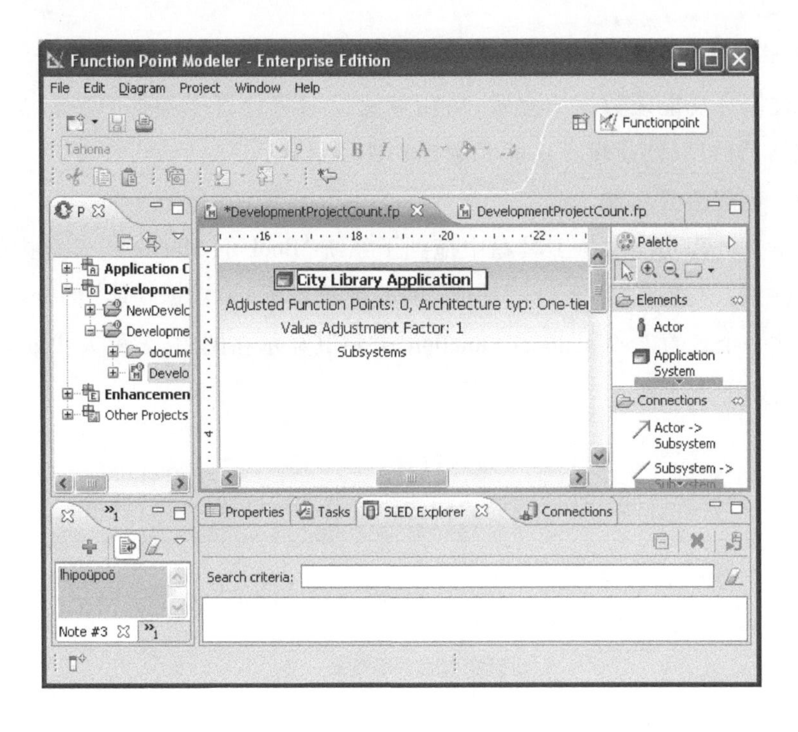

（2）创建一个子系统。

通过创建一个新的 Sub System，将应用程序分解为多个子系统。下图创建了名为“Booking Manager”的子系统。

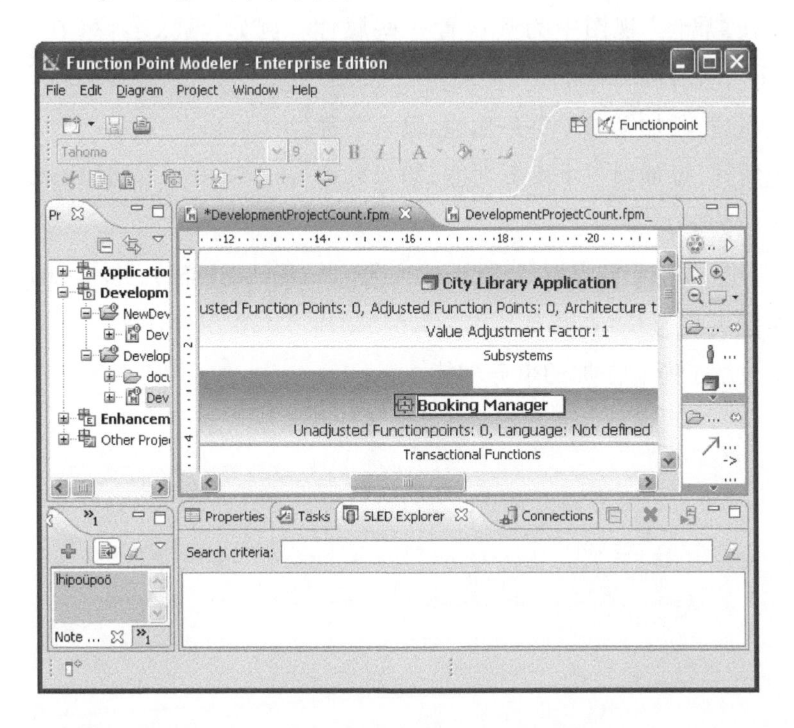

3）确定未调整的功能点数量

创建事务功能或数据功能后，功能点建模器将计算未调整的功能点。创建子系统后，就可以创建事务功能和数据功能了。

（1）创建事务功能。

将事务处理功能项从工具箱中拖到子系统“Booking Manager”部分内的所需位置。注意：不能将“事务处理功能”项放到子系统的“数据功能”部分。

创建一个新的 Transactional Function，并将其显示在图中，名称为 Transactional Function，如下图所示。

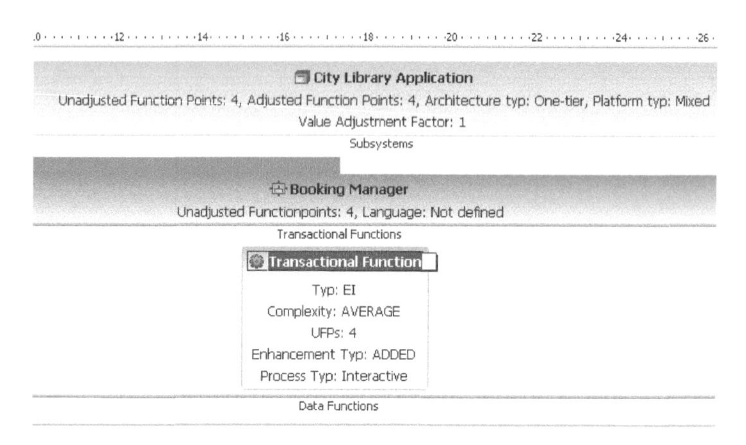

可以在“属性”视图中为其设置一些属性。例如，输入名称（在此定义为 createBook），然后按 Enter。

如上所述，添加第二个事务功能，输入名称（deleteBook）。

如上所述，添加第三个事务功能，输入名称（showBook），并将 showBook 的功能类型更改为 EQ。

如上所述，添加第四个事务功能，输入名称（migrationBook），并将 migrationBook 的过程类型更改为 Conversion。

下图显示了所有添加的事务功能。

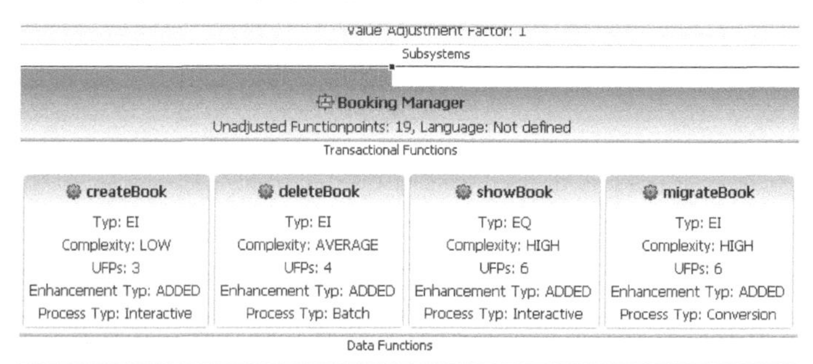

（2）创建数据功能。

将数据功能项拖到子系统“Data Function”部分内的所需位置，注意：不能将“数据功能”项放到子系统的“事务功能”部分。

创建一个新的数据功能，名称为“Data Function1”，如下图所示。

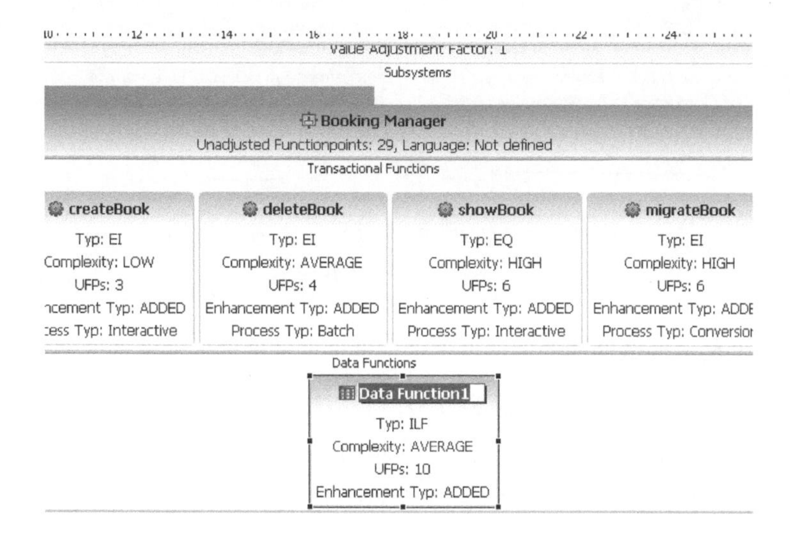

当数据功能出现在子系统内部的图表上，单击“Data Function1”的属性以设置其值。将数据功能名称改为“Book”，如下图所示。

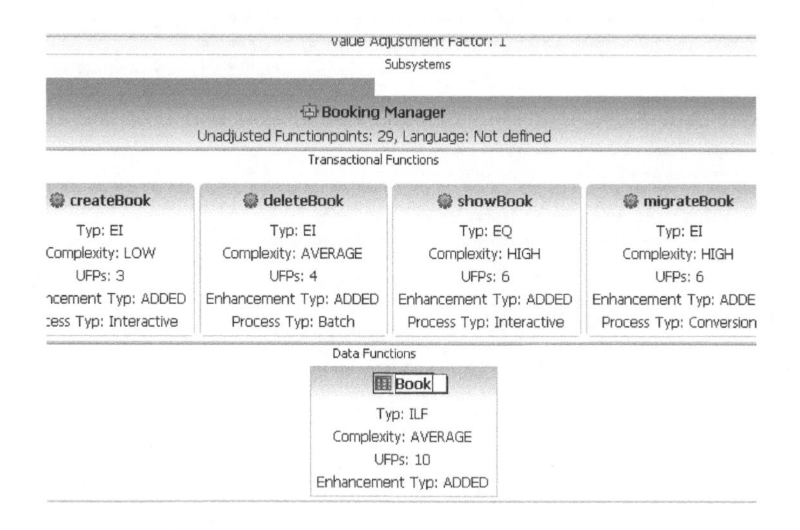

4）在事务功能和数据功能之间建立连接

在编辑器的“组件面板”中，单击“FPM 连接”。单击 Transactional Function→Data Function，建立事务功能和数据功能之间的连接，如下页图所示。

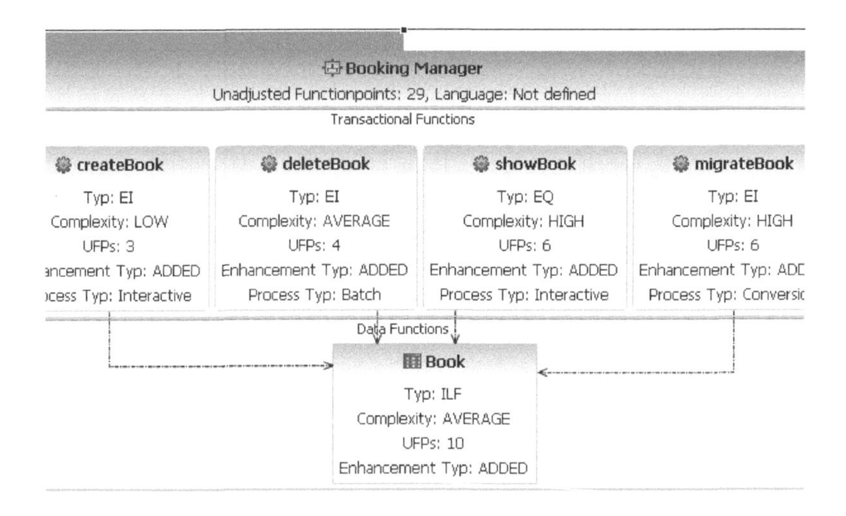

5）确定估值调整因子

估值调整因子(VAF)设置为1.0,可以根据实际情况更改VAF。双击“Application System”调整因子,显示“General System Characteristics(GSC)”对话框。选择数据通信选项卡,并选择最后一个选项。此时GSC已更改,变更为0.7,如下图所示。

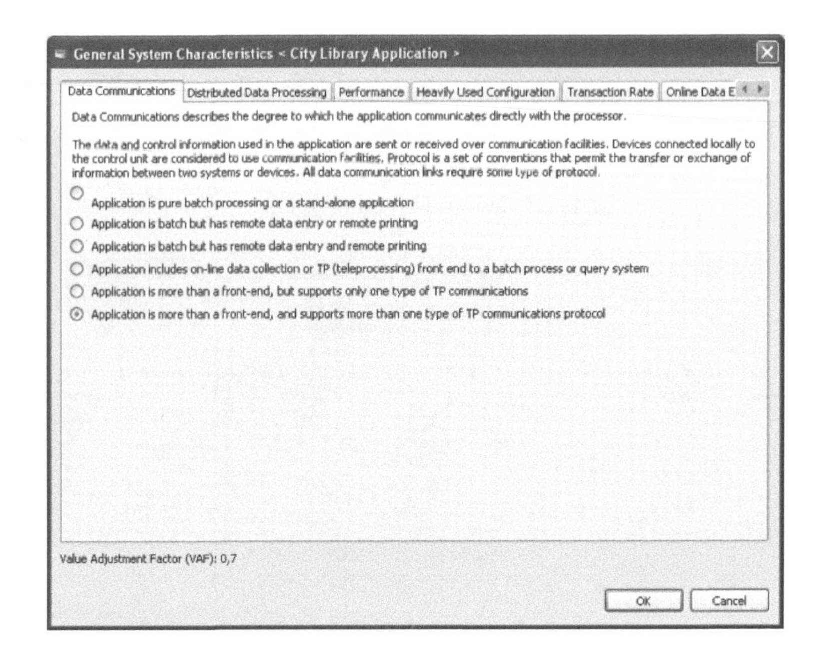

6）计算调整后的FP计数

调整VAF后,将重新计算调整后的功能点,如下页图所示。

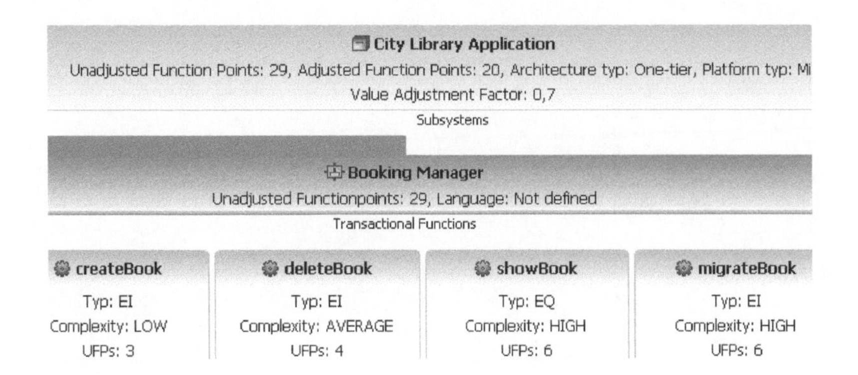

7）计算评估

若创建了项目计划数据(Project Plan Data),就可以进行项目估算(Project Estimation)了。Project Plan Data 的项目数据包括了所有与项目相关的信息。

以上为使用 Function Point Modeler 对软件项目功能点计数方法的说明。